全国电力行业"十四五"规划教材

Creo SANWEI JIANMO JI YINGYONG

Creo三维建模及应用

主　编　陈　伟

副主编　武际花　关学强　胡美些

参　编　徐钰琨　谢洪德　娄淑君　王莉莉

主　审　胡利永

中国电力出版社
CHINA ELECTRIC POWER PRESS

内 容 提 要

本书贯彻《国家职业教育改革实施方案》和《高等学校课程思政建设指导纲要》，每个教学任务都蕴含典型思政育人元素。全书共 5 个项目，内容包括三维建模、装配设计、工程图设计、竞赛试题和考证试题，将"课、岗、赛、证"有机融合。

本书采用项目引领任务驱动模式，每个任务单元均以"任务→分析→知识目标→技能目标→素质目标→相关知识→任务实施→考核评价→知识拓展"为主线实施教学。任务模型皆为生产生活中的典型案例，强化实用性、实践性、技能性和趣味性，注重培养学生在完成任务的实施中掌握 Creo 软件的应用。

本书可作为高职高专院校机械制造与自动化、机电一体化、机电设备维修、模具设计与制造、数控加工技术等专业的三维建模与应用教材，也可供相关专业工程技术人员自学参考使用。

图书在版编目（CIP）数据

Creo 三维建模及应用/陈伟主编 . —北京：中国电力出版社，2023.10

ISBN 978-7-5198-8108-5

Ⅰ.①C… Ⅱ.①陈… Ⅲ.①三维—工业产品—计算机辅助设计—应用软件 Ⅳ.①TB472-39

中国国家版本馆 CIP 数据核字（2023）第 169463 号

出版发行：中国电力出版社

地　　址：北京市东城区北京站西街 19 号（邮政编码 100005）

网　　址：http://www.cepp.sgcc.com.cn

责任编辑：周巧玲

责任校对：黄　蓓　常燕昆

装帧设计：郝晓燕

责任印制：吴　迪

印　　刷：北京九天鸿程印刷有限责任公司

版　　次：2023 年 10 月第一版

印　　次：2023 年 10 月北京第一次印刷

开　　本：787 毫米×1092 毫米　16 开本

印　　张：20.75

字　　数：464 千字

定　　价：62.00 元

前 言

为进一步贯彻和落实《国家职业教育改革实施方案》《高等学校课程思政建设指导纲要》文件精神，本书采用项目引领、任务驱动模式，将思政育人贯穿教材建设的始终。全书共分 5 个项目，23 个工作任务，内容涵盖软件学习必须掌握的基本命令，一个或几个命令构成一个典型的工作任务的方式安排教学内容。每个工作任务皆以生产生活中的典型案例为驱动，如烟斗、烟灰缸、手机外壳、果冻盒、齿轮泵等，包括任务分析、知识技能素质目标、相关知识、任务实施、考核评价、知识拓展六个环节。

本书的重点为三维建模、装配设计和工程图设计，并适当介绍了机构运动仿真的知识。竞赛试题和考证试题放在了电子版文档中，手机微信扫二维码即可进行阅读和学习，教材将"课、岗、赛、证"有机融合。

经过本书编写团队多年的实践探索，具有如下的特色与创新：

（1）课岗赛证有机融合，根据职教改革、课岗赛证的要求，将"高教杯"全国大学生先进成图技术、产品信息建模创新大赛机械类竞赛试题、全国 ITAT 教育工程就业技能大赛试题和 CAD 技能等级认证试题、制图员职业技能鉴定试题、三维 CAD 工程师认证试题引入教材。

（2）活页教材活教、活学、活用，随着知识的更新、技术的发展，结合数字教材、二维码资源等手段及时更新。

（3）每个任务皆有课程思政元素，以知识拓展的形式展现，从家国情怀、民族自豪、工程创新、科技强国、科教兴国等角度，讲述思政故事，弘扬工匠精神。

（4）多校合作，校企双元开发教材，根据机械设计技术人员就业岗位要求设置教学任务，将教学标准对接"制图员职业技能鉴定"标准和"CAD 等级考评"标准职业资格标准，通过各级各类"竞赛"，达到"以赛促教，以赛促学"的目的。

（5）教材一书一码版权保护，读者扫码可获得正版配套数字资源，包括授课视频、说课课件、课程标准、源文件、教案设计、授课计划等，可网络在线或手机扫码学习。上述数字资源可联系主编陈伟索取，邮箱 luckychen2004@163.com。

（6）每个任务均以可实施的典型案例为驱动，如传动轴、白炽灯泡、金元宝等，以完成任务所需知识和技能为体系，重整了知识结构，如将曲面特征的编辑及操作与实体特征的编辑及操作融为一体，即知识体系整合利于知识的融会贯通、综合运用和任务的实施，达到以较少的学时，传授更多知识的效果。

（7）每个任务均有知识目标、技能目标和素质目标，利于学生明确完成任务需要掌握的新知识、需达到的技能标准和对标的职业素质养成规范。

（8）教材中的标注符号等皆为最新国家标准，并将粗糙度符号的新标准通过自定义符号的方法载入符号库，既贯彻了新国标，又更好地对接了工程实际应用。

本书由山东科技职业学院陈伟任主编，山东科技职业学院武际花、山东萨丁重工有限公司关学强、内蒙古机电职业技术学院胡美些任副主编，参加编写的还有山东科技职业学院徐钰琨、谢洪德、娄淑君、王莉莉。具体分工如下：主编陈伟编写项目一；武际花、胡美些编写项目二；关学强编写项目三；徐钰琨、谢洪德、娄淑君、王莉莉共同编写项目四、项目五。

本书由浙江大学宁波理工学院胡利永副教授审稿，审稿老师提出了许多宝贵的意见和建议，在此表示衷心的感谢。

由于编者水平有限，书中难免有不妥或疏漏之处，恳请广大读者批评指正。

编者

2023 年 7 月

目　录

前言

项目一　三维建模 ………………………………………………………… 1

任务一　摇臂的三维建模 …………………………………………… 1

任务二　传动轴的三维建模 ………………………………………… 21

任务三　白炽灯泡的三维建模 ……………………………………… 34

任务四　金元宝的三维建模 ………………………………………… 45

任务五　螺纹管的三维建模 ………………………………………… 53

任务六　奔驰车标的三维建模 ……………………………………… 63

任务七　螺纹收尾的三维建模 ……………………………………… 71

任务八　轴承座的三维建模 ………………………………………… 76

任务九　烟斗的三维建模 …………………………………………… 91

任务十　烟灰缸的三维建模 ………………………………………… 105

任务十一　手机外壳的三维建模 …………………………………… 114

任务十二　果冻盒的三维建模 ……………………………………… 129

任务十三　齿轮的参数化设计 ……………………………………… 139

项目二　装配设计 ………………………………………………………… 154

任务一　齿轮泵的装配设计 ………………………………………… 154

任务二　曲柄滑块机构的装配及运动仿真 ………………………… 181

项目三　工程图设计 ……………………………………………………… 201

任务一　A4 图框和学校标题栏的制作 …………………………… 201

任务二　底板普通视图的制作 ……………………………………… 220

任务三　轴承座全剖与局部剖视图的制作 ………………………… 237

任务四　支座半剖视图的制作 ……………………………………… 260

任务五　支架斜视图与局部视图的制作 …………………………… 270

任务六　泵盖旋转剖视图的制作 …………………………………… 280

任务七　钻模模板阶梯剖视图的制作 ……………………………… 296

任务八　轴类零件断面图及局部放大图的制作 …………………… 312

项目四　竞赛试题 ··· 322

项目五　考证试题 ··· 323

参考文献 ··· 324

三 维 建 模

任务一 摇臂的三维建模

任务

创建如图 1-1-1 所示的摇臂模型。

分析

本任务使用拉伸和镜像特征进行建模。拉伸是指沿草绘截面的垂直方向移动截面，截面扫过的体积构成拉伸特征；镜像类似于照镜子，用于具有对称特征的零部件建模。模型的创建方法有很多种，在建模之前应先分析模型的结构，弄清楚每一个特征的创建方法和有关参数，然后确定建模的顺序。

图 1-1-1 摇臂模型

知识目标

（1）熟悉 Creo 软件的制图环境，包括启动退出软件的方法、菜单使用、工具条的使用等。

（2）掌握创建新实体文件的方法。

（3）掌握拉伸实体特征、镜像特征的创建方法。

技能目标

（1）能运用拉伸特征、镜像特征完成摇臂三维实体建模。

（2）能运用"草绘"命令完成拉伸特征草绘截面的绘制。

（3）能分析拉伸特征创建失败的原因，并找到解决方案。

素质目标

（1）养成严肃认真的工作态度和一丝不苟的敬业精神。

（2）树立为建设科技强国而努力奋斗的学习目标。

一、拉伸特征简介

1. Creo 软件概述

Creo(Pro/E) 是美国 PTC 公司推出的 CAD 设计软件包，是整合了 PTC 公司的三个软件 Pro/ENGINEER 的参数化技术、CoCreate 的直接建模技术和 ProductView 的三维可视化技术。

安装 Creo 之后，可以通过单击桌面上的快捷图标，或单击"开始"→"所有应用"→"PTC"→"Creo Parametric 9.0"来启动 Creo 软件，打开其设计界面，如图 1-1-2 所示。

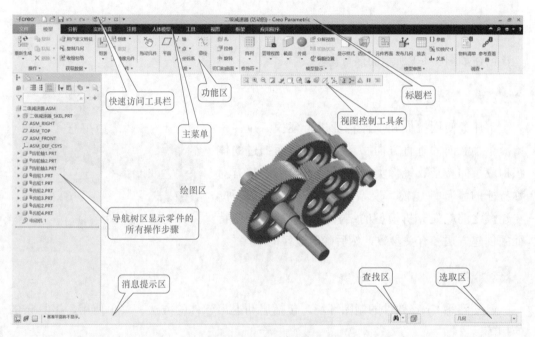

图 1-1-2　Creo 设计界面

2. 创建新文件的方法

选择主菜单"文件"→"新建"，或单击常用工具栏中的"新建"按钮，弹出【新建】对话框，如图 1-1-3 所示。在对话框中选择新文件的"类型"和"子类型"，输入文件"名称"，取消勾选"使用默认模板"，单击"确定"按钮，系统弹出【新文件选项】对话框，如图 1-1-4 所示。选择公制单位绝对精度"mmns_part_solid_abs"，再单击【新文件选项】对话框中的"确定"按钮，进入 Creo 的零件设计界面。此时系统会自动创建 3 个基准平面 RIGHT、TOP、FRONT(将鼠标移至对应平面附近，即可显示基准面名称) 和一个基准坐标系 PRT_CSYS_DEF，如图 1-1-5 所示。

3. 视图操作

(1) 模型查看。

1) 鼠标的妙用。Creo 系统使用三键鼠标，常用操作说明如下：

图 1-1-3　【新建】对话框

图 1-1-4　【新文件选项】对话框

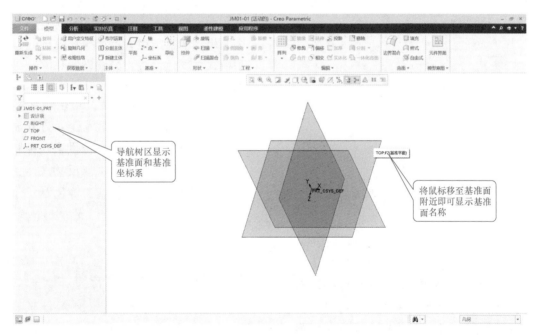

图 1-1-5　Creo 的零件设计界面

左键：用于选择菜单、工具按钮，明确绘制图元的起始点与终止点，确定文字注解位置，选择模型中的对象等。

中键：单击中键表示结束或完成当前操作，与菜单中的"完成"命令、对话框中的"确定"按钮、特征操控板中的"确定"按钮 ✓ 功能相同。此外，鼠标中键还用于控制模型的视角变换、缩放模型的显示、移动模型在视区中的位置等。转动中键滚轮可放大或缩小绘图区中的模型；同时按下 Ctrl 键和鼠标中键，上下拖动鼠标可放大或缩小绘图区中的模型。

右键：用于选中对象（如绘图区和导航树中的对象、模型中的图元等），显示相应的快捷菜单。

2）缩放模型。打开一零件或装配模型，然后单击视图控制工具条上的"放大"按钮🔍，按住鼠标左键，框选要放大的矩形区域。单击"缩小"按钮🔍，可缩小模型。单击"重新调整"按钮🔍，或使用 Ctrl+D 组合键恢复到默认状态。

3）旋转模型。按下鼠标中键并移动鼠标，可以任意方向地旋转绘图区中的模型。默认状态视图控制工具条上的"旋转中心"按钮处于打开状态，在进行模型旋转时，模型将以默认的模型中心为旋转中心。如果单击"旋转中心"按钮，使其处于关闭状态，模型将以鼠标位置为旋转中心。

4）平移模型。在绘图区按下中键作为平移中心。按住中键，同时按下 Shift 键，移动鼠标，模型即以此点为中心平移。

（2）视角设置。单击视图控制工具条中的"已保存方向"按钮，打开下拉列表，其中包括的视角有"标准方向""默认方向""BACK""BOTTOM""FRONT""LEFT""RIGHT""TOP""重定向""视图法向"10 种视角，如图 1-1-6 所示。

图 1-1-6　视图方向

（3）模型显示样式设置。在 Creo 中，模型的显示设置主要包括模型的显示模式、颜色设置、光线设置和渲染等内容。

1）模型的显示模式。单击视图控制工具条中的"显示样式"🔲，打开显示样式下拉工具条。Creo 提供了六种模型的显示样式，包括"带反射着色"🔲、"带边着色"🔲、"着色"🔲、"消隐"🔲、"隐藏线"🔲 和"线框"🔲六种显示效果，如图 1-1-7 所示。

2）模型的颜色设置。系统默认的模型着色显示为灰色，当默认的颜色不能表现出零件模型的特点时，可以把模型自定义为其他颜色。单击功能区主菜单"视图"，打开"视图"选项卡，如图 1-1-8 所示，单击"外观"●的"下拉"按钮，弹出【外观库】对话框，在该对话框中可以对模型的材质和颜色等进行设置。

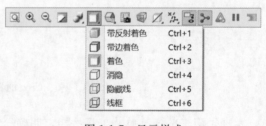

图 1-1-7　显示样式

（4）基准显示设置。单击视图控制工具条中的"基准显示过滤器"，打开基准显示下拉工具条，如图 1-1-9 所示。Creo 提供了四种绘图基准，分别为"基准轴"、"基准点"、"基准坐标系"和"基准平面"。在默认状态下，这四种基准是处于显示状态的。☑ 🔲平面显示 表示基准平面处于显示状态，这时可以单击□ 🔲平面填充显示 前面的

图 1-1-8 "视图"选项卡

复选框，使"基准平面"为着色填充显示。若绘图不需要某种基准，可以将其关闭。

4. 清除文件操作

（1）清除内存文件。选择主菜单
"文件"→"管理会话（M）"，如图 1-1-
10 所示。若在子菜单中选择"拭除当
前（C）"命令，则会弹出【拭除确认】
对话框，如图 1-1-11 所示，单击按钮
是(Y) ，则清除内存中的当前图形文件；

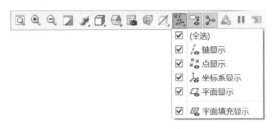

图 1-1-9 基准显示

若在子菜单中选择"拭除未显示的（D）"命令，则会弹出【拭除未显示的】对话框，
如图 1-1-12 所示，单击按钮 确定 ，则会清除内存中存在的所有文件。

图 1-1-10 清除内存文件

图 1-1-11 【拭除确认】对话框

图 1-1-12 【拭除未显示的】对话框

这项命令对于重名文件尤为重要，若内存中存在已经打开的文件名称，当有不同文
件夹下的另一重名文件也需同时打开时，系统会弹出【版本冲突】对话框，如图 1-1-13
所示，要求输入一个内存中没有的替代名称。

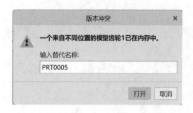

图 1-1-13 【版本冲突】对话框

若两个装配文件夹中的子零件文件名称出现重名，打开其中一个装配文件后，需要关闭当前文件窗口，并选择主菜单"文件"→"管理会话（M）"→"拭除未显示的（D）"命令，在清除内存后，才能打开下一个装配文件；否则绘图区不能正常显示需要打开的文件，并且弹出"重新生成失败"【通知】对话框，如图 1-1-14 所示。

图 1-1-14 【通知】对话框

（2）删除文件。选择主菜单"文件"→"管理文件（F）"，如图 1-1-15 所示。若在子菜单中选择"删除旧版本（O）"命令，系统会弹出【删除旧版本】对话框如图 1-1-16 所示，单击按钮 是(Y)，将会删除当前文件的最高版本号以外的所有版本文件；若选择子菜单"删除所有版本（A）"命令，系统弹出【删除所有确认】对话框，如图 1-1-17 所示，单击按钮 是(Y)，则删除当前图形文件。

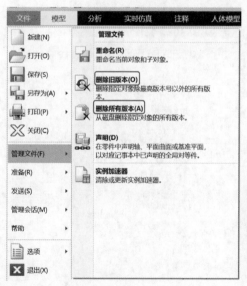

图 1-1-15 删除文件

图 1-1-16 【删除旧版本】对话框

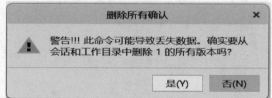

图 1-1-17 【删除所有确认】对话框

 注 意

该命令将会从硬盘中删除文件，使用要慎重。

5. 关闭窗口

选择主菜单"文件"→"关闭（C）"命令，如图 1-1-18 所示，可关闭当前图形窗口；或单击"快速访问工具栏"中的"窗口"  右侧的按钮，也可关闭当前图形窗口。

6. 退出系统

选择主菜单"文件"→"退出（X）"命令，弹出【确认】对话框，如图 1-1-19 所示，单击按钮 是(Y) ，则退出 Creo 系统。或逐个单击软件界面右上角的按钮，直至弹出图 1-1-19 所示的【确认】对话框，再单击按钮 是(Y) ，退出 Creo 系统。

7. 拉伸特征的创建步骤

拉伸实体特征是三维建模原理最为简单的一类特征。具体步骤如下：

（1）调用拉伸工具。在三维建模用户界面，单击菜单栏"模型"，打开"模型"选项卡，如图 1-1-20 所示，单击

形状▾功能区中的"拉伸"按钮。

图 1-1-18 关闭窗口

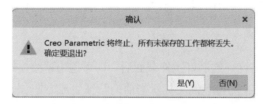

图 1-1-19 【确认】对话框

图 1-1-20 "模型"选项卡

调用该命令后，在设计界面的上部将出现如图 1-1-21 所示的"拉伸"操控板，用来确定拉伸特征的相关参数。

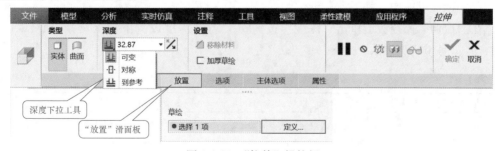

图 1-1-21 "拉伸"操控板

（2）草绘截面。调用拉伸命令后，系统弹出"放置"滑面板，单击按钮 放置 可以关闭该面板。单击滑面板中的"定义"按钮 定义... ，系统弹出【草绘】对话框，如图 1-1-

22 所示。在该对话框中进行"草绘平面"和"草绘方向"的设置，即可进入草绘模式；或在绘图区单击鼠标右键，弹出快捷菜单，如图 1-1-23 所示，单击"定义内部草绘"按钮，系统也会弹出【草绘】对话框。

图 1-1-22 【草绘】对话框   图 1-1-23 快捷菜单

> **注意**
>
> 在实体建模时（即"拉伸"操控板中建模类型为实体），拉伸特征的截面必须是封闭的。

（3）确定特征生成方向。绘制好拉伸截面后，即可退出草绘模式，之后就可确定特征的生成方向。此时系统会用一个红色箭头标示当前的特征生成方向。如果要改变特征的生成方向，只需在"拉伸"操控板上单击深度数值右侧的"更改拉伸方向"按钮即可。

> **注意**
>
> 当创建切剪实体特征时，操控板上会有两个，这时从左至右第一个按钮用于更改特征的生成方向。

（4）设置特征深度。通过确定特征的拉伸"深度"可以确定特征的大小。确定特征深度的方法很多，可以直接在文本框中输入代表深度尺寸的数值（见图 1-1-21 中的32.87），也可以使用"到参考"进行设置。

在"拉伸"操控板上单击"深度"按钮，打开深度设置下拉工具条（见图 1-1-21），各符号说明见表 1-1-1。

表 1-1-1   拉伸深度设置说明

深度形式符号	名称	说　　明
	可变	从草绘平面以指定的深度值拉伸
	对称	在草绘平面的两侧对称拉伸
	到参考	拉伸至选定的曲面、边、顶点、面组、曲线、平面、轴或点

（5）设置特征属性。

1）加厚草绘。草绘截面绘制完成后，系统默认在草绘封闭曲线内添加材料生成，如图 1-1-24（a）所示。若单击"拉伸"操控板"设置"功能区的"加厚草绘"按钮 ⫿ 加厚草绘 ，并在加厚文本框中输入壁厚 ⫿ 5.00 ⊠ ，则生成薄壁零件，如图 1-1-24（b）所示。

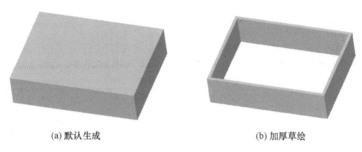

(a) 默认生成　　　　　　　　　　　　(b) 加厚草绘

图 1-1-24　"拉伸"中的加厚草绘

2）移除材料。在已有模型的基础上继续建模，系统默认是叠加建模，如图 1-1-25（a）所示。若单击"拉伸"操控板"设置"功能区的"移除材料"按钮 ⫿ 移除材料 ，则生成切割实体，如图 1-1-25（b）所示。这时需要注意调整深度文本框 ⫿ 100.00 右侧的拉伸方向按钮 ⫽ ，调整切割方向；调整 ⫿ 移除材料 右侧的按钮 ⫽ ，可调整材料移除的范围，如图 1-1-25（c）所示。

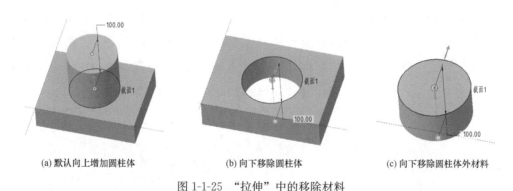

(a) 默认向上增加圆柱体　　　(b) 向下移除圆柱体　　　(c) 向下移除圆柱体外材料

图 1-1-25　"拉伸"中的移除材料

（6）完成。单击鼠标中键或"拉伸"操控板右侧的"确定"按钮，即可生成拉伸特征，完成拉伸特征的创建。

（7）拉伸特征创建失败的原因。当完成草绘截面后，单击草绘工具栏中的"确定"按钮，弹出如图 1-1-26 所示【未完成截面】对话框时，可在"信息提示区"查看截面未完成的原因：截面不封闭，截面轮廓中存在多余的线条，截面线条相互交叉，截面存在重复线条，如图 1-1-27所示。

图 1-1-26　【未完成截面】
对话框

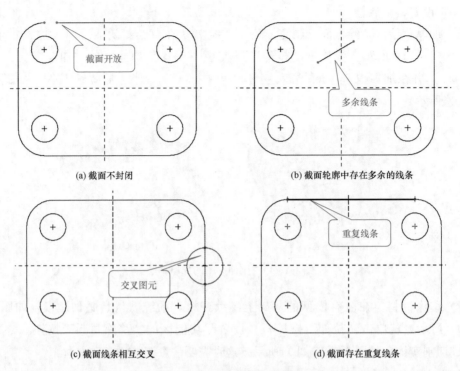

(a) 截面不封闭　　　　　　　　　　　　　　(b) 截面轮廓中存在多余的线条

(c) 截面线条相互交叉　　　　　　　　　　　(d) 截面存在重复线条

图 1-1-27　截面未完成示例

　　未完成截面的检查可以通过单击主菜单"草绘"选项卡"检查"功能区中的按钮 检查▼ 右侧的按钮 ▼ ，打开下拉工具条，如图 1-1-28 所示，通过"突出显示重叠" ▣ 、"突出显示相交" ▣ 、"突出显示连接处" ✕ 、"突出显示开放端" ▦ 、"着色封闭环" ▦ 、"交点" ✕ 、"相切点" ♀ 、"图元" ♂ 这几项来诊断截面不完整的原因。也可通过单击"特征要求"按钮 特征要求 ，弹出【特征要求】对话框，如图 1-1-29 所示，对话框中列出了当前特征的诊断状态。

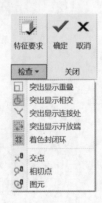

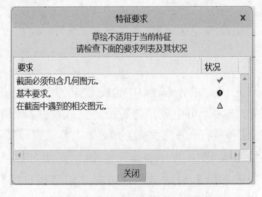

图 1-1-28　"检查"下拉工具条　　　　　图 1-1-29　【特征要求】对话框

　　此外，还可以根据截面中是否存在多余的尺寸标注来检查截面未完成的原因，如图 1-1-30 所示。

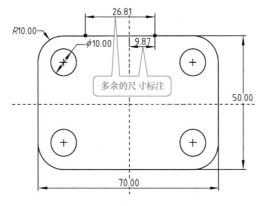

图 1-1-30　多余的尺寸标注

二、镜像特征简介

1. 调用镜像工具

在绘图区选中要镜像的特征，在"模型"选项卡（见图 1-1-20）中 编辑 功能区单击"镜像"按钮 镜像，打开图 1-1-31 所示的"镜像"操控板。

图 1-1-31　"镜像"操控板

2. 选取镜像基准面

"镜像"操控板上的"参考"滑面板 参考 中会显示"镜像平面"（选择 1 项）和镜像的特征 [F10(孔_1)]，见图 1-1-31，同时信息提示区显示"选择一个平面或目的基准平面作为镜像平面"。

3. 确定特征的从属关系

选好镜像平面后，单击"选项"按钮 选项，打开"选项"滑面板，如图 1-1-32 所示，确定镜像特征和原特征之间的从属关系，最后单击操控板上的"确定"按钮，完成镜像操作。

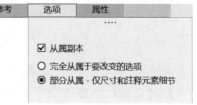

图 1-1-32　"选项"滑面板

三、创建摇臂模型

1. 新建一个名为"JM01-01"的零件文件

选择主菜单"文件"→"管理会话（M）"→"选择工作目录（W）"，打开【选择工作目录】对话框。选取工作目录"D:/Creo9"，在工作目录区单击鼠标的右键，弹出快捷菜单，选取"新建文件夹"命令，如图 1-1-33 所示，在弹出的【新建文件夹】对话框中输入"JM01"，如图 1-1-34 所示，单击【新建文件夹】对话框中的"确定"按钮，再单击【选择工作目录】对话框中的"确定"按钮，即可完成当前工作目录的设定。

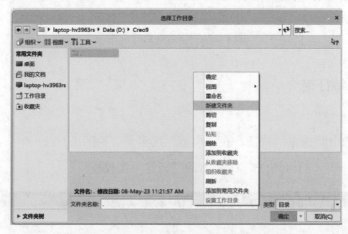

图 1-1-33 【选择工作目录】对话框

图 1-1-34 【新建文件夹】对话框

选择主菜单"文件"→"新建"，或单击快速访问工具栏中的"新建"按钮，打开【新建】对话框，类型选取"零件"，子类型选取"实体"，输入名称"JM01-01"后，取消勾选"使用默认模板"，单击"确定"按钮，然后进入【新文件选项】对话框，把绘图单位更改为公制单位"mmns_part_solid_abs"，单击"确定"按钮，进入 Creo 的零件设计界面。

2. 创建厚度为 24mm 的两个轴套

（1）单击"模型"选项卡 形状▾ 功能区中的"拉伸"按钮 ，打开"拉伸"操控板，拉伸类型选择"实体" ，单击"放置"滑面板"草绘"右侧的"定义"按钮 定义… ，打开【草绘】对话框。用鼠标左键单击选择基准平面 TOP 作为草绘平面（或者在导航树区单击 TOP），接受草绘方向参考，如图 1-1-35 所示。单击"草绘"按钮 草绘 ，进入二维草绘模式，并加载"草绘"选项卡，如图 1-1-36 所示。单击视图控制工具条中

图 1-1-35 【草绘】对话框

的"草绘视图"按钮 ，如图 1-1-37 所示，将所选择的草绘基准平面 TOP 定向至与屏幕平行，基准面 RIGHT 和 FRONT 分别转为垂直线（参考）和水平线（参考）。

图 1-1-36 【草绘】选项卡

（2）单击 草绘 功能区的 圆▾ 右侧的"下拉"按钮▾，打开圆绘制菜单，如图 1-1-38 所示，选择"圆心和点"命令 圆心和点 ，绘制四个圆，如图 1-1-39 所示，四个圆的圆心都落在垂直参考线上，其中上面两个圆的圆心落在基准坐标系 PRT_CSYS_DEF 的原点上，即绘图区中垂直线（参考）和水平线（参考）的交点。

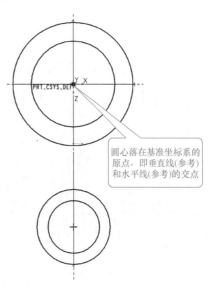

图 1-1-37 视图控制工具条

圆心落在基准坐标系的原点，即垂直线(参考)和水平线(参考)的交点

图 1-1-38 圆绘制菜单

图 1-1-39 绘制四个圆

（3）单击 草绘 功能区的"线链"命令 ✓线✓，绘制三条直线，如图 1-1-40 所示，单击鼠标中键结束直线绘制。

（4）单击 约束✓ 功能区的"对称"按钮 ✦对称，此时图形的默认尺寸显示在绘图区，同时信息提示区提示"选择直的参考和两个顶点或点，使它们对称"，用鼠标左键先单击选择垂直线（参考）作为对称中心线，再分别单击选择两条竖直线，如图 1-1-41 所示，则图形中两条竖直线调整至关于垂直线（参考）对称的位置，两条竖直线旁边分别显示对称约束符号 ↦ 和 ↤。图形中同时显示图元上的点约束 ↘ 和 ↗，以及竖直约束 │ 和水平 ─ 符号。

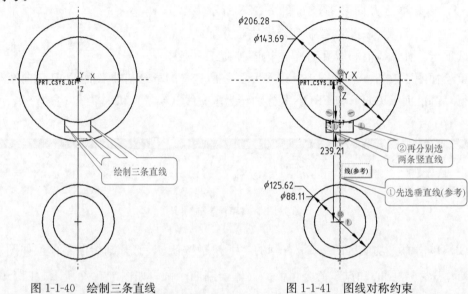

图 1-1-40　绘制三条直线　　　　　　　　图 1-1-41　图线对称约束

（5）单击 编辑 功能区"删除段"按钮 ⊱删除段 ，裁剪图形中多余的圆弧（见图 1-1-42），得到图 1-1-43 所示的截面图。

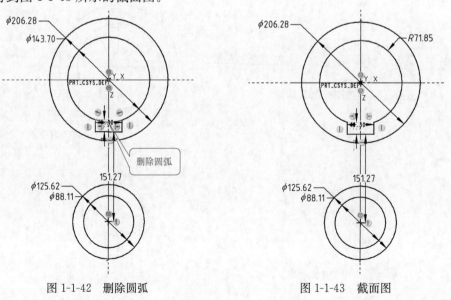

图 1-1-42　删除圆弧　　　　　　　　图 1-1-43　截面图

（6）单击 <u>尺寸</u> 功能区中的"尺寸"按钮 ↔，在绘图区先单击选择上面同心圆的圆心，再单击选择水平直线，然后在空白区单击鼠标中键，完成水平直线和圆心距离的尺寸标注；单击选择水平直线，在空白区单击鼠标中键，完成水平直线的尺寸标注；先单击选择上面同心圆的圆心，再单击选择下面同心圆的圆心，然后在空白区单击鼠标的中键，完成圆心距的尺寸标注；双击圆弧，在空白区单击鼠标中键，完成圆弧的尺寸标注。整个草图的尺寸标注如图 1-1-44 所示。

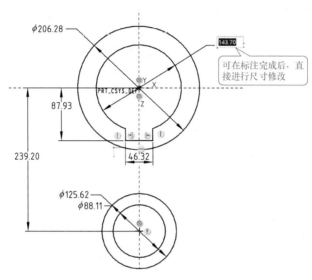

图 1-1-44　尺寸标注

（7）单击 <u>操作</u> 功能区中的"选择"按钮 ↗ 选择，在绘图区中左上角按住鼠标左键，拖动鼠标框选所有尺寸后（选中后图形及尺寸全部变成红色），再单击 <u>编辑</u> 功能区中的"修改"按钮 <u>修改</u>，弹出【修改尺寸】对话框，如图 1-1-45 所示。取消勾选"重新生成（R）"复选框，在该对话框中进行尺寸修改，然后单击"确定"按钮，完成图形的尺寸修改，如图 1-1-46 所示，可以通过 <u>操作</u> 功能区中的"选择"按钮 ↗ 选择，拖动尺寸至合适位置。

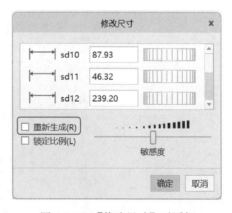

图 1-1-45　【修改尺寸】对话框

 注　意

　　如果【修改尺寸】对话框中的"重新生成（R）"复选框处于选中状态，则每个尺寸在修改完后立即生成，会产生图形变形失真情况，不利于绘图工作。

（8）选择主菜单"文件"→"选项"，在二级菜单中单击"选项"（见图 1-1-47），打开【Creo Parametric 选项】对话框，如图 1-1-48 所示。在【Creo Parametric 选项】中可以进行"外观""全局""核心""应用程序"等设置，单击选择"核心"功能区的"草绘器"，可以根据需要设置"对象显示设置""草绘器约束假设""精度和敏感度"等，其中尺寸标注的小数位数默认为"2"。

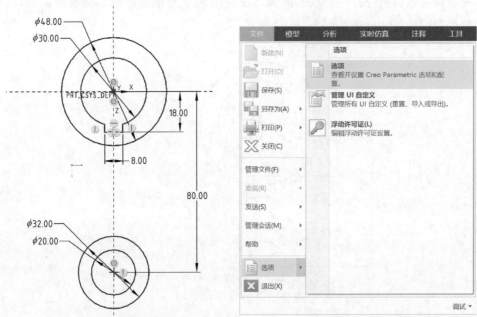

图 1-1-46　完成尺寸修改　　　　　　　　图 1-1-47　文件菜单列表

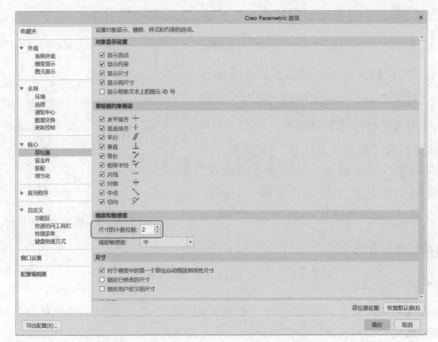

图 1-1-48　【Creo Parametric 选项】对话框

（9）单击 关闭 功能区的"确定"按钮，保存草绘并退出二维草绘模式。

（10）在"拉伸"操控板的"深度"
选择对称⊟方式，文本框中输入"24"。
单击预览按钮👀，按住鼠标中键拖动鼠
标旋转模型进行预览，确定无误后，单
击操控板上的"确定"按钮，最后生成
的轴套模型如图 1-1-49 所示。

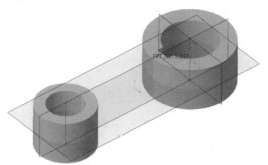

图 1-1-49　轴套模型

3. 创建厚度为 8mm 的连接杆

（1）单击"模型"选项卡 形状▼ 功能

区中的"拉伸"按钮🗔。在绘图区中单击鼠标右键，在弹出的快捷菜单中，选"定义
内部草绘"按钮✐，打开【草绘】对话框；单击选择基准平面 TOP 作为草绘平面，接
受草绘方向参考；单击【草绘】对话框中的 草绘 ，进入二维草绘模式。

（2）单击视图控制工具条中的"草绘视图"按钮🎇 ，定向草绘平面与屏幕平行。
单击 草绘 功能区中的中的"投影"按钮⬚ 投影，弹出投影"选择项"工具条及信息提
示，如图 1-1-50 所示。按住 Ctrl 键分别选取上面圆柱体外轮廓投影线的下半圆弧和下
面圆柱体的投影线整圆，如图 1-1-51 所示。选中后投影线红色加亮显示，然后单击工具
条上的按钮✓，完成 1 个圆弧和 1 个圆的绘制。

图 1-1-50　投影"选择项"工具条

选择上面圆柱下半
圆弧和下面整圆柱
的整圆投影线

图 1-1-51　选择圆柱体外轮廓投影线

图 1-1-52　线绘制工具条

（3）单击 草绘 功能区中的中的"线链"按钮 ⌵线 右侧
的 ▼ ，打开线绘制下拉工具条，如图 1-1-52 所示，在下拉
工具条中选择"直线相切" ⤬ ，先单击图 1-1-51 中上面圆
弧确定起点位置，再单击下面圆确定终点位置，完成圆弧

和圆的切线绘制。重复切线绘制操作，绘制 2 条切线。

（4）单击 编辑 功能区"删除段"按钮 ✂删除段 ，裁剪图形中多余的圆弧，完成连接杆截面图，如图 1-1-53 所示。单击 关闭 功能区的"确定"按钮，保存草绘并退出二维草绘模式。

（5）在"拉伸"操控板的"深度"选择对称 -日- 方式，文本框中输入"8"。单击操控板上的"确定"按钮，单击视图控制工具条中的"基准显示过滤器"按钮 🔗，在下拉工具条中关闭平面显示 □ ⬦平面显示，完成连接杆模型如图 1-1-54 所示。

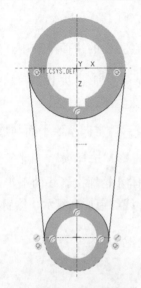

图 1-1-53　连接杆截面图

选连接杆上表面作为草绘平面

图 1-1-54　连接杆模型

4. 创建切剪材料特征

（1）单击 形状▾ 功能区中的"拉伸"按钮 ⬚，打开"拉伸"操控板，拉伸类型选择"实体" ⬚，单击"放置"滑面板"草绘"右侧的"定义"按钮 定义... ，打开【草绘】对话框。选择连接杆上表面作为草绘平面，如图 1-1-54 所示，接受草绘方向参考，单击"草绘"按钮 草绘 ，进入二维草绘模式。单击视图控制工具条中的"草绘视图"按钮 ⬚，定向草绘平面与屏幕平行。绘制图 1-1-55 所示草绘截面，包括 4 段圆弧和 4 条直线。单击"关闭"功能区的"确定"按钮，保存草绘并退出二维草绘模式。

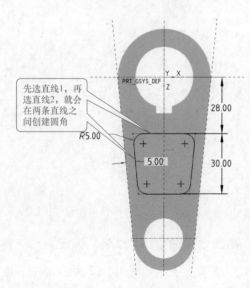

先选直线1，再选直线2，就会在两条直线之间创建圆角

图 1-1-55　草绘截面

注意

在绘制该截面时，可使用平行约束 // 平行，对称约束 ┿ 对称 和相等约束 ═ 相等；R5 圆角采用 草绘 功能区的 ↳ 圆角 工具（先选直线 1，再选直线 2，就会在两条直线之间创建圆角，见图 1-1-55）。

（2）单击"拉伸"操控板上的材料"拉伸方向"按钮 ⚡（左边第一个），使拉伸方向向下，并按下"移除材料"按钮 ⎚ 移除材料，在拉伸"深度" ╫ 文本框中输入"2"，单击操控板上的"确定"按钮，完成切剪材料特征，如图 1-1-56 所示。

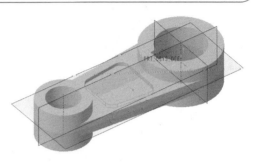

图 1-1-56 切剪材料特征

5. 创建镜像特征

先单击选中模型中的切剪材料特征，或在导航树中单击选中"拉伸 3"，如图 1-1-57 所示，再单击 编辑▼ 功能区"镜像"按钮 ◖◗ 镜像，打开"镜像"操控板；鼠标单击选择 TOP 基准平面作为镜像平面，选中后 TOP 基准平面加亮显示，如图 1-1-58 所示。单击操控板上的"确定"按钮，生成模型如图 1-1-1 所示。

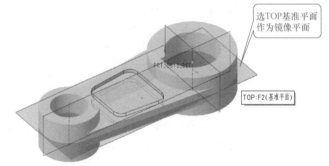

选 TOP 基准平面作为镜像平面

TOP:F2(基准平面)

图 1-1-57 导航树中选中"拉伸 3" 图 1-1-58 选 TOP 基准平面作为镜像平面

6. 保存文件

单击快速访问工具栏中的"保存"按钮 ，完成模型设计。

注意

若遇到电脑掉电或软件突然关闭，Creo 软件不会保存临时文件，所以在应用 Creo 绘图时，可以随时单击"保存"按钮 💾，进行文件保存。如果文件在绘制过程中保存过 2 次，则系统会依次以"jm01-01. prt. 1""jm01-01. prt. 2"顺次命名，并分别保存在当前的工作目录中，由于这两个文件保存的时间不同，所以大小不一样。但在 Creo 软件环境中，单击"打开"按钮 📂，在打开对话框中只显示一个"jm01-01. prt"文件，即当前打开的是最后保存的那个文件。

四、考核评价

（1）运用拉伸特征创建图 1-1-59 所示的组合体三维模型。

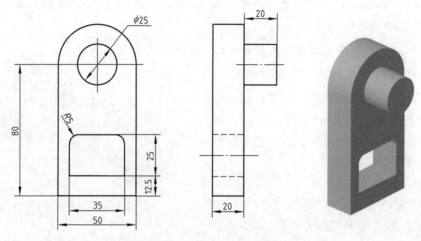

图 1-1-59　组合体三维建模

（2）运用拉伸特征创建图 1-1-60 所示的支座三维模型。

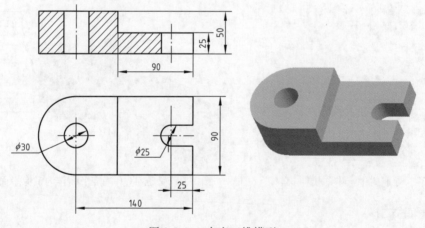

图 1-1-60　支座三维模型

知识拓展

　　摇臂的应用范围非常广，常见的有摄影辅助器材三脚架、摇臂钻床、摩托车、汽车摇臂等。汽车摇臂的作用是将推杆和凸轮传来的运动和作用力，改变方向后传给气门使其开启。摇臂在摆动过程中承受很大的弯矩，因此应有足够的强度和刚度以及较小的质量。在江浙一带有专业生产汽车和摩托车等内燃机、发动机摇臂的厂商，年产摇臂6000 万只和摇臂总成 900 万套，产品遍及美国、日本、印度及东南亚等全球数十个国家和地区。这些成就的背后，离不开中国人十几年如一日的坚持和创新。时代在发展、科技在进步，了不起的"中国制造"在世界熠熠生辉！

任务二 传动轴的三维建模

○ 任 务

创建如图 1-2-1 所示的传动轴模型。

分 析

传动轴从结构上看，属于回转类零件，叫以看作一截面绕中心轴旋转 360°而成，因此本任务适用于旋转特征进行建模。从造型的角度来看，该零件圆柱部分也可用拉伸特征来建

图 1-2-1 传动轴模型

模，而键槽部分可以采用拉伸剪切特征来创建，这时需要创建基准平面；模型轴肩的过渡圆弧和轴端倒角可以采用倒圆角特征和倒角特征创建。

知识目标

（1）掌握旋转实体特征的创建方法。
（2）掌握旋转特征的草绘截面及回转轴线的绘制。
（3）掌握倒圆角特征和倒角特征的创建方法。

技能目标

（1）能运用旋转命令、倒角命令和倒圆角命令完成传动轴三维建模。
（2）能分析旋转特征创建失败的原因，并找到解决方案。

素质目标

（1）树立团队协作意识。
（2）培养不畏艰难、勇于探索的科学家品质。

一、旋转特征简介

旋转特征是由草绘截面绕旋转中心线旋转一定的角度而生成的特征，该特征适合构造回转体零件。回转体零件都具有回转中心轴线，而且过中心轴线的剖截面形状关于轴线对称。旋转实体特征的操作步骤如下所述。

1. 调用旋转工具

在"模型"选项卡（见图 1-1-20） 形状▼ 功能区中单击"旋转"按钮 ◆旋转 ，打开"旋转"操控板如图 1-2-2 所示，用来确定旋转的相关参数。

2. 草绘截面和旋转轴线

单击操控板中"放置"滑面板（见图 1-2-2）右侧的"定义"按钮 定义... ，系统弹

图 1-2-2 "旋转"操控板

出【草绘】对话框。在该对话框中进行草绘平面和草绘方向的设置，即可进入草绘模式；或在绘图区单击鼠标右键，弹出快捷菜单，选择"定义内部草绘"按钮 📝 ，进入二维草绘模式，绘制旋转截面。

旋转特征的截面中必须至少有一条中心线作为回转轴线。如果有多条中心线，系统以用户绘制的第一条中心线作为旋转特征的回转轴线。

如图 1-2-3（a）所示，该旋转特征的截面有两条中心线，即中心线 1 和中心线 2。

（1）当中心线 1 为用户所绘制的第一条中心线时，所生成的回转体如图 1-2-3（b）所示。

（2）当中心线 2 为用户所绘制的第一条中心线时，所生成的回转体如图 1-2-3（c）所示。

(a) 旋转截面   (b) 以中心线1为旋转轴   (c) 以中心线2为旋转轴

图 1-2-3 多条中心线所产生的旋转特征

此外，在实体建模时（即"旋转"操控板中建模类型为 🔲实体 ），旋转特征的截面必须是封闭的，且允许有多重回路，如图 1-2-4（a）所示。图 1-2-4（b）所示为旋转截面绕中心线回转 90°所得旋转特征。旋转截面的图元必须全部位于中心线的同一侧，不允许跨越中心线的两侧，但可以和中心轴线重叠。

3. 指定特征参数

在"旋转"操控板文本框中输入草绘截面绕回转中心轴线的旋转角度 ⬆270.00 ，相对于草绘平面的旋转方向 ⤭ ，以及相对于草绘平面的旋转方式 ⬆ 、 ⬒ 或 ⬆ 。

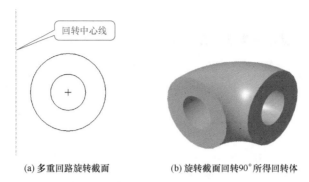

(a) 多重回路旋转截面　　　　　　　(b) 旋转截面回转90°所得回转体

图 1-2-4　多重回路回转特征

4. 完成

单击鼠标中键，或"旋转"操控板右侧的"确定"按钮，即可生成旋转特征，完成旋转特征的创建。

5. 旋转特征创建失败原因

（1）没有绘制中心线，如图 1-2-5（a）所示。

（2）截面不完整，当旋转类型为"实体" 实体 时，其旋转特征截面要封闭，如图 1-2-5（b）所示。

（3）截面跨越回转中心线的两侧，如图 1-2-5（c）所示。

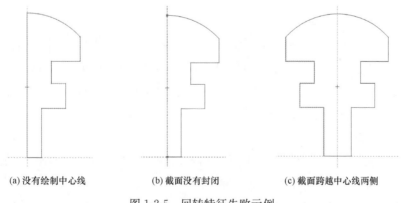

(a) 没有绘制中心线　　　　　(b) 截面没有封闭　　　　　(c) 截面跨越中心线两侧

图 1-2-5　回转特征失败示例

二、倒圆角特征简介

在零件的设计过程中，根据零件生产或工艺要求，如热处理、铸造、注塑等，需要在零件上增加圆角特征。倒圆角特征分为倒圆角和自动倒圆角两类。倒圆角特征的具体调用步骤如下所述。

1. 调用倒圆角特征

单击"模型"选项卡的 工程 功能区"倒圆角"按钮 倒圆角 ，打开"倒圆角"操控板，如图1-2-6所示，系统自动打开"集"滑面板。

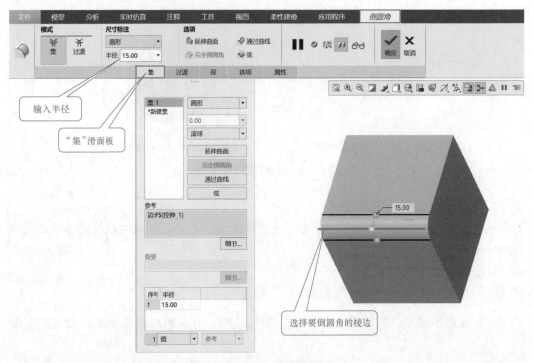

图1-2-6　等半径倒圆角特征

2. 倒圆角特征的类型

（1）等半径圆角特征。调入倒圆角特征命令后，在"倒圆角"操控板上倒角半径文本框中输入半径值15，鼠标左键选择零件上要倒圆角的边（见图1-2-6）。如果有若干相等半径的圆角，可按住Ctrl键，继续选择。选择完成后即出现预览效果（黄色加亮显示），无误后单击操控板上的"确定"按钮。

（2）变半径圆角特征。

1）按比率创建变半径圆角。在"倒圆角"操控板"半径"文本框中输入数值10后，选中要倒圆角的棱边，将鼠标左键置于"半径-位置"栏中，单击鼠标右键，在弹出的快捷菜单中选择"添加半径"命令，如图1-2-7所示。在此栏中可以修改半径的数值和位置的比率，添加两次半径后，出现预览效果（黄色加亮显示）。确认无误后单击操控板上的"确定"按钮，完成变半径倒圆角特征。

2）按顶点创建变半径圆角特征。选中要倒圆角的棱边，鼠标置于"半径-位置"栏中，单击鼠标右键，在弹出的快捷菜单中选择"添加半径"命令，把位置属性更改为"参考"，然后单击半径数值后的"位置"栏，如图1-2-8所示，出现"选择1项"提示后，再单击图形中变半径控制点（直线或圆弧的端点），出现黄色倒圆角特征预览，确认无误后单击操控板上的"确定"按钮，完成变半径倒圆角特征。

（3）完全倒圆角。选择倒圆角命令后，打开"倒圆角"操控板，按住Ctrl键，选

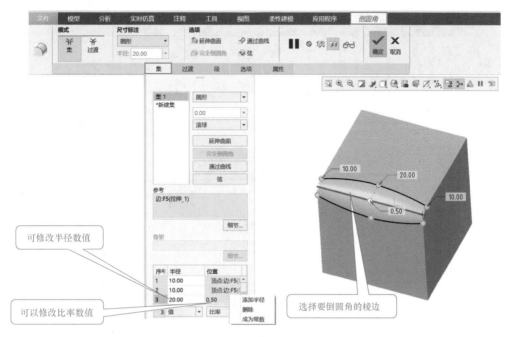

图 1-2-7　按比率创建变半径倒圆角特征

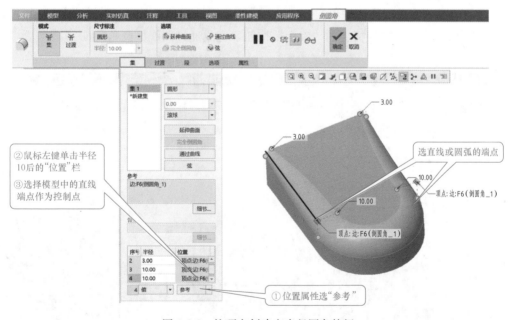

图 1-2-8　按顶点创建变半径圆角特征

择零件左侧面和右侧面作为 2 个参考曲面，再选择零件的前面作为驱动曲面，如图 1-2-9 所示，出现黄色完全倒圆角特征预览，单击操控板上的"确定"按钮，完成完全倒圆角。

（4）通过曲线倒圆角。选择倒圆角命令后，打开"倒圆角"操控板，选择要倒圆角

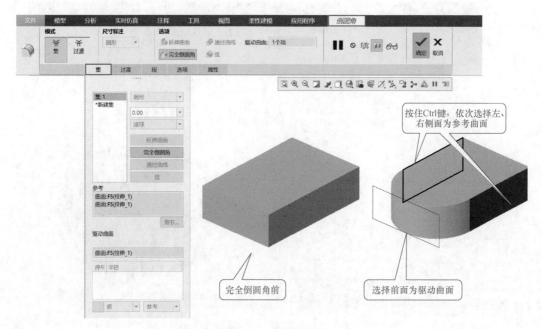

图 1-2-9 完全倒圆角

的棱边后，在"集"滑面板中单击按钮 通过曲线 ，再选择草绘的曲线作为驱动曲线，如图 1-2-10 所示，单击操控板上的"确定"按钮，完成通过曲线倒圆角特征。

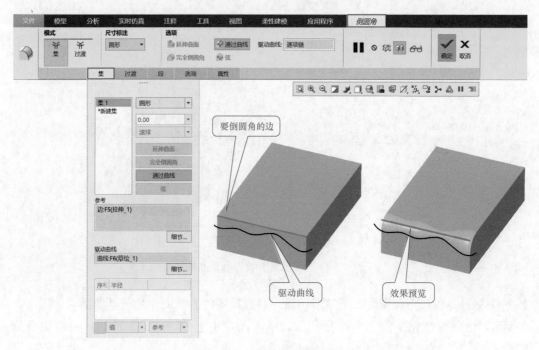

图 1-2-10 通过曲线倒圆角

3. 自动倒圆角

单击"模型"选项卡的 工程▼ 功能区"倒圆角"按钮 ◯倒圆角 ▼ 右侧的下拉按钮 ▼，打开下拉工具条，选择"自动倒圆角"按钮 ⚡ 自动倒圆角 ，如图 1-2-11 所示，系统自动打开"范围"滑面板，先在操控板中设置倒圆角的"范围"，然后在文本框中分别输入凸边半径 ⬠凸 和凹边半径 ⬠凹 （如果不输入凹边半径，系统默认与凸边半径相等）。在默认状态下系统会对图形上所有的凸边和凹边倒圆角。

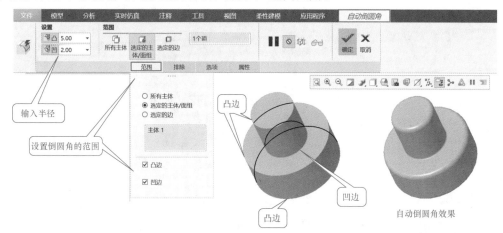

图 1-2-11　自动倒圆角

单击操控板中的"排除"按钮 排除 ，打开"排除"滑面板，不需要倒圆角的边排除在外，如图 1-2-12 所示。

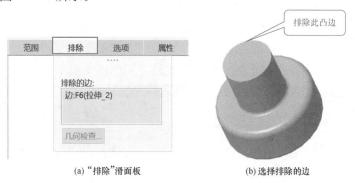

(a)"排除"滑面板　　　　(b)选择排除的边

图 1-2-12　排除效果

三、倒角特征简介

在零件的设计过程中，通常在零件的锐边进行倒角处理，防止伤人，便于搬运及装配等。倒角分为两类：边倒角和拐角倒角。

1. 边倒角

单击"模型"选项卡的 工程▼ 功能区"倒角"按钮 ◯倒角 ▼ ，打开"边倒角"操控板，如图 1-2-13 所示，系统自动打开"集"滑面板。先选择"尺寸标注"类型，默认是 D×D，在文本框中输入倒角边长 3，再选择要倒角的边，则出现边倒角预览，单击操控板上的"确定"按钮，完成边倒角特征。

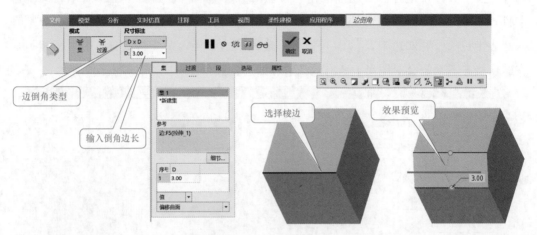

图 1-2-13　$D\times D$ 边倒角

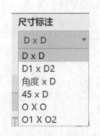

图 1-2-14　边倒角尺寸标注类型

单击"边倒角"操控板"尺寸标注" D×D 右侧的下拉按钮，打开下拉工具条，有六种边倒角形式，如图 1-2-14 所示。

2. 拐角倒角

单击"模型"选项卡的 工程 功能区"倒角"按钮 倒角 右侧的下拉按钮，在下拉工具条中选择"拐角倒角" 拐角倒角，打开"拐角倒角"操控板，如图 1-2-15 所示。信息提示区提示"选择要进行倒角的顶点"，鼠标左键单击要倒角的顶角点，选中后该点蓝色加亮显示，在操控板上的文本框中分别输入 D_1、D_2、D_3 的数值后，出现拐角倒角预览，单击操控板上的"确定"按钮，完成拐角倒角特征。

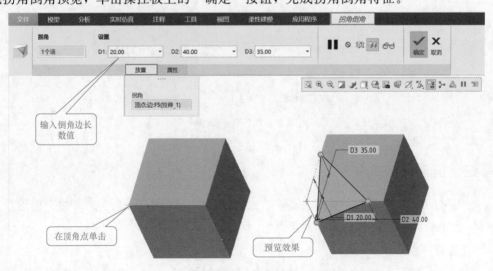

图 1-2-15　拐角倒角

四、创建传动轴模型

1. 新建一个名为"JM01-02"的零件文件

选择主菜单"文件"→"管理会话（M）"→"选择工作目录（W）"，打开【选择工作目录】对话框。选取工作目录"D：/Creo9/JM01"，单击"确定"按钮，完成当前工作目录的设定。

单击"新建"按钮 ，打开【新建】对话框，类型选取"零件"，子类型选取"实体"，输入名称"JM01-02"后，取消勾选"使用默认模板"复选框，单击"确定"按钮；进入【新文件选项】对话框，把绘图单位更改为公制单位"mmns_part_solid_abs"，单击"确定"按钮，进入Creo的零件设计界面。

2. 创建旋转特征

（1）在"模型"选项卡 形状▼ 功能区中单击"旋转"按钮 旋转 ，在"放置"滑面板中单击"定义"按钮 定义... ，打开【草绘】对话框。鼠标左键单击基准平面FRONT作为草绘平面，接受草绘方向参考，单击"草绘"按钮，打开草绘选项卡，进入二维草绘模式。单击视图控制工具条中的"草绘视图"按钮 ，定向草绘平面与屏幕平行。

（2）在二维草绘模式下，绘制旋转截面。单击视图控制工具条中的"基准显示过滤器"按钮 ，在弹出的下拉工具条中取消勾选"全选"复选框，关闭所有基准显示。

单击 草绘 功能区"中心线"按钮 中心线▼ 绘制一条水平回转中心轴线，再使用"线"按钮 线▼ ，绘制如图1-2-16所示的旋转截面。

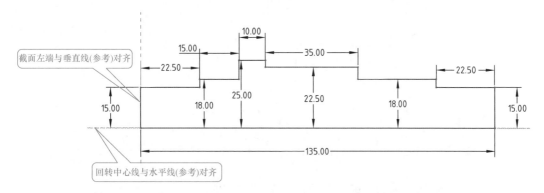

图 1-2-16 草绘截面

注 意

1）由于该截面各阶梯尺寸较小，在草绘时系统会自动添加一些不必要的约束，如等长、垂直等，导致尺寸无法正常修改，这是初学者常出现的问题。可以采用下述操作来去除一些系统自动添加的约束，具体步骤如下：

a. 选择主菜单"文件"→"选项"，打开【Creo Parametric 选项】对话框，单击选择"核心"功能区的"草绘器"，弹出"草绘器"设置界面。

b. 在对话框中"对象显示设置"功能区中取消"显示约束";在"草绘器约束假设"中,保留水平排齐、竖直排齐,其余均去除,如图1-2-17所示。单击对话框中的"确定"按钮,完成草绘模式的自动约束设置。若想恢复设置,可以单击对话框右下角的"恢复默认值(E)"按钮 恢复默认值(E) 。

2) 在尺寸修改时,框选所有尺寸后,再单击"修改"按钮 修改 ,在【修改尺寸】对话框中取消勾选"重新生成(R)"复选框;否则,每修改一次尺寸,尺寸随即再生成功,可能会导致图形失真。

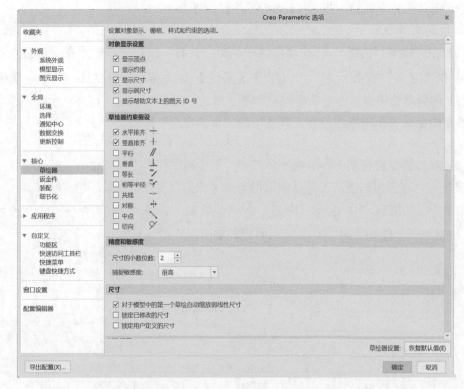

图 1-2-17 【Creo Parametric 选项】对话框"草绘器"设置

(3) 单击 关闭 功能区的"确定"按钮,保存草绘并退出二维草绘模式。

图 1-2-18 传动轴旋转特征

(4) 在"旋转"操控板中设置旋转角度360° 360.0 ,单击"旋转"操控板上的"确定"按钮,生成模型如图1-2-18所示。

3. 创建草绘基准平面 DTM1

(1) 单击视图控制工具条中的"基准显示过滤器"按钮 ,在弹出的下拉工具条中选中"平面显示"复选框 平面显示 ,绘图区显示3个基准平面。

（2）单击"基准"功能区 基准▾中的创建"基准平面"按钮 ⬚ 平面，弹出【基准平面】对话框，如图 1-2-19 所示。鼠标左键单击选择 TOP 基准面，则 TOP 基准面显示在"参考"栏中，创建的基准平面类型为"偏移"，在基准平面对话框中的"平移"文本框中输入距离 17，单击【基准平面】对话框中的"确定"按钮，完成的基准平面默认名称为 DTM1，如图 1-2-20 所示。

图 1-2-19 【基准平面】对话框

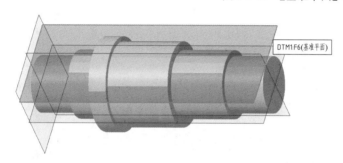

图 1-2-20 创建基准平面 DTM1

4. 创建键槽拉伸剪切特征

（1）单击"模型"选项卡 形状▾功能区中的"拉伸"按钮 拉伸，打开"拉伸"操控板，拉伸类型选择"实体" 实体，单击"放置"滑面板"草绘"右侧的"定义"按钮 定义...，打开【草绘】对话框。鼠标左键单击选择基准平面 DTM1 作为草绘平面（或者在导航树区单击 ◻ DTM1），接受草绘方向参考，单击"草绘"按钮 草绘 ，进入二维草绘模式，并加载"草绘"选项卡。单击视图控制工具条中的"草绘视图"按钮 ，定向草绘基准平面 DTM1 与屏幕平行。

注 意
　　如果基准平面 DTM1 处于被选中状态，则单击"拉伸"按钮 拉伸 后，即进入二维草绘模式，这时定向草绘基准平面 DTM1 与屏幕平行即可进行绘图。

（2）在草绘模式下，将视图控制工具条中"显示样式"切换至线框状态 ，关闭所有基准显示。绘制如图 1-2-21 所示的键槽截面，单击 关闭 功能区的"确定"按钮，保存草绘并退出二维草绘模式。

（3）单击"拉伸特征"操控板中的移除材料按钮 移除材料，确保拉伸方向向上，在深度下拉工具条中选择"穿透"按钮 穿透，再单击操控板中的"确定"按钮，完成的键槽特征如图 1-2-22 所示。

31

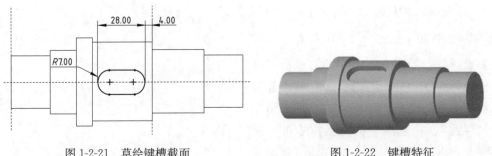

图 1-2-21 草绘键槽截面　　　　　　　　图 1-2-22 键槽特征

5. 创建倒角特征

单击"模型"选项卡 工程▾ 功能区"倒角"按钮 ◈倒角 ▾，打开"边倒角"操控板，如图 1-2-23 所示，接受默认"尺寸标注"类型 D x D ▾ ，在文本框中输入倒角边长"1.5"，再选择要倒角的锐边，则出现边倒角黄色预览，单击操控板上的"确定"按钮，完成边倒角特征。

图 1-2-23 边倒角特征

6. 创建圆角特征

单击"模型"选项卡 工程▾ 功能区"倒圆角"按钮 ◝倒圆角 ▾，打开"倒圆角"操控板，如图 1-2-24 所示，在文本框中输入半径值"1"，单击鼠标左键选择零件上要倒圆角的2 条（轴肩）边。选择完成后即出现黄色加亮预览效果，单击操控板上的"确定"按钮。

至此，完成传动轴的三维建模，如图 1-2-1 所示。

7. 保存文件

单击快速访问工具栏中的"保存"按钮 🖫，完成模型设计。

五、考核评价

（1）综合运用所学知识创建图 1-2-25 所示的手轮三维模型。

图 1-2-24　倒圆角特征

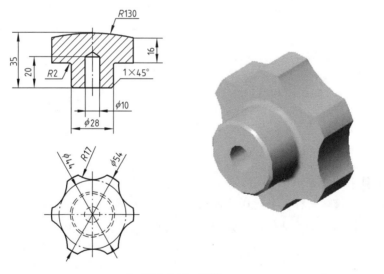

图 1-2-25　手轮

（2）综合运用所学知识创建图 1-2-26 所示的端盖三维模型。

知识拓展

　　轴安装在轴承中间、车轮中间或齿轮中间，支承转动零件并与之一起回转以传递运动、扭矩或弯矩的机械零件，机器中做回转运动的零件就装在轴上。传动轴机件的损坏、磨损、变形、失去动平衡，都会造成机器在使用中产生异响和振动，严重时会导致

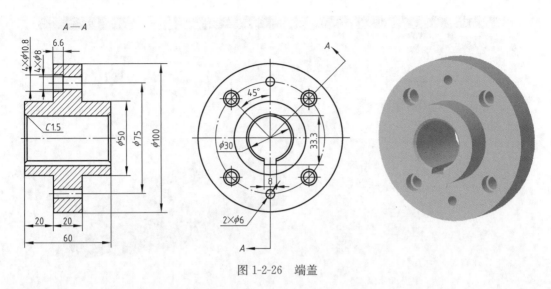

图 1-2-26　端盖

相关部件的损坏。针对传动轴的磨损等最新修复技术采用的是高分子复合材料技术和纳米技术，高分子技术可以现场操作，有效提升了维修效率，且降低了维修费用和维修强度。这些当然离不开科技的进步，也离不开我国培养的大批"大国工匠"。

任务三　白炽灯泡的三维建模

任　务

创建如图 1-3-1 所示白炽灯泡模型。

分　析

模型中白炽灯泡的灯管部分无法采用前面学习的拉伸和旋转工具来创建，可以采用 Creo 中的扫描特征进行建模。灯座、灯尾圆柱部分可用拉伸或旋转特征来建模，刻字采用拉伸剪切特征创建，其他部分用倒圆角特征创建。

图 1-3-1　白炽灯泡模型

知识目标

（1）掌握扫描实体特征的创建方法。
（2）掌握扫描轨迹与扫描草绘截面的创建方法。
（3）掌握模型刻字的创建方法。

技能目标

（1）能运用扫描命令完成灯泡三维建模。

（2）能分析扫描特征创建失败的原因，并找到解决方案。

素质目标

（1）培养沟通协作、团结互助的能力。
（2）培养学习探究、爱岗敬业的品质。

一、扫描特征简介

扫描特征是指将草绘截面沿着某一指定的路径移动扫掠而生成实体，通常把扫描过程中的这一移动路径称为扫描轨迹线，草绘截面的法向始终沿着轨迹曲线的切线方向移动，如图 1-3-2 所示。与拉伸特征相比，扫描特征具有更大的设计自由度，也可以说拉伸特征是扫描特征的特例。扫描特征的具体操作步骤如下所述。

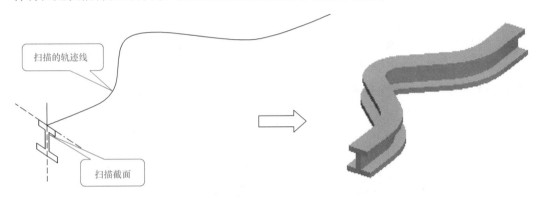

图 1-3-2　扫描特征创建的工字钢模型

1. 调用扫描工具

在"模型"选项卡 形状▾ 功能区中单击"扫描"按钮 ◎ 扫描 ▾ 打开"扫描"操控板，如图 1-3-3 所示，选择扫描类型"实体" □ 实体 或"曲面" □ 曲面，选项功能区选择"恒定截面" □ 恒定截面。创建扫描特征需要定义扫描轨迹和扫描截面两项。

图 1-3-3　"扫描"操控板

2. 定义轨迹线

扫描轨迹的定义有以下两种方法：

（1）"草绘轨迹"线：单击"扫描"操控板右上角"基准"按钮  的下拉按钮

，打开下拉工具条，如图 1-3-4 所示，选择"草绘"按钮，然后选择绘图平面，在其上绘制二维轨迹曲线，此时扫描特征处于暂停状态，轨迹绘制完成后，需要单击"扫描特征"操控板上的按钮▶，退出暂停模式；或者在模型选项卡 基准 功能区单击按钮，进行轨迹绘制。

（2）"选择轨迹"线：选取在绘图区已经存在的曲线或实体上的边作为轨迹线，这时可以是二维曲线或三维曲线。

3."选项"滑面板的合并端

当定义的扫描轨迹线是开放的，且一端位于已有的实体特征上时，则应单击"扫描特征"操控板上的"选项"按钮 选项 ，打开"选项"滑面板如图 1-3-5 所示，默认轨迹的头尾端保持原状，生成实体时就如同其他实体不存在一样，如图 1-3-6（b）所示；选择"合并端"，轨迹的头尾端与其他实体融合，如图 1-3-6（c）所示。

图 1-3-4　基准工具条　　图 1-3-5　扫描轨迹开放时的属性菜单

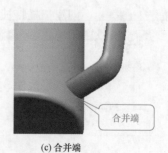

(a) 水杯实体　　(b) 保持原状　　(c) 合并端

图 1-3-6　扫描特征的"合并端"

4. 草绘截面

扫描轨迹确定完成后，单击操控板"截面"下面的"草绘"按钮草绘，会自动切换到扫描截面的二维草绘模式，单击视图控制工具条上的"草绘视图"按钮，定向

草绘平面与平面平行，此时在草绘的绘图区会显示一个"十"字坐标系，坐标系的原点就是草绘轨迹的起点，以该十字坐标系为基准，绘制扫描截面（见图1-3-2）。扫描截面绘制完成后，单击草绘"关闭"功能区的"确定"按钮，退出截面的绘制模式。

5. 完成

单击"扫描"操控板上的"确定"按钮，完成扫描特征的创建。

二、创建灯泡模型

1. 新建一个名为"JM01-03"的零件文件

选择主菜单"文件"→"管理会话（M）"→"选择工作目录（W）"，打开【选择工作目录】对话框。选取工作目录"D：/Creo9/JM01"，单击"确定"按钮，完成当前工作目录的设定。

单击"新建"按钮 🗋，打开【新建】对话框，类型选取"零件"，子类型选取"实体"，输入名称"JM01-03"后，取消勾选"使用默认模板"复选框，单击"确定"按钮，然后进入【新文件选项】对话框，把绘图单位更改为公制单位"mmns_part_solid_abs"，单击"确定"按钮，进入Creo的零件设计界面。

2. 创建底座拉伸特征

（1）单击"模型"选项卡 形状▼功能区中的"拉伸"按钮 ⬗，打开"拉伸"操控

板，类型选择"实体" ⬚实体，单击"放置"滑面板"草绘"右侧的"定义"按钮

定义... ，打开【草绘】对话框。选择TOP基准平面作为草绘平面，接受草绘方向参考，单击"草绘"按钮 草绘 ，进入二维草绘模式。单击视图控制工具条中的"草绘视图"按钮 ⬚，定向草绘TOP基准平面与屏幕平行。

（2）单击视图控制工具条基准显示过滤器 ⬚，关闭全部基准的显示。在草绘模式下绘制图1-3-7所示的圆形截面，圆心落在水平线（参考）与垂直线（参考）的交点。单击"关闭"功能区的"确定"按钮，退出草绘模式。

（3）在"拉伸"操控板深度 ⬚文本框输入40，单击"确定"按钮。完成的底座拉伸特征如图1-3-8所示。

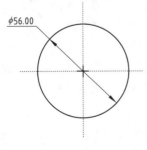

图1-3-7 草绘截面

图1-3-8 底座拉伸特征

3. 创建灯管扫描特征

(1) 草绘扫描轨迹。

1) 创建基准平面 DTM1。在视图控制工具条基准显示过滤器 ，打开基准平面显示 ☑ ⚄ 平面显示。

在"模型"选项卡 基准▾ 功能区中单击"平面"按钮 ⬜ 平面，打开【基准平面】对话框，如图 1-3-9 所示，单击鼠标左键选择 RIGHT 基准面，则 RIGHT 基准面显示在"参照"栏中，创建的基准平面类型为"偏移"，在基准平面对话框中的"平移"文本框中输入距离 13，单击【基准平面】对话框中的"确定"按钮，完成的基准平面默认名称为 DTM1，如图 1-3-10 所示。

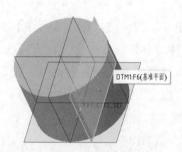

图 1-3-9 【基准平面】对话框　　　图 1-3-10 基准平面 DTM1

2) 草绘轨迹。在"模型"选项卡 基准▾ 功能区中单击"草绘"按钮 〰草绘，弹出【草绘】对话框，选择基准平面 DTM1 作为草绘平面，接受草绘方向参考，单击"草绘"按钮 草绘，进入二维草绘模式，并加载"草绘"选项卡。单击视图控制工具条中的"草绘视图"按钮 ⬚，定向草绘平面。

🌟 注 意

　　如果基准平面 DTM1 处于选中状态，单击"草绘"按钮 〰草绘，系统自动进入二维草绘模式，并加载"草绘"选项卡。

单击视图控制工具条基准显示过滤器 ⚄，关闭所有基准显示。单击 设置▾ 功能区的"参考"按钮 ⬚参考，打开【参考】对话框，单击底座顶面投影线，则顶面投影线出现在参考列表中，如图 1-3-11 所示，单击对话框的"关闭"按钮 关闭。作为参考的投影线，绘图时容易拾取参考线上的点，有利于绘图。

在草绘模式下绘制图 1-3-12 所示的两条直线和一个半圆弧，直线的端点落在圆柱顶面投影线上。单击"关闭"功能区的"确定"按钮，退出草绘模式。

(2) 调入扫描命令。在"模型"选项卡 形状▾ 功能区中单击"扫描"按钮 ➰扫描▾，打开"扫描"操控板，选择扫描类型"实体" ⬚实体，"选项"功能区选"恒定截面" ⊢恒定截面，单击选择刚绘制的草绘轨迹作为扫描轨迹，选中后轨迹线红色加亮显示，箭

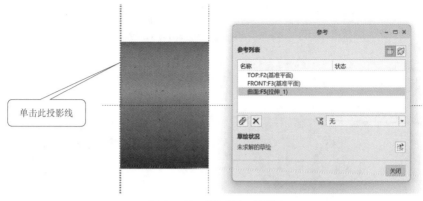

图 1-3-11 【参考】对话框

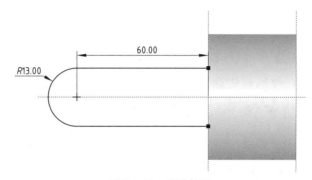

图 1-3-12 草绘轨迹

头表示扫描的起点（如果是选中曲线后，再调入扫描命令，则系统默认该曲线即为扫描轨迹），如图 1-3-13 所示。

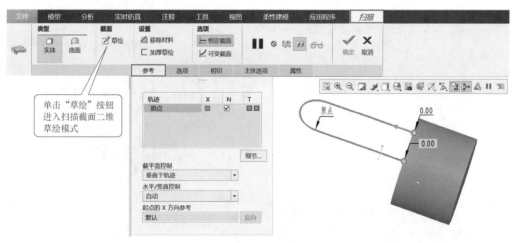

图 1-3-13 选择草绘轨迹

（3）草绘扫描截面。单击操控板"截面"下面的"草绘"按钮 ⚟草绘（见图 1-3-13），进入二维草绘模式，单击视图控制工具条中的"草绘视图"按钮 ⚟，定向草绘平面。

在草绘模式下，选择"圆"按钮 ⊙圆，在扫描的起点（十字交线位置）绘制一个直径为 10 的圆，如图 1-3-14 所示。单击"关闭"功能区的"确定"按钮，退出草绘模式。

单击"扫描"操控板上的"确定"按钮，完成的灯管扫描特征如图 1-3-15 所示。

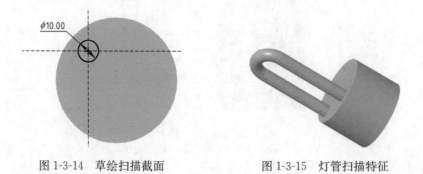

图 1-3-14　草绘扫描截面　　　　　　图 1-3-15　灯管扫描特征

4. 创建灯管镜像特征

单击视图控制工具条基准显示过滤器 ，打开基准平面显示☑ 平面显示。先单击选中灯管扫描特征，或在导航树中选中"扫描 1" 扫描 1 ，再单击 编辑▾ 功能区"镜像"按钮 镜像，打开"镜像"操控板；鼠标单击选择 RIGHT 基准平面作为镜像平面，选中后 RIGHT 基准平面加亮显示，如图 1-3-16 所示。单击操控板上的"确定"按钮，生成模型如图 1-3-17 所示。

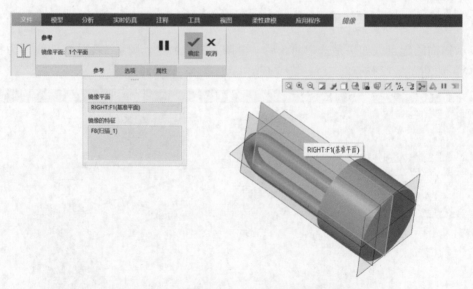

图 1-3-16　选择 RIGHT 基准平面作为镜像平面

5. 创建底座圆角特征

单击"模型"选项卡的 工程▾ 功能区"倒圆角"按钮 倒圆角 ▾ ，打开"倒圆角"操控板，在文本框中输入半径值 10，单击鼠标左键选择底座圆柱体的 2 条棱边（见图 1-3-17），单击操控板上的"确定"按钮。完成的倒圆角特征如图 1-3-18 所示。

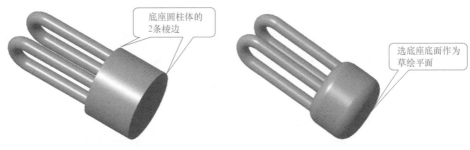

图 1-3-17　灯管镜像特征　　　　　图 1-3-18　底座倒圆角特征

6. 创建灯尾拉伸特征

（1）单击"模型"选项卡 形状▼功能区中的"拉伸"按钮 拉伸，打开"拉伸"操控板，类型选择"实体" 实体，单击"放置"滑面板"草绘"右侧的"定义"按钮 定义…，打开【草绘】对话框。选择底座底面作为草绘平面（见图 1-3-18），接受草绘方向参考，单击"草绘"按钮 草绘 ，进入二维草绘模式。单击视图控制工具条中的"草绘视图"按钮 ，定向草绘平面。

（2）单击视图控制工具条基准显示过滤器 ，关闭全部基准的显示。在草绘模式下绘制图 1-3-19 所示的直径为 36 的圆截面，圆心落在水平线（参考）与垂直线（参考）的交点。单击"关闭"功能区的"确定"按钮，退出草绘模式。

（3）在"拉伸"操控板深度 文本框输入 "10"，单击"确定"按钮，完成的灯尾拉伸特征，如图 1-3-20 所示。

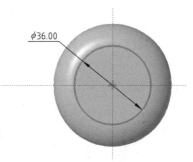

图 1-3-19　草绘圆形截面

7. 创建灯尾圆角特征

单击"模型"选项卡的 工程▼功能区"倒圆角"按钮 倒圆角▼，打开"倒圆角"操控板，在文本框中输入半径值 5，单击鼠标左键选择灯尾圆柱体的 2 条棱边（见图 1-3-20），单击操控板上的"确定"按钮。完成的倒圆角特征如图 1-3-21 所示。

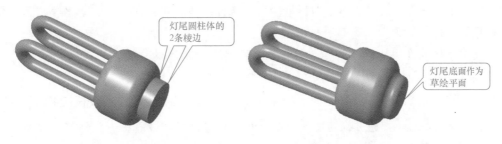

图 1-3-20　灯尾拉伸特征　　　　　图 1-3-21　灯尾圆角特征

41

8. 拉伸切割刻字

（1）草绘刻字放置曲线。在"模型"选项卡 基准▾ 功能区中单击"草绘"按钮 ，弹出【草绘】对话框，选择灯尾底面作为草绘平面（见图1-3-21），接受草绘方向参考，单击"草绘"按钮 草绘 ，进入二维草绘模式。单击视图控制工具条中的"草绘视图"按钮 ，定向草绘平面。

在草绘模式下，单击"3点圆弧"按钮 弧▾ 右侧下拉按钮 ▾ 打开圆弧绘制工具条，单击 圆心和端点，绘制图1-3-22所示的半径为8的半圆弧，圆心落在水平线（参考）和垂直线（参考）的交点上。单击"关闭"功能区的"确定"按钮，退出草绘模式。完成的草绘曲线如图1-3-23所示。

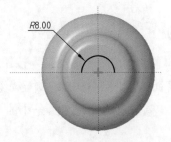

图1-3-22　草绘圆弧图　　　　　图1-3-23　草绘曲线

（2）调入拉伸工具。单击"模型"选项卡 形状▾ 功能区中的"拉伸"按钮 ，打开"拉伸"操控板，类型选择"实体" 实体，单击"放置"滑面板"草绘"右侧的"定义"按钮 定义... ，打开【草绘】对话框。选择灯尾底面作为草绘平面（见图1-3-21），接受草绘方向参考，单击"草绘"按钮 草绘 ，进入二维草绘模式。单击视图控制工具条中的"草绘视图"按钮 ，定向草绘平面。

（3）草绘文本。单击"草绘"功能区的"文本"按钮 A 文本，信息提示区显示"选择行的起始点，确定文本高度和方向"，鼠标左键单击草绘曲线左端点，然后信息提示区显示"选择行的第二点，确定文本高度和方向"，拖动鼠标向右移动后再次单击，则弹出【文本】对话框，如图1-3-24所示，选中 ☑ 沿曲线放置，信息提示区提示"选择将要放置文本的曲线"，在绘图区单击草绘曲线；再在文本输入区输入"Made in China"，单击"确定"按钮。在【文本】对话框中可以选择字体、对齐方式、长宽比等，用户可以根据需要进行设置。

文本字体高度尺寸修改为3.5，单击"关闭"功能区的"确定"按钮，退出草绘模式。

（4）拉伸切割。在"拉伸"操控板深度 文本框输入"2"，单击按钮 向下拉伸，再单击按钮 移除材料，通过旋转视图，确定向下去除材料，最后单击"确定"按钮。完成的拉伸切割刻字特征如图1-3-25所示。

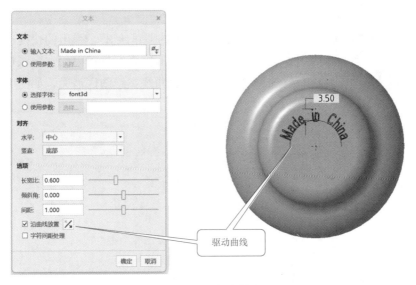

图 1-3-24 文本设置

9. 模型渲染

单击选择主菜单"视图",打开视图选项卡,如图
1-3-26 所示,单击外观 功能区中"外观"按钮 下面
的下拉按钮 外观 ▾ ,弹出【外观库】对话框,选择白色
后,弹出【选择】对话框,如图 1-3-27 所示。此时

图 1-3-25 拉伸切割刻字

鼠标变成毛笔形状,按住 Ctrl 键在绘图区顺序单击模
型灯管的各个外表面,再单击【选择】对话框中的"确定"按钮(或单击鼠标中键),
这时灯管变成白颜色,重复操作将灯座和灯尾渲染成自己喜欢的颜色。

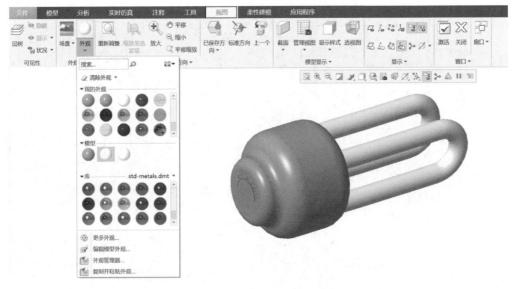

图 1-3-26 视图选项卡和外观库

图 1-3-27 【选择】对话框

10. 隐藏刻字放置曲线

单击导航树中的"草绘 2",弹出的快捷工具条,如图 1-3-28 所示。单击快捷工具条中的"隐藏选定项"按钮 ，则刻字放置曲线在绘图区消失,如图 1-3-1 所示。

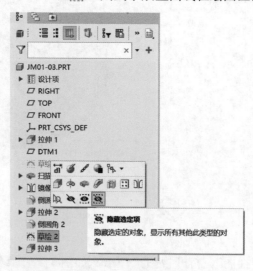

图 1-3-28 编辑定义属性

11. 保存文件

单击快速访问工具栏中的"保存"按钮 ，完成模型设计。

三、考核评价

（1）综合运用所学知识创建图 1-3-29 所示的水杯三维模型。

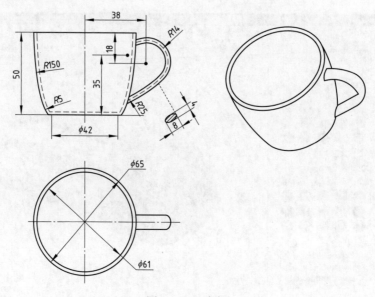

图 1-3-29 水杯

（2）综合运用所学知识创建图 1-3-30 所示的弯管三维模型。

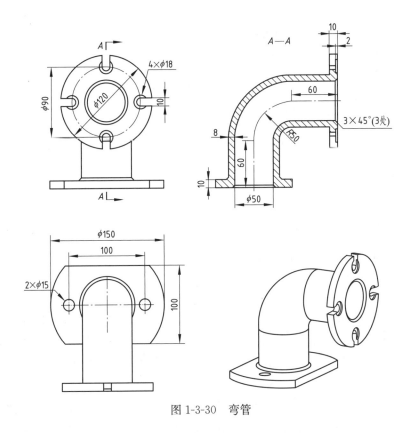

图 1-3-30 弯管

爱迪生对电灯最伟大的贡献就是灯丝的设计。他在两年内尝试了超过 6000 种的替换灯丝，进行了多达 1200 次的实验。凭着百折不挠的科学家精神，给人类带来了持久的光明。作为发明大王的爱迪生，他的每一项发明都是经历了艰辛的付出和无数次的失败后获得的，所以只要肯付出，能坚持，成功就在不远处等着你！

任务四　金元宝的三维建模

任　务

创建如图 1-4-1 所示的金元宝模型。

分　析

本模型采用可变剖面扫描特征来创建金元宝，再通过倒圆角特征完成整个模型的设计。

图 1-4-1 金元宝模型

👨‍🎓 **知识目标**

（1）掌握可变截面扫描特征的创建方法。

（2）掌握可变截面扫描特征的扫描轨迹与草绘截面的创建方法。

✂️ **技能目标**

（1）能运用可变截面扫描命令、倒圆角命令完成金元宝三维建模。

（2）能分析可变截面扫描特征创建失败的原因，并找到解决方案。

🗂️ **素质目标**

（1）养成按时完成任务的工作习惯。

（2）培养敬业奉献的精神。

一、可变截面扫描特征简介

可变截面扫描特征是沿轨迹线有规律地延伸，剖截面呈规则变化的实体和曲面特征，一般通过扫描轨迹线控制剖截面扫描生成。在绘制剖截面过程中，需要设定草图对象与扫描轨迹线之间的几何约束关系，这样在剖截面沿着原点轨迹扫描时，可以与其他轨迹线保持某种几何关系，以生成形态多变的实体模型。可变截面扫描特征的具体操作步骤如下：

1. 调用扫描工具

在"模型"选项卡 形状▼功能区中单击"扫描"按钮 📎 扫描▼，打开"扫描"操控板，选择扫描类型"实体" 🔲实体或"曲面" 🔲曲面，选项功能区选择"可变截面" ∠可变截面。创建扫描特征需要定义扫描轨迹和扫描截面两项。

2. 定义轨迹线

在"扫描"操控板的信息提示区显示"选择任何数量的链用作扫描的轨迹"，即进行可变截面扫描特征的创建之前需先创建扫描轨迹。

在绘制扫描轨迹线时，也可以先启用"扫描"命令，打开"扫描"操控板，然后通过草绘工具 🔄 绘制轨迹线。此时，整个操控面板灰色显示，处于暂停状态。完成扫描轨迹线的绘制后，单击操控板上的按钮 ▶ 退出暂停模式，重新激活操控板即可。

操控板上的"参考"滑面板如图 1-4-2 所示。各列表框的功能如下：

（1）轨迹列表框：显示扫描的轨迹，原点轨迹为最初选择的曲线，要移除轨迹线，可在要移除的项上单击鼠标右键，然后弹出快捷菜单，选择"移除"命令即可，原点轨迹不能移除。还可以通过复选框来选择轨迹线的属性为"X"轨迹或"N"法向轨迹。不能替换或移除存在相切参照的轨迹。

其中，"X"轨迹设定剖截面 X 坐标的指向；"N"法向轨迹设定剖截面与轨迹曲线相互垂直；"T"切线轨迹设定扫描特征与其他面的相切关系。一般情况下，原点轨迹自动设定为与草图相垂直。

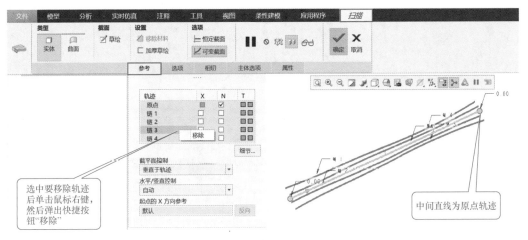

图 1-4-2　"参考"滑面板

（2）截平面控制：单击"参考"滑面板上"截平面控制"选项栏右侧的下拉按钮 ⋅（见图 1-4-2），打开下拉工具条，如图 1-4-3 所示，包括垂直于轨迹、垂直于投影和恒定法向 3 种。"垂直于轨迹"是指扫描截面垂直于选定轨迹，这是可变截面扫描的缺省设置；"垂直于投影"是指截面沿指定的方向参照垂直于原点轨迹的投影，如果选取该项，则必须选取投影的"方向参照"；"恒定法向"是指截面始终垂直于选定的方向参照，如果选取该项，则必须选取投影的"方向参照"。

（3）水平/垂直控制：单击"参考"滑面板上"水平/垂直控制"选项栏右侧的下拉按钮 ⋅（见图 1-4-2），打开下拉工具条，如图 1-4-4 所示，控制可变截面如何沿着定义的方向进行扫描，包括"X轨迹"和"自动"两个命令选项。其中，"X轨迹"表示截面由定义的 X 方向定向；"自动"表示截面由定义的 XY 方向自动定向。

图 1-4-3　截平面控制工具条　　　　图 1-4-4　水平/垂直控制工具条

（4）起点 X 方向参照：切换轨迹曲线的方向。

3. 草绘截面

单击"扫描"操控板上的"草绘"按钮 ✎草绘 ，系统自动进入草绘模式，绘制的截面必须通过所有轨迹曲线的端点，如图 1-4-5 所示。

4. 完成

完成截面绘制，单击草绘选项卡 关闭 功能区的"确定"按钮，退出草绘模式。单击"扫描"操控板上的"预览"按钮 ∞，确认正确后，再单击操控板上的"确定"按钮或单击鼠标中键，完成可变截面扫描特征的创建，如图 1-4-6 所示。

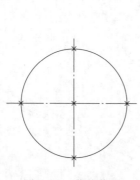

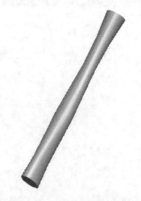

图 1-4-5　草绘截面　　　　　　　　　图 1-4-6　可变截面扫描特征

二、创建金元宝模型

1. 新建一个名为"JM01-04"的零件文件

选择主菜单"文件"→"管理会话（M）"→"选择工作目录（W）"，打开【选择工作目录】对话框。选取工作目录"D：/Creo9/JM01"，单击"确定"按钮，完成当前工作目录的设定。

单击"新建"按钮□，打开【新建】对话框，类型选取"零件"，子类型选取"实体"，输入名称"JM01-04"后，单击"确定"按钮，然后进入【新文件选项】对话框，把绘图单位更改为公制单位"mmns_part_solid_abs"，单击"确定"按钮，进入 Creo 的零件设计界面。

2. 创建可变截面扫描特征

（1）草绘轨迹线。

1）单击模型选项卡 基准 ▼ 功能区"草绘"按钮 草绘，打开【草绘】对话框。

2）在绘图区选择 TOP 基准面作为草绘平面，接受 RIGHT 基准面为草绘视图方向参照，单击"草绘"按钮 草绘 ，进入草绘模式。单击视图控制工具条"草绘视图"按钮，定向草绘平面与屏幕平行。

3）单击 草绘 功能区"圆"按钮 ⊙ 圆 ▼，绘制 1 个直径为 140 的圆，再单击"椭圆"按钮 ◌ 椭圆 ▼ 右侧下拉按钮选择"中心和轴椭圆" ◌ 中心和轴椭圆 ，绘制一个长轴 130、短轴 76 的椭圆和一个长轴 100、短轴 80 的椭圆，如图 1-4-7 所示。单击草绘选项卡"关闭"功能区的"确定"按钮，退出草绘模式。完成扫描轨迹曲线绘制，如图 1-4-8 所示。

（2）可变截面扫描。

1）单击模型选项卡 形状 ▼ 功能区"扫描"按钮 ⬚ 扫描 ▼，打开"扫描"操控板，扫描类型选"实体"按钮□，选项功能区选"可变截面"按钮 ∠ 可变截面。

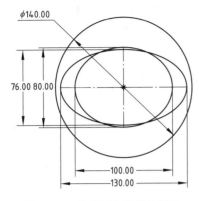

图 1-4-7　基准面上的草绘轨迹

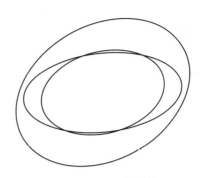

图 1-4-8　完成的扫描轨迹

2）选择曲线中的圆作为原点轨迹曲线，如图 1-4-9 所示，圆上出现箭头表示扫描的起点，然后按住 Ctrl 键，用鼠标左键依次选择小椭圆，再选大椭圆作为附加扫描轮廓线。

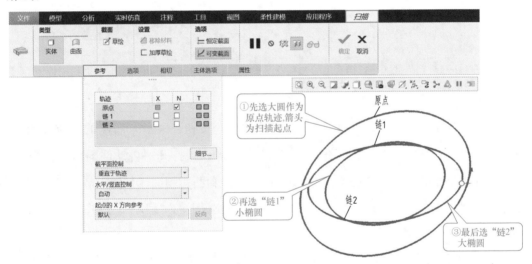

图 1-4-9　选择扫描轨迹

3）单击"扫描"操控板上"截面"功能区的"草绘"按钮 ⬚草绘，进入草绘模式，单击视图控制工具条"草绘视图"按钮 ⬚，定向草绘平面与屏幕平行。

利用"草绘"功能区的"线"按钮 ⬚线 ▾和"圆弧"按钮 ⬚弧 ▾绘制图 1-4-10 所示的截面。绘制时注意以下几点：①直线与圆弧的交点 1 要与水平线（参考）上的点 3 对齐，通过在"约束"功能区

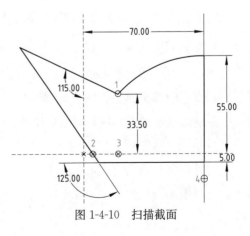

图 1-4-10　扫描截面

约束▼单击"竖直"按钮╂竖直，信息提示区显示"选择一直线或两点"，然后依次单击点 1 和点 3，两点对齐；②斜直线通过水平线（参考）上的点 2；③圆弧的圆心点 4 落在竖直线的延长线上。

按住鼠标中键在绘图区旋转图形，可以看到扫描截面与扫描轨迹之间的关系，如图 1-4-11 所示。单击 关闭 功能区的"确定"按钮，退出草绘模式。

4）单击"扫描"操控板上的"确定"按钮，完成的元宝可变截面扫描特征，如图 1-4-12 所示。

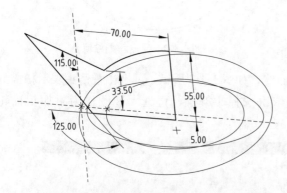

图 1-4-11　扫描截面与扫描轨迹的关系视图　　　图 1-4-12　元宝可变截面扫描特征

3．创建圆角特征

单击"模型"选项卡的 工程▼功能区"倒圆角"按钮 倒圆角 ▼ 右侧的下拉按钮 ▼，在下拉工具条中选择"自动倒圆角"按钮 ⚡ 自动倒圆角 ，打开"自动倒圆角"操控板，然后在文本框中分别输入凸边半径 ▽凸3，凹边半径和凸边相同，见图 1-4-13（a）系统会对元宝模型上所有的凸边和凹边倒圆角。单击操控板上的"确定"按钮。完成的倒圆角特征如图 1-4-13 所示。

4．模型渲染

单击选择主菜单"视图"，打开视图选项卡，单击外观 外观▼功能区中"外观"按钮 🔵 下面的下拉按钮 ▼，弹出【外观库】对话框，如图 1-4-14 所示。单击"更多外观"，弹外观出【外观编辑器】对话框，如图 1-4-15 所示；在"等级"右侧 类属 ▼中设置材料类型为"金属"，如图 1-4-16 所示；单击对话框中的"颜色"按钮 ，打开【颜色编辑器】对话框，设置金黄色，颜色如图 1-4-17 所示。单击【颜色编辑器】对话框中的按钮 确定 ，再单击【外观编辑器】对话框中的按钮 关闭 ，这时鼠标变成毛笔形状。因为所有曲面颜色相同，这时可以在导航树中单击选择零件名称 🔲 JM01-04.PRT ，如图 1-4-18 所示，此时绘图区模型所有表面被选中，再单击【选择】对话框中按钮 确定 ，如图 1-4-19 所示。这时模型着色显示如图 1-4-20 所示。

(a) "自动倒圆角" 操控板

(b) 完成的倒圆角特征

图 1-4-13　倒圆角特征

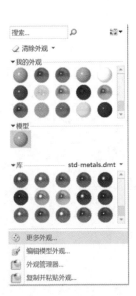

图 1-4-14　外观库

图 1-4-15　外观编辑器

图 1-4-16　设置 "金属" 材料

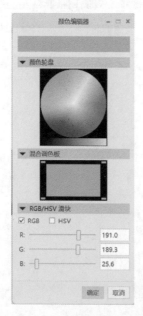

图 1-4-17 颜色编辑器

图 1-4-18 导航树中选零件名称

图 1-4-19 【选择】对话框

5. 隐藏草绘轨迹曲线

按住 Ctrl 键，在导航树中选择"草绘 1"，在弹出的快捷工具条中选择"隐藏选定项"按钮，如图 1-4-21 所示，则草绘的扫描轨迹曲线在绘图区不再显示，如图 1-4-1 所示。

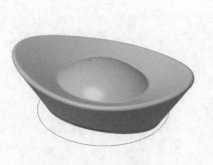

图 1-4-20 金黄色模型

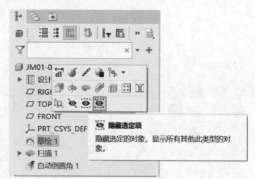

图 1-4-21 隐藏草绘曲线

6. 保存文件

单击快速访问工具栏中的"保存"按钮，完成模型设计。

三、考核评价

综合运用所学知识创建图 1-4-22 所示的匕首三维模型。

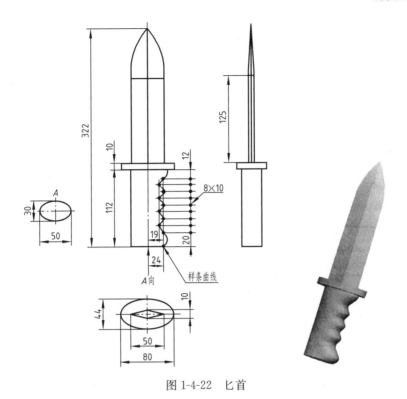

图 1-4-22 匕首

金元宝是指由贵重黄金制成的古代流通货币，正式把金银称作"元宝"，始于元代，是元朝之宝的意思。当前我国坚持教育优先发展、科技自立自强、人才引领驱动战略，全面提高人才资质培养质量，着力造就拔尖创新人才，聚天下英才而用之。当代大学生就是"国家发展之宝"，是全面建设社会主义现代化国家的基础性、战略性支撑。

任务五 螺纹管的三维建模

任务

创建如图 1-5-1 所示的螺纹管模型。

【分析】本任务采用螺旋扫描特征创建螺纹，主体零件采用了旋转特征、拉伸特征、拉伸剪切特征、倒角特征和螺旋扫描特征。

图 1-5-1 螺纹管模型

知识目标

（1）掌握螺旋扫描特征的创建方法。

（2）掌握螺旋扫描特征的旋转轴、轨迹线、螺距及扫描截面的创建方法。

🔧 **技能目标**

（1）能综合运用旋转特征、拉伸特征、倒角特征和螺旋扫描特征完成螺纹管三维建模。

（2）能分析螺旋扫描特征创建失败的原因，并找到解决方案。

🗔 **素质目标**

（1）养成求真务实的实干精神。

（2）养成积极实践的学习态度。

一、螺旋扫描特征简介

螺旋扫描特征是将截面沿着螺旋轨迹曲线扫描，从而形成螺旋扫描特征的造型方法。螺旋特征在日常生活及工程领域中应用广泛，如弹簧、冷却管、线圈绕组、螺钉、螺母、丝杠等零件。具体调用步骤如下所述。

1. 调用螺旋扫描工具

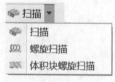

图1-5-2 扫描工具条

在"模型"选项卡 形状· 功能区中单击"扫描" 🔷 扫描· 右侧的下拉按钮 · 打开工具条，如图1-5-2所示，选择"螺旋扫描"按钮 ᨏᨏ 螺旋扫描，打开"螺旋扫描"操控板，如图1-5-3所示，扫描类型分"实体" 🔲 和"曲面" 🔲 两种。螺旋扫描特征需要定义扫描的轨迹线、扫描截面和螺纹间距。单击"参考"滑面板螺旋轮廓右侧的 定义... 按钮，弹出【草绘】对话框，选择草绘基准面后，进入扫描轨迹的二维草绘模式。

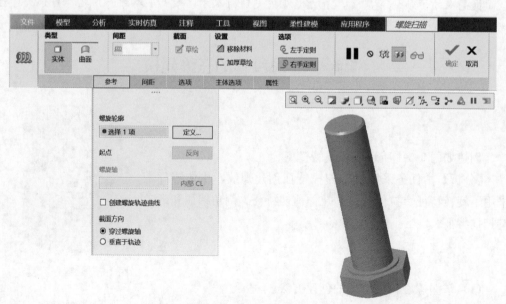

图1-5-3 "螺旋扫描"操控板

在"参考"滑面板下面的"截面方向"选项 ⊙ 穿过螺旋轴 表示扫描截面围绕螺旋中心线扫描；○ 垂直于轨迹表示扫描截面与轨迹线相互垂直。

2. 定义轨迹线

在绘制螺旋扫描轨迹时，必须同时绘制中心线 中心线，用该中心线作为螺旋扫描特征的旋转轴，如图 1-5-4 所示。

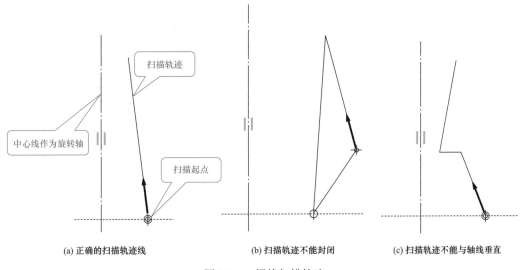

(a) 正确的扫描轨迹线　　　　(b) 扫描轨迹不能封闭　　　　(c) 扫描轨迹不能与轴线垂直

图 1-5-4　螺旋扫描轨迹

扫描轨迹上会显示扫描的起点，如图 1-5-4（a）所示，扫描轨迹必须开放，不能封闭，如图 1-5-4（b）所示，并且扫描轨迹不能与旋转轴垂直，如图 1-5-4（c）所示。扫描截面放置在轮廓线的起点（起始箭头所在的一端），若更改轮廓线起点，可使用"起始点"命令。

3. 定义截面

扫描轨迹绘制完成后，单击"螺旋扫描"操控板"截面"下面的草绘按钮 草绘，进入截面的二维草绘模式，在扫描轨迹的起始点处显示两条正交的中心线，如图 1-5-5（a）所示，这一点与扫描特征类似。需要注意的是，扫描截面必须封闭。完成后单击"确定"按钮，退出二维草绘模式。

4. 属性定义

在"螺旋扫描"操控板上设置 移除材料 或是 加厚草绘（默认状态是增加螺纹材料），设置螺纹旋向，默认是右手定则 右手定则，在"间距"文本框输入螺纹间距。当创建螺旋扫描移除材料特征时，扫描截面直径一般应小于螺距，否则可能会导致特征失败。

单击操控板上的 间距 按钮，打开"间距"滑面板，如图 1-5-6 所示，通过"添加间距"可以在轨迹线端点和中间的节点之间设置不同的螺纹间距。单击螺旋"扫描特征"操控板上"选项"按钮 选项，打开"选项"滑面板，如图 1-5-7 所示，可设置螺距为"常量"或"变量"。

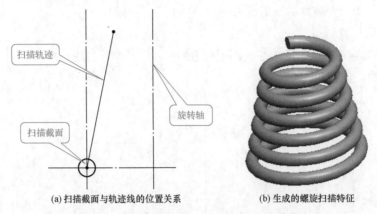

(a)扫描截面与轨迹线的位置关系   (b)生成的螺旋扫描特征

图 1-5-5 螺旋扫描特征的扫描截面与扫描轨迹

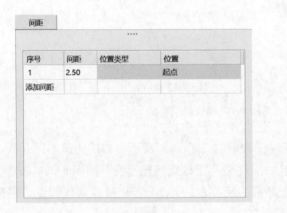

图 1-5-6 "螺纹间距"滑面板   图 1-5-7 "选项"滑面板

5. 生成特征

完成上述参数的定义后，显示预览如图 1-5-8 所示，单击"螺旋扫描"操控板上的"确定"按钮，生成的螺旋扫描移除材料特征。

二、创建螺纹管模型

1. 新建一个名为"JM01-05"的零件文件

选择主菜单"文件"→"管理会话（M）"→"选择工作目录（W）"，打开【选择工作目录】对话框。选取工作目录"D：/Creo9/JM01"，单击"确定"按钮，完成当前工作目录的设定。

单击"新建"按钮□，打开【新建】对话框，类型选取"零件"，子类型选取"实体"，输入名称"JM01-05"后，取消勾选"使用默认模板"复选框，单击"确定"按钮；然后进入【新文件选项】对话框，把绘图单位更改为公制单位"mmns_part_solid_abs"，单击"确定"按钮，进入 Creo 的零件设计界面。

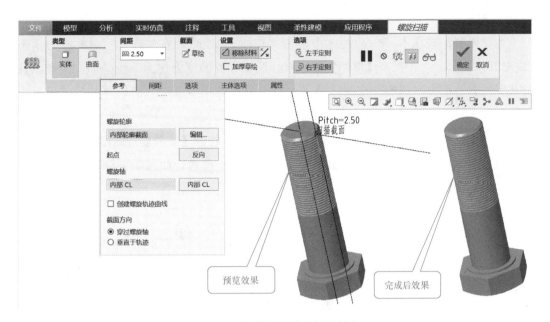

图 1-5-8 螺旋扫描移除材料特征

2. 创建旋转特征

在"模型"选项卡 形状▾功能区中单击"旋转"按钮 ⊕ 旋转 ，在"放置"滑面板中单击"定义"按钮 定义... ，打开【草绘】对话框。鼠标左键单击基准平面 FRONT 作为草绘平面，接受草绘方向参考，单击"草绘"按钮 草绘 ，打开草绘选项卡，进入二维草绘模式。单击视图控制工具条中的"草绘视图"按钮 ，定向草绘平面与屏幕平行。

在草绘模式下，绘制如图 1-5-9 所示截面，单击关闭功能区中的"确定"按钮，退出二维草绘模式，再单击"旋转特征"操控板上的"确定"按钮，完成的旋转特征如图 1-5-10 所示。

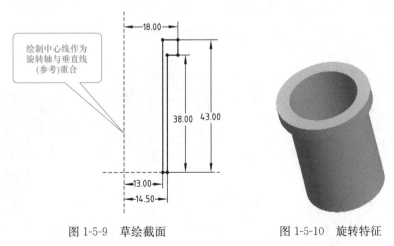

图 1-5-9 草绘截面　　　　　　　　　　图 1-5-10 旋转特征

3. 创建拉伸特征

在"模型"选项卡 形状▼功能区中单击"拉伸"按钮，在"放置"滑面板中单击"定义"按钮 定义... ，打开【草绘】对话框，选择零件的顶面作为草绘平面，接受默认的放置方式，单击"草绘"按钮 草绘 ，打开草绘选项卡，进入二维草绘模式。单击视图控制工具条中的"草绘视图"按钮，定向草绘平面。

在"草绘"选项卡设置功能区单击按钮 参考，打开【参考】对话框，鼠标单击选择 FRONT 基准面和圆柱体内表面投影小圆作为草绘参考，如图 1-5-11 所示，然后单击【参考】对话框中的按钮 关闭 。

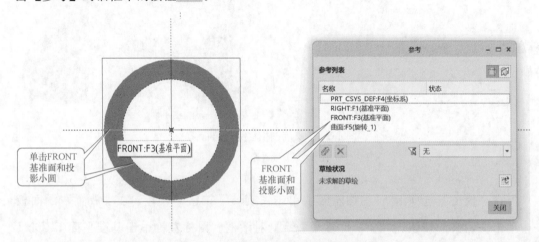

图 1-5-11　选择草绘参考和【参考】对话框

在草绘模式下，用"线"按钮 线▼和"弧"按钮 弧▼绘制如图 1-5-12 所示的截面，两条水平线对称于水平线（参考）。单击关闭功能区中的"确定"按钮，退出二维草绘模式。

在"拉伸特征"操控板中单击按钮调整拉伸方向，向下拉伸，拉伸深度选择"到参考"按钮 到参考，选择如图 1-5-13 所示的大小圆柱体相交的环形曲面。单击"拉伸"操控板上"确定"按钮，完成的拉伸特征如图 1-5-14 所示。

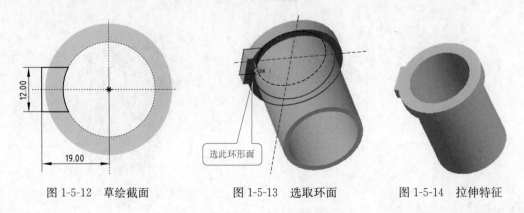

图 1-5-12　草绘截面　　　　图 1-5-13　选取环面　　　　图 1-5-14　拉伸特征

4. 创建拉伸剪切特征

在"模型"选项卡 形状▾ 功能区中单击"拉伸"按钮

图 1-5-15　选择绘图平面

，在"放置"滑面板中单击"定义"按钮 定义... ，打
开【草绘】对话框，选择刚创建的拉伸特征左侧平面作
为草绘平面，如图 1-5-15 所示，接受默认的放置方式，
单击"草绘"按钮 草绘 ，进入二维草绘模式。单击视
图控制工具条中的"草绘视图"按钮 ，定向草绘平面。

在"草绘"选项卡设置功能区单击按钮 参考，打
开【参考】对话框，选择 FRONT 基准面和大圆柱体上下底面的投影线作为草绘参考，
绘制如图 1-5-16 所示的矩形截面，单击关闭功能区中的"确定"按钮，退出二维草绘
模式。

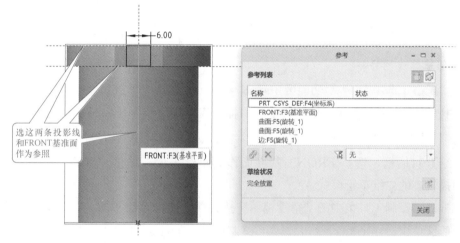

图 1-5-16　草绘截面和【参考】对话框

在"拉伸"操控板单击按钮 调整拉伸方向，单击"移除材料"按钮 移除材料，拉伸
深度选择"到参考"按钮 到参考，再用鼠标单击零件的内孔曲面，如图 1-5-17 所示。单
击"拉伸"操控板上"确定"按钮，完成的拉伸剪切特征如图 1-5-18 所示。

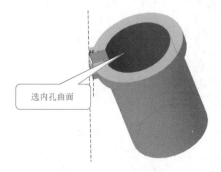

图 1-5-17　选择内孔曲面

图 1-5-18　拉伸剪切特征

5. 创建倒角特征

单击"模型"选项卡的 工程▾ 功能区"倒角"按钮 ⏄倒角▾，"尺寸标注"类型 D×D ▾，在文本框中输入倒角边长"0.5"，按住 Ctrl 键，依次选择模型如图 1-5-19 所示的要倒角的锐边，则出现边倒角预览，单击操控板上的"确定"按钮，完成边倒角特征结果如图 1-5-20 所示。

图 1-5-19　选择倒角边　　　　　　图 1-5-20　完成的倒角特征

6. 创建螺旋扫描特征

在"模型"选项卡 形状▾ 功能区中单击 ⏄扫描 ▾右侧的下拉按钮▾打开工具条，选择"螺旋扫描"按钮 ▦ 螺旋扫描，打开"螺旋扫描"操控板（见图 1-5-3），扫描类型选"实体" ▫实体，选项右手定则 ⚡右手定则，单击"参考"滑面板螺旋轮廓右侧的 定义... 按钮，弹出【草绘】对话框，选择 FRONT 基准面作为草绘平面，单击"草绘"按钮 草绘 ，进入扫描轨迹的二维草绘模式。

单击视图控制工具条中的"草绘视图"按钮 ⏄，定向草绘平面。在草绘模式下，在草绘功能区单击"中心线"按钮 ┊中心线 绘制回转中心线，单击"线"按钮 ↘线 绘制直线作为扫描轨迹，如图 1-5-21 所示。绘制时可以将右侧轮廓线的投影线作为草绘的参考线，这样长度为 21 的扫描轨迹线正好落在圆柱体的外表面上，直线上的箭头表示扫描的起始点。单击关闭功能区中的"确定"按钮，退出二维草绘模式。

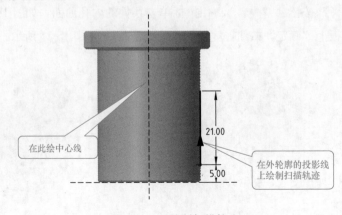

图 1-5-21　绘制扫描轨迹

单击"螺旋扫描"操控板"截面"下面的"草绘"按钮 ✐草绘，进入扫描截面的二维草绘模式，单击视图控制工具条中的"草绘视图"按钮 ⌨，定向草绘平面。在扫描的起点（模型外轮廓线上"十字交线"的位置）绘制如图 1-5-22 所示的三角形扫描截面，单击关闭功能区中的"确定"按钮，退出二维草绘模式。

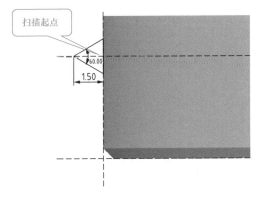

图 1-5-22　草绘三角形扫描截面

在"螺旋扫描"操控板上螺纹"间距"文本框输入"2"，"参考"滑面板截面方向保持默认 ◉ 穿过螺旋轴，旋转模型得到的预览效果如图 1-5-23 所示，单击操控板上的"确定"按钮。至此，完成螺纹管的三维建模，如图 1-5-1 所示。

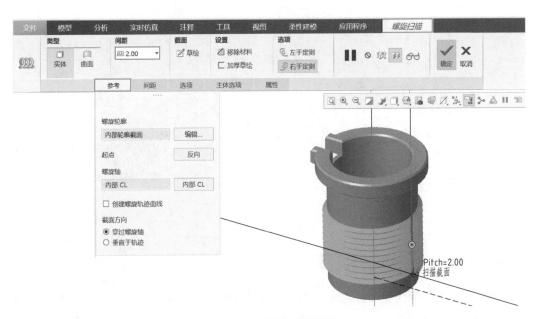

图 1-5-23　螺纹预览效果

7. 保存文件

单击快速访问工具栏中的"保存"按钮 🖫，完成模型设计。

三、考核评价

（1）综合运用所学知识创建图 1-5-24 所示的管接头三维模型。

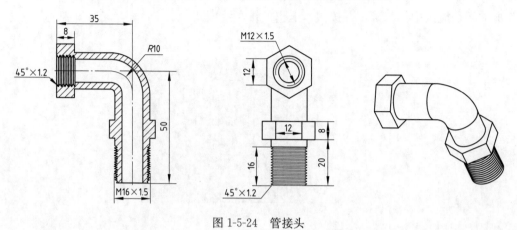

图 1-5-24　管接头

（2）综合运用所学知识创建图 1-5-25 所示的连接头三维模型。

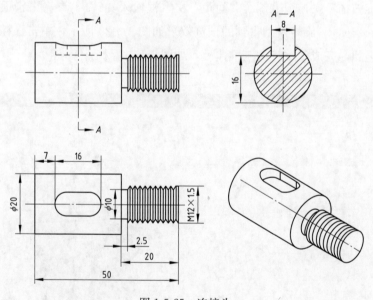

图 1-5-25　连接头

知识拓展

　　螺纹分为连接螺纹和传动螺纹，连接螺纹通过螺纹的相互咬合实现紧固连接，传动螺纹用于传递运动和动力。日常生活中随处可见的螺丝钉，虽然细小，然而如果缺了它，那整个的机器就无法运转了；即使是一枚小螺丝钉没拧紧，也会使机器的运转发生故障。尽管如此，再好的螺丝钉若离开了机器这个整体，也不免要当作废品废料，扔到废铁料仓库里去。

任务六 奔驰车标的三维建模

图 1-6-1 奔驰车标模型

任 务

创建如图 1-6-1 所示的奔驰车标模型。

分 析

奔驰车标模型中三角星的各截面特征是渐变的,且各截面相互平行,可以用混合特征创建,圆环用旋转特征创建。

知识目标

(1)掌握混合特征的创建方法。
(2)掌握混合特征混合截面的创建方法。

技能目标

(1)能运用混合特征和旋转特征完成奔驰车标的三维建模。
(2)能分析混合特征创建失败的原因,并找到解决方案。

素质目标

(1)培养谦虚谨慎的工作作风。
(2)养成争先创优的学习习惯。

一、混合特征简介

混合特征的特点是各截面间相互平行且位于同一草绘平面。具体调用步骤如下所述。

1. 调用混合特征

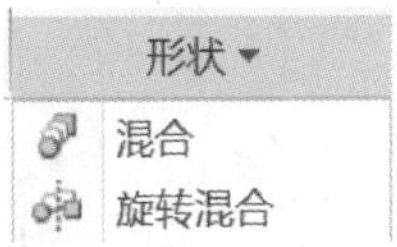

单击"模型"选项卡形状功能区 形状▾ 右侧的下拉按钮 ▾ 打开下拉工具条,如图 1-6-2 所示。选择"混合"按钮 混合 ,打开"混合"操控板,如图 1-6-3 所示。混合类型包括"实体" 实体 和"曲面" 曲面 ,可以草绘截面 草绘截面 或选定截面 选定截面 。在草绘截面模式下单击"截面"滑面板草绘右侧的按钮 定义... ,弹出【草绘】对话框,选择草绘平面和参照后,单击"草绘"按钮 草绘 ,进入混合截面1的二维草绘模式。

图 1-6-2 形状下拉工具条

2. 混合特征的截面

(1)混合特征的截面数量不能少于 2 个。混合特征的所有截面都在同一草绘平面内

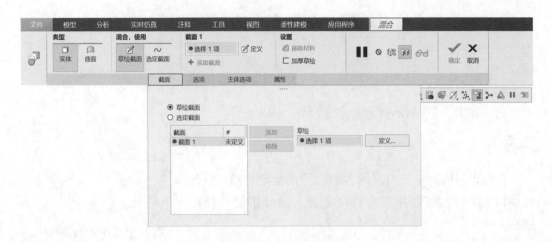

图 1-6-3 "混合"操控板

绘制，绘制完成第一个截面后，退出草绘模式；在"截面"滑面板中"截面 1"右侧文本框中输入截面 2 相对于截面 1 的偏移距离，再单击下面的"草绘"按钮 草绘... ，进入截面 2 的二维草绘模式，如图 1-6-4 所示，已经绘制的截面灰色显示。截面中的箭头表示混合的起始点。

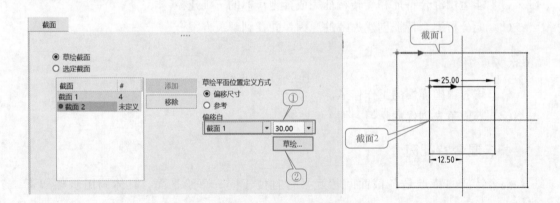

图 1-6-4 "截面"滑面板

（2）绘制两个截面后，"截面"滑面板上的"添加"按钮 添加 加亮显示。如需继续绘制第三个截面，则单击按钮 添加 ，重复步骤（1）的操作，进入第三个截面的二维草绘模式。然后重复上述步骤。

（3）混合截面必须封闭，且每个截面只能有一个封闭轮廓。

（4）每个混合截面的标注基准只有按第 1 个截面的标注基准进行标注时，才能确定各截面的相对位置关系。

（5）混合特征各截面的顶点数必须相等，具体操作方法如下：

1）分割图元法。单击编辑 编辑 功能区的"分割"按钮 分割 ，把第 2 个圆形截面分割成 4 段，圆形截面 2 与四边形截面 1 图元数相等，如图 1-6-5（a）所示。生成的混合特征如图 1-6-5（b）所示。

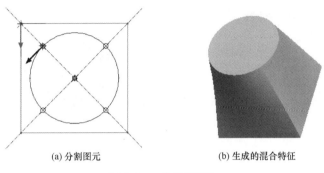

(a) 分割图元　　　　　　　　　　(b) 生成的混合特征

图 1-6-5　分割图元法

2）创建混合顶点法。选中其中一个现有的顶点，单击鼠标右键，在弹出的快捷菜单中选择"混合顶点"命令，如图 1-6-6（a）所示，则在选中点上加一个"小圆圈"，如图 1-6-6（b）所示。该点代表 2 个顶点，相邻截面上的两点会连接至该混合顶点，如图 1-6-6（c）所示。

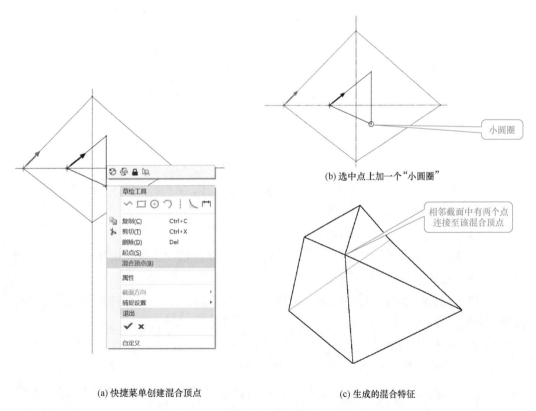

(a) 快捷菜单创建混合顶点　　　　　　　　　　(c) 生成的混合特征

图 1-6-6　创建混合顶点使图元数相等

（6）第1个或最后1个混合截面可以是一个点，用草绘工具中的"点"工具 × 点 绘制，如图1-6-7（a）所示，生成的混合特征如图1-6-7（b）所示。

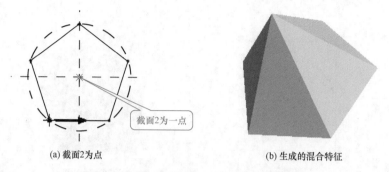

(a) 截面2为点   (b) 生成的混合特征

图1-6-7　第1个或最后1个截面为一个点

（7）各混合截面的起始点位置和方向不同，会产生不同的混合效果。

1）各截面的起始点位于相同的位置，产生的特征比较平直，如图1-6-5和图1-6-6所示。

2）各截面的起始点位于不同的位置，产生的混合特征会扭曲，如图1-6-8所示。

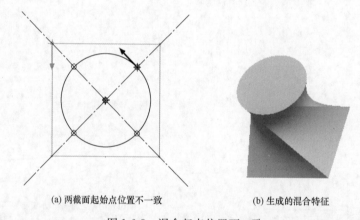

(a) 两截面起始点位置不一致   (b) 生成的混合特征

图1-6-8　混合起点位置不一致

（8）混合起点的位置和方向是可以改变的。

1）改变混合起点的位置：选中顶点后，单击鼠标右键，在弹出的快捷菜单中选择"起点"命令，如图1-6-9（a）所示。

2）改变混合起点的方向：选中原起始点后，单击鼠标右键，在弹出的快捷菜单中选择"起点"命令，如图1-6-9（b）所示。

3．混合特征的属性

单击"混合"操控板上的"选项"按钮 选项 ，打开"选项"滑面板，如图1-6-10所示。起始截面和终止截面之间的连接方式包括两种：一种是"直"，各截面之间直线连接，如图1-6-11（a）所示；另一种是"光滑"，各截面之间平滑过渡，如图1-6-11（b）所示。

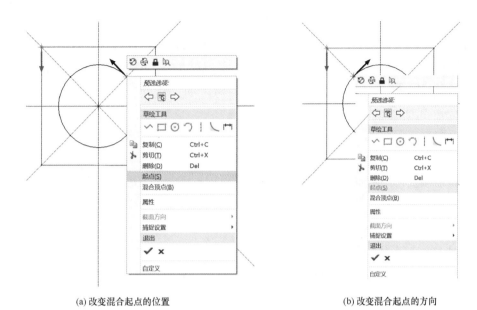

(a) 改变混合起点的位置　　　　　　　　　(b) 改变混合起点的方向

图 1-6-9　混合起点的位置和方向

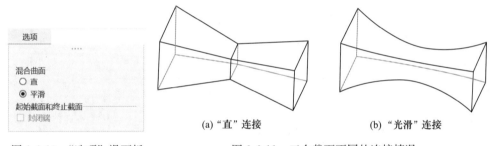

(a) "直" 连接　　　　　　　　　　(b) "光滑" 连接

图 1-6-10　"选项" 滑面板　　　　　图 1-6-11　三个截面不同的连接情况

注　意

　　只有当混合特征的截面数为 3 个或 3 个以上时，连接方式 "直" 和 "光滑" 才有区别。只有 2 个截面时，不管是 "直" 还是 "光滑"，两截面均以直线连接。

4. 完成

全部混合截面定义完成后，单击 "混合" 操控板上的 "确定" 按钮，完成混合特征的创建。

二、创建奔驰车标模型

1. 新建一个名为 "JM01-06" 的零件文件

选择主菜单 "文件" → "管理会话（M）" → "选择工作目录（W）"，打开【选择工作目录】对话框。选取工作目录 "D：/Creo9/JM01"，单击 "确定" 按钮，完成当前工作目录的设定。

单击"新建"按钮□，打开【新建】对话框，类型选取"零件"，子类型选取"实体"，输入名称"JM01-06"后，取消勾选"使用默认模板"复选框，单击"确定"按钮；然后进入【新文件选项】对话框，把绘图单位更改为公制单位"mmns_part_solid_abs"，单击"确定"按钮，进入 Creo 的零件设计界面。

2. 创建旋转特征

在"模型"选项卡 形状▾ 功能区中单击"旋转"按钮 ❖ 旋转，在"放置"滑面板中单击"定义"按钮 定义... ，打开【草绘】对话框。鼠标左键单击基准平面 FRONT 作为草绘平面，接受草绘方向参考，单击"草绘"按钮 草绘 ，进入二维草绘模式。单击视图控制工具条中的"草绘视图"按钮 ，定向草绘平面与屏幕平行。

在草绘模式下，单击"中心线"按钮 中心线 绘制回转中心线，单击"圆"按钮 ⊙ 圆 绘制一个直径为 4 的圆，如图 1-6-12 所示，单击关闭功能区中的"确定"按钮，退出二维草绘模式，再单击"旋转特征"操控板上的"确定"按钮，完成的旋转特征如图1-6-13 所示。

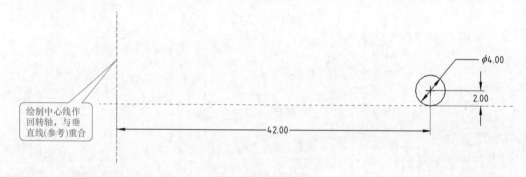

图 1-6-12　草绘截面

3. 创建混合特征

单击"模型"选项卡形状功能区 形状▾ 右侧的下拉按钮▾ 打开下拉工具条，选择"混合"按钮 ✎ 混合 ，打开"混合"操控板（见图 1-6-3）。混合类型选择"实体" ，截面类型选择"草绘截面" ，单击"参考"滑面板草绘右侧的按钮 定义... ，弹出【草绘】对话框。选择 TOP 基准面作为草绘平面，单击按钮 草绘 ，进入二维草绘模式。单击视图控制工具条中的"草绘视图"按钮 ，定向草绘平面与屏幕平行。

单击草绘功能区中的"选项板"按钮 ，弹出【草绘器选项板】对话框，切换至"星形"选项卡，如图 1-6-14 所示，在其中选中"三角星"，按住鼠标左键，将其拖入绘图区，弹出"导入截面"操控板，在其中设置旋转角度为"0"，缩放因子为"10"，如图 1-6-15 所示。单击"导入截面"操控板中的"确定"按钮，再单击【草绘器选项板】对话框中的按钮 关闭 ，关闭【草绘器选项板】对话框。

图 1-6-13　旋转特征

图 1-6-14　【草绘器选项板】对话框

图 1-6-15　"导入截面"操控板

单击约束功能区中的"重合"按钮 → 重合，将三角星的中心点定位至垂直线（参考）和水平线（参考）的交点上，如图 1-6-16 所示。

单击草绘选项卡关闭功能区中的"确定"按钮，退出截面 1 的二维草绘模式。

在"混合"操控板"截面"滑面板中"截面 1"右侧文本框中输入偏移距离 4，再单击下面的"草绘"按钮　草绘...　，进入截面 2 的二维草绘模式（见图 1-6-4），已经绘制的截面灰色显示。单击视图控制工具条中的"草绘视图"按钮 ，定向草绘平面与屏幕平行。

单击草绘功能区"点"按钮 × 点，在垂直线（参考）和水平线（参考）的交点位置绘制一点，如图 1-6-17 所示。单击草绘选项卡关闭功能区中的"确定"按钮，退出截面 2 的二维草绘模式。

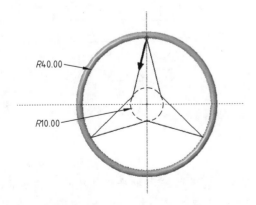

图 1-6-16　定位三角星中心点

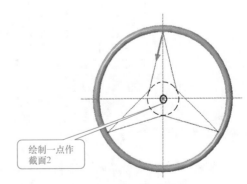

图 1-6-17　截面 2 为一点

按住鼠标中键拖动旋转模型，预览效果如图1-6-18所示。单击"混合"操控板上的"确定"按钮。至此，完成奔驰车标的三维建模，如图1-6-1所示。

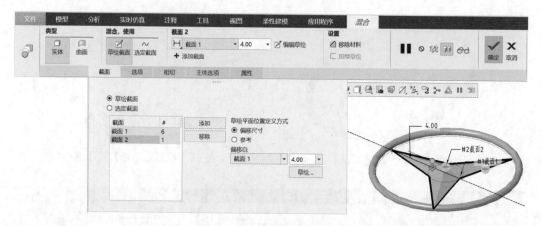

图1-6-18　模型预览效果

4. 保存文件

单击快速访问工具栏中的"保存"按钮🖫，完成模型设计。

三、考核评价

综合运用所学知识创建图1-6-19所示的异形体三维模型。

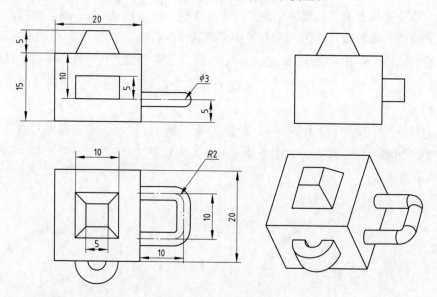

图1-6-19　异形体

知 识 拓 展

梅赛德斯-奔驰是世界闻名的豪华汽车品牌，以完美的技术水平、过硬的质量标准、推陈出新的创新能力令人称道。奔驰在中国有北京奔驰工厂（轿车）、福建奔驰汽车有限公司（商用车）和梅赛德斯-奔驰零部件制造工厂。北京奔驰建立了集研发、发动机制造与整车生产为一体的智能制造体系，冲压、装焊、涂装和总装四大工艺广泛采用机器人完成相关工序；质量管理体系覆盖零部件、发动机、整车三大生产核心领域，保证每一个生产环节交付的产品都历经数道严苛的质量考核。2017 年，北京奔驰摘得"全球卓越运营工厂"奖项，成为首家获此世界制造业顶级奖项的中国整车制造企业，产能约占全球的 30％，将绿色低碳理念贯彻到产品、生产制造、供应链三大层面，正加快构建绿色价值链体系，向实现碳中和的目标稳步前行。

任务七 螺纹收尾的三维建模

任 务

创建如图 1-7-1 所示的螺纹收尾模型。

分 析

该螺纹管螺纹的收尾模型可采用旋转混合特征创建。

知识目标

（1）掌握旋转混合特征的创建方法。
（2）掌握旋转混合特征混合截面的创建方法。

图 1-7-1 螺纹收尾模型

技能目标

（1）能运用旋转混合特征完成螺纹收尾的三维实体建模。
（2）能分析旋转混合征创建失败的原因，并找到解决方案。

素质目标

（1）养成严肃认真的工作作风。
（2）培养服从安排的大局意识。

一、旋转混合特征简介

旋转混合特征是各个草绘截面都可以绕所定义的回转轴旋转，两个相邻草绘截面的角度为−120°～120°。在旋转混合特征中，每个截面都需单独草绘，但由于草绘截面的空间位置发生了改变，所以需要在第一个截面内绘制回转轴，并以该轴标注尺寸。旋转混合特征的调用步骤如下所述。

1. 调用旋转混合特征

单击"模型"选项卡形状功能区 形状▾ 右侧的下拉按钮▾ 打开下拉工具条，选择"旋转混合"按钮 🔄 旋转混合 ，打开"旋转混合"操控板，如图 1-7-2 所示。混合类型包括"实体" 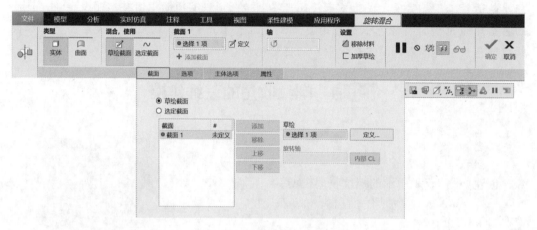和"曲面" ，可以草绘截面 或选定截面 ，在草绘截面模式下单击"截面"滑面板草绘右侧的按钮 定义... ，弹出【草绘】对话框。选择草绘平面和参照，单击"草绘"按钮 草绘 ，进入混合截面1的二维草绘模式。

图 1-7-2 "旋转混合"操控板

2. 旋转混合特征的截面

在草绘模式下绘制混合截面 1 和回转轴，在绘制完第一个混合截面后，单击"确定"按钮，退出草绘模式，在"截面"滑面板中"截面 1"右侧文本框中输入截面 2 相对于截面 1 的偏移角度，单击下面的"草绘"按钮 草绘... ，进入截面 2 的二维草绘模式，如图 1-7-3 所示，已经绘制的截面灰色显示。截面中的箭头表示混合的起始点。

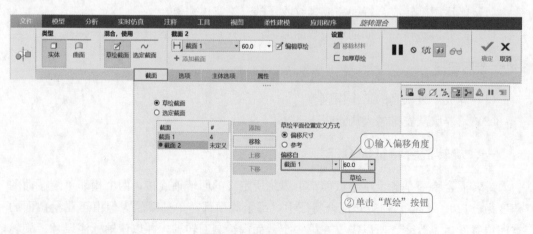

①输入偏移角度

②单击"草绘"按钮

图 1-7-3 "截面"滑面板

创建完成混合截面 2 后，"截面"滑面板上的"添加"按钮 添加 加亮显示，如需继续绘制第三个截面，则单击按钮 添加 ，然后重复上述步骤。

创建旋转混合特征的截面时，需要注意以下几点：

（1）旋转混合特征的每个截面都有混合起始点，各截面的起始点位置不一致，生成的特征会产生扭曲，如图1-7-4所示。起始点的改变方法与混合特征的操作方法一致。

（2）各截面图元数必须相等。

（3）第1个或最后1个混合截面可以是一个点。

（4）截面1中的回转轴作为截面的一个图元，必不可少；用草绘功能区"中心线"按钮 中心线绘制。

3. 旋转混合特征的选项

旋转混合特征的选项是用来确定各截面之间的连接关系的。单击"旋转混合"操控板上的"选项"按钮 选项 ，打开"选项"滑面板，如图1-7-5所示。

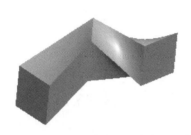

图1-7-4 混合起始点不一致产生扭曲　　　图1-7-5 "选项"滑面板

（1）直：各截面之间直线连接，如图1-7-6（a）所示。

（2）平滑：各截面之间平滑过渡连接，如图1-7-6（b）、（c）所示。

（3）不连接终止截面和起始截面：混合特征到最后1个截面结束，即生成开放的实体，如图1-7-6（a）、（c）所示。

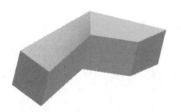

(a)"直/不连接终止截面和起始截面"组合

(b)"平滑/连接终止截面和起始截面"组合

(c)"平滑/不连接终止截面和起始截面"组合

图1-7-6 旋转混合特征的选项

（4）连接终止截面和起始截面：将混合特征的最后 1 个截面连接到第 1 个截面，生成封闭的实体，如图 1-7-6（b）所示。

注 意

混合截面"直"和"连接终止截面和起始截面"，这两种组合会使特征创建失败。

4. 完成

当确认不再继续下一个截面的绘制后，单击"旋转混合"操控板上的"确定"按钮，完成旋转混合特征的创建。

二、创建螺纹收尾特征

1. 打开一个名为"JM01-05"的零件文件

选择主菜单"文件"→"管理会话（M）"→"选择工作目录（W）"，打开【选择工作目录】对话框。选取工作目录"D：/Creo9/JM01"，单击"确定"按钮，完成当前工作目录的设定。

单击快速访问工具栏中的"打开"按钮 ，弹出【文件打开】对话框，选取零件"JM01-05"，单击按钮 打开 ，这时螺纹管三维模型调入绘图区。

2. 创建旋转混合的螺纹收尾特征

单击"模型"选项卡形状功能区 形状 右侧的下拉按钮 打开下拉工具条，选择"旋转混合"按钮 旋转混合 ，打开"旋转混合"操控板（见图 1-7-2），类型选择"实体" 实体 ，选 草绘截面 ，在草绘截面模式下单击"截面"滑面板草绘右侧的按钮 定义... ，弹出【草绘】对话框，选择螺纹上端尾部三角形截面作为草绘平面，如图 1-7-7 所示，接受草绘方向参考，单击"草绘"按钮 草绘 ，进入二维草绘模式。单击视图控制工具条中的"草绘视图"按钮 ，定向草绘平面与屏幕平行。

在草绘模式下，在 草绘 功能区单击"中心线"按钮 中心线 绘制回转轴（与模型垂直对称中心重合）；然后单击"投影"按钮 投影 ，顺次选择螺纹尾部的三角形投影线，则混合截面 1 绘制完成（截面中箭头表示混合的起点），如图 1-7-8 所示。单击关闭功能区中的"确定"按钮，退出截面 1 的草绘模式。

图 1-7-7　选择草绘平面　　　　　图 1-7-8　三角形混合截面 1

在"旋转混合"操控板"截面"滑面板中"截面1"右侧文本框中输入"90",单击下面的"草绘"按钮 草绘... ，进入截面2的二维草绘模式。单击设置功能区"参考"按钮 参考，打开【参考】对话框，按住鼠标中键旋转模型，单击选择螺纹尾部三角形截面的顶点作为草绘参考，如图1-7-9所示。单击视图控制工具条中的"草绘视图"按钮 ，定向草绘平面与屏幕平行。

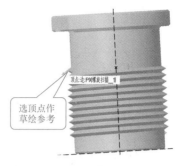

图1-7-9 选螺纹截面顶点作参考

在草绘模式，草绘功能区单击"中心线"按钮 中心线▼绘制一条通过上步螺纹尾部截面参考点的水平中心线，然后单击"点"按钮 × 点 ，在圆柱体左侧投影线和水平中心线的交点处绘制1点作为混合截面2，如图1-7-10所示。单击关闭功能区中的"确定"按钮，退出截面2的草绘模式。

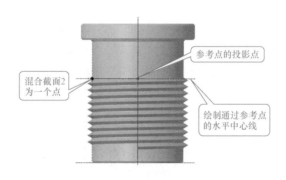

图1-7-10 混合截面2

单击"旋转混合"操控板"选项"按钮 选项 ，打开"选项"滑面板，选默认选项"平滑"（见图1-7-5）。单击操控板上的"确定"按钮，完成的上端螺纹收尾特征的创建，如图1-7-11所示。

同理，可创建下端螺纹的收尾特征，如图1-7-1所示。

3. 保存副本

选择主菜单"文件"→"另存为"→"保存副本"，在【保存副本】对话框的"新文件名"中输入"JM01-07"，单击"确定"按钮。

三、考核评价

综合运用所学知识创建图1-7-12所示的波形环三维模型。

图1-7-11 上端螺纹收尾特征

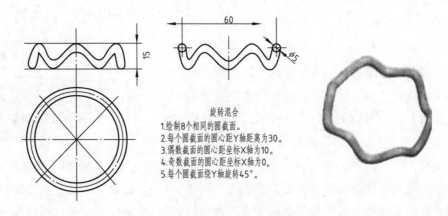

图 1-7-12　波形环

旋转混合
1.绘制8个相同的圆截面。
2.每个圆截面的圆心距Y轴距离为30。
3.偶数截面的圆心距坐标X轴为10。
4.奇数截面的圆心距坐标X轴为0。
5.每个圆截面绕Y轴旋转45°。

知识拓展

　　螺纹加工指用成形刀具或磨具在工件上加工螺纹的方法，主要有车削、铣削、攻丝、套丝、磨削、研磨和旋风切削等。螺纹加工技术要求精度高，螺纹零件的精度直接影响机械设备的性能和使用寿命。机械加工过程中存在各种安全隐患，如切削事故、移位事故等。在进行螺纹加工时，需要穿戴好安全防护用品，如工作服、安全鞋、安全帽等，并严格遵守操作规程，以保证加工过程的安全。

任务八　轴承座的三维建模

任　务

　　创建如图 1-8-1 所示的轴承座模型。

分　析

　　本模型底板和套筒中的孔可以用孔特征来创建，也可以用拉伸剪切命令来完成，支撑板用拉伸工具来创建，而肋板采用筋命令来创建。

图 1-8-1　轴承座模型

知识目标

　　（1）掌握线性孔、同轴孔、螺纹孔和草绘孔特征的创建方法。
　　（2）掌握轮廓筋的创建方法。

技能目标

　　（1）能综合运用拉伸特征、孔特征、阵列特征、筋特征完成轴承座三维实体建模。

（2）能分析孔特征和筋特征创建失败的原因，并找到解决方案。

素质目标

（1）培养协同合作的精神。
（2）养成百折不挠的品质。

一、孔特征简介

1. 调用孔特征

单击"模型"选项卡 工程▼ 功能区"孔"按钮 ⬚孔 ，打开"孔"操控板，如图 1-8-2 所示。设置孔的类型 简单 或 标准 （标准孔为螺纹孔）、孔的轮廓形状、直径数值 直径: ⌀10.00 ▾ 、钻孔深度及孔的轻量化表示，孔方向若不选择，则默认是垂直于放置表面。

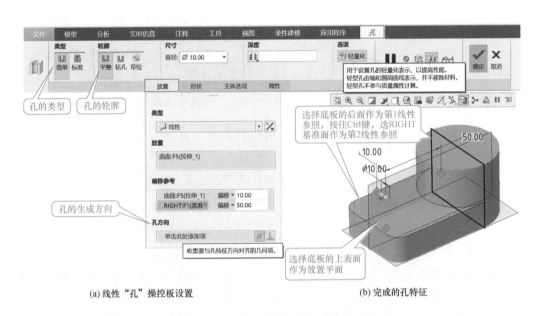

(a) 线性"孔"操控板设置 　　　　　　　　(b) 完成的孔特征

图 1-8-2 "孔"操控板及简单孔的创建

2. 创建简单孔

（1）创建简单线性孔。在"孔"操控板中类型选 简单 ，输入孔直径"10"，孔深度为穿透 ⫴⫴ ，在"放置"滑面板中类型选择"线性" 线性 ，选择底板的上表面作为孔的放置平面，在偏移参考栏中出现提示"单击此处添加项" ●单击此处添加项 ，单击鼠标左键，出现："选择 2 个项"，选择零件底板的后面作为第 1 个线性参照，偏距值为 10，按住 Ctrl 键，再选择 RIGHT 基准面作为第 2 个线性参照，输入偏距值"50"（见图 1-8-2），这时出现孔特征预览效果，单击操控板中的"确定"按钮。

（2）创建简单同轴孔。在"孔"操控板中类型选 🔲简单，输入孔径"30"，孔深度为穿透 🔀，在"放置"滑面板中类型选"同轴" 🔩同轴 ，单击选择圆柱体的顶面作为孔的放置平面，然后按住 Ctrl 键，选择圆柱体的轴线 A_1，如图 1-8-3 所示，这时出现同轴孔特征预览效果，单击操控板上的"确定"按钮。

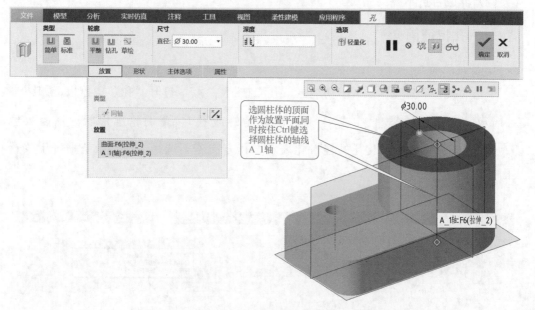

图 1-8-3　同轴孔的创建

（3）创建简单径向孔。在"孔"操控板中类型选 🔲简单，输入孔径"8"，孔深度为穿透 🔀，在"放置"滑面板中类型选择"径向" ⊙径向 ，单击选择圆柱体的顶面作为孔特征的放置平面，在"偏移参考"栏中出现提示"单击此处添加项" ●单击此处添加项 ，单击鼠标左键，出现提示"选择 2 个项"，鼠标左键选择圆柱的轴线 A_1 轴，输入半径"22.5"（表示直径为 8mm 的孔的圆心位置在以圆柱体的圆心为圆心，半径为 22.5mm 的圆周上），同时按住 Ctrl 键，选择 FRONT 基准面，输入角度偏移"45"，如图 1-8-4 所示，这时出现径向孔特征预览效果，单击操控板上的"确定"按钮。

（4）创建简单直径孔。直径孔的创建方法与径向孔的创建方法相同，只不过是径向孔输入的是"半径值（22.5）"，而直径孔输入"直径值（45）"而已。对于上例创建径向孔，若改为创建直径孔，则设置如图 1-8-5 所示。

（5）创建点上简单标准钻孔。在"孔"操控板中类型选 🔲简单，轮廓选钻孔 🔲钻孔，按下"沉孔"按钮 🔲沉孔，输入孔直径"8"，孔深度为"盲孔" 🔀，深度值"30"，在"放置"滑面板中类型选择"点上" ╳点上，如图 1-8-6 所示，单击选择圆柱体上表面上的点 PNT0，按住 Ctrl 键再选择圆柱体的顶面作为第 2 个参考；也可以通过单击操控板上

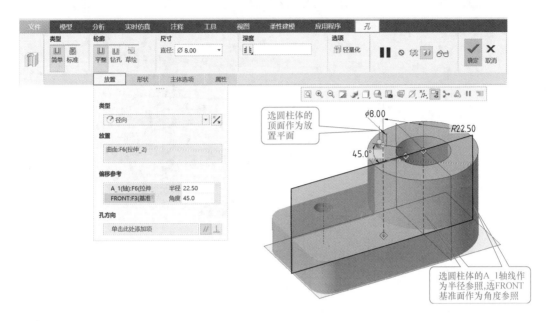

图 1-8-4 径向孔的创建

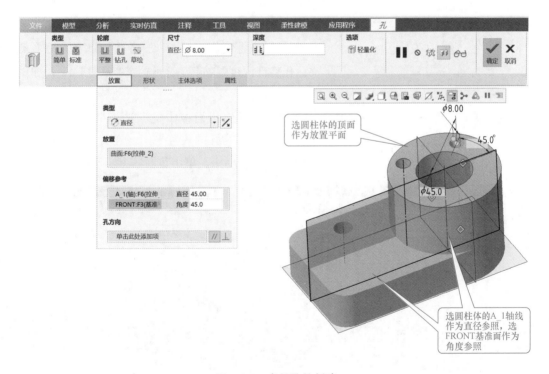

图 1-8-5 直径孔的创建

的"形状"按钮 形状 ，打开"形状"滑面板，如图 1-8-7 所示，在"形状"滑面板中对孔的形状进行设置，单击操控板上的"确定"按钮。

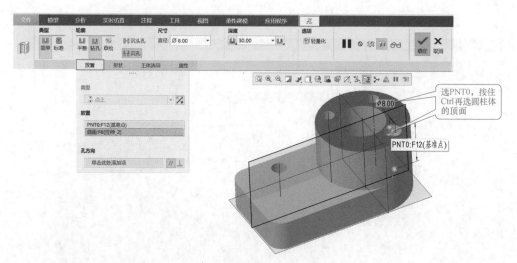

图 1-8-6 标准钻孔的创建

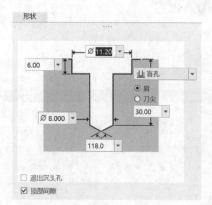

图 1-8-7 "形状"滑面板

3. 创建线性螺纹孔

在"孔"操控板中类型选"标准"按钮，轮廓选"直孔" 和"攻丝" ，按下"沉头孔"按钮 ，螺纹类型选 ISO，螺钉尺寸 M10× 1.25，输入深度值"25.00"，单击深度文本框右侧"钻孔肩部深度"按钮 ，选择"刀尖" ，如图 1-8-8 所示。

在"放置"滑面板中类型选择"线性"，选择底板的顶面作为孔的放置平面，在偏移参考栏中出现提示 ，单击鼠标左键，出现提示"选

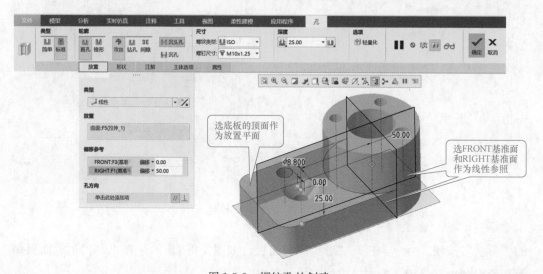

图 1-8-8 螺纹孔的创建

择2个项"，选择 FRONT 基准面作为第1个线性参照，偏距值为"0"，按住 Ctrl 键再选择 RIGHT 基准面作为第2个线性参照，输入偏距值"50"，也可以在"形状"滑面板中对孔的尺寸进行设定，如图1-8-9所示，单击操控板上的"确定"按钮。

对于径向螺纹孔、直径螺纹孔、同轴螺纹孔和螺纹标准钻孔的创建方法同上述简单孔的创建方法相同。

4. 创建草绘孔特征

草绘孔是在草绘截面下绘制的截面绕回转轴旋转而成。

在"孔"操控板中类型选 简单，轮廓选 草绘，单击"尺寸"下面的"草绘"按钮 草绘，系统进入二维草绘模式，绘制如图1-8-10所示的截面，单击"确定"按钮，退出草绘模式。

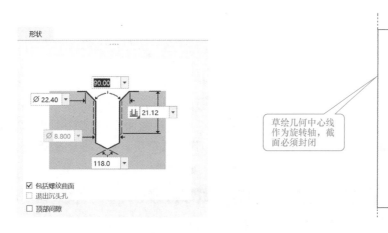

草绘几何中心线作为旋转轴，截面必须封闭

图1-8-9 "形状"滑面板　　　　　　图1-8-10 草绘截面

"放置"滑面板上类型选线性 线性，选择底板的上表面作为孔的放置平面，选择FRONT 和 RIGHT 基准面作为偏移参考偏移值均为"0"，如图1-8-11所示，单击操控板中的"确定"按钮。

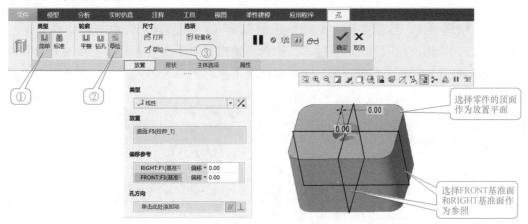

图1-8-11 草绘孔的创建

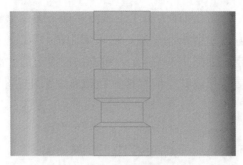

图 1-8-12　模型前视图

在视图控制工具条中单击"已保存方向"按钮，在下拉工具条中选择 □ FRONT 投影视图，则模型的前视图如图 1-8-12 所示，可清晰看到草绘孔的前视图投影。

二、筋特征简介

1. 轮廓筋调用步骤

在模型选项卡工程 工程 功能区单击筋 筋 右侧的下拉按钮 ，在下拉工具条中单击"轮廓筋"按钮 轮廓筋 ，打开"轮廓筋"操控板，如图 1-8-13 所示，系统提示"选择一个开放的草绘。（如果首选内部草绘，可在参考面板中找到'定义'选项。）"。在"参考"滑面板中单击"定义"按钮 定义... ，弹出【草绘】对话框，选择 FRONT 基准面作为草绘平面，再单击【草绘】对话框中的按钮 草绘 ，进入草绘模式。

图 1-8-13　"轮廓筋"操控板

在草绘模式下，绘制如图 1-8-14 所示的截面（1 条斜直线），单击草绘模式下的"确定"按钮，退出轮廓筋的草绘模式。轮廓筋操控板"深度"下面的"反向方向"按钮 反向方向 控制筋特征的构成轮廓；调整宽度文本框右侧的按钮 ，用于更改生成的筋

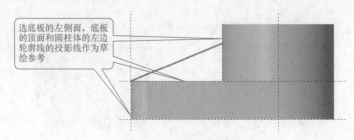

选底板的左侧面，底板的顶面和圆柱体的左边轮廓线的投影线作为草绘参考

图 1-8-14　轮廓筋截面

相对草绘平面两个侧面之间的厚度，系统默认是在草绘平面的两侧对称生成。

在筋特征操控板中"宽度"文本框输入筋的厚度"10"，完成的轮廓筋特征如图 1-8-15 所示。

2. 轨迹筋调用步骤

轨迹筋是用来专门处理在模型内部添加各种类型的加强筋的专用工具。

（1）轨迹筋的调用步骤。在模型选项卡 工程-功能区单击"筋"按钮 筋 ▾，打开"轨迹筋"操控板，如图

图 1-8-15　筋特征

1-8-16 所示。在"放置"滑面板，单击"定义"按钮，弹出【草绘】对话框，选择零件顶面（环面）作为草绘平面，如图 1-8-17 所示。单击【草绘】对话框中的按钮 草绘 ，进入草绘模式。

图 1-8-16　"轨迹筋"操控板

选择零件的顶面（环面）作为草绘平面

图 1-8-17　选顶面作为草绘平面

在草绘模式下，绘制如图 1-8-18 所示的截面（1 条开放直线），单击草绘模式下的"确定"按钮，退出草绘模式。在"轨迹筋"操控板宽度文本框中输入"0.3"，单击操控板上的"确定"按钮，完成的筋特征如图 1-8-19 所示。系统会自动延伸开放的草绘截面直至和实体的边界几何进行融合。

草绘开放截面

图 1-8-18　草绘开放截面

图 1-8-19　完成的轨迹筋特征

（2）轨迹筋的形状。单击"轨迹筋"操控板上的"形状"按钮 形状 ，打开"形状"滑面板，通过按下操控板选项功能区上的"添加拔模" 添加拔模 、"倒圆角暴露边" 倒圆角暴露边 和"倒圆角内部边" 倒圆角内部边 的不同的组合，可以得到不同的轨迹筋的截面，如图 1-8-20 所示。

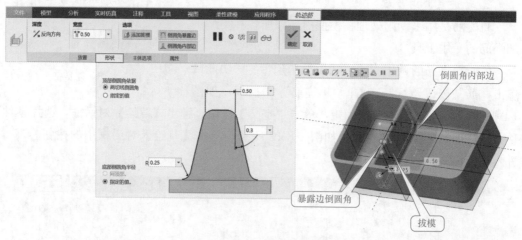

图 1-8-20　轨迹筋的形状

（3）多条轨迹筋的创建。在轨迹筋的创建过程中，可以在草绘模式下一次性创建多个开放截面，甚至可以是多个相互交叉的开放截面，这样可以一次创建多条轨迹筋特征，如图 1-8-21 所示。

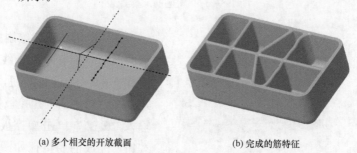

(a) 多个相交的开放截面　　　　(b) 完成的筋特征

图 1-8-21　一次创建多个轨迹筋特征

三、创建轴承座模型

1. 新建一个名为"JM01-08"的零件文件

选择主菜单"文件"→"管理会话（M）"→"选择工作目录（W）"，打开【选择工作目录】对话框。选取工作目录"D：/Creo9/JM01"，单击"确定"按钮，完成当前工作目录的设定。

单击"新建"按钮□，打开【新建】对话框，类型选取"零件"，子类型选取"实体"，输入名称"JM01-08"后，取消勾选"使用默认模板"复选框，单击"确定"按钮；然后进入【新文件选项】对话框，把绘图单位更改为公制单位"mmns_part_solid_ abs"，单击"确定"按钮，进入 Creo 的零件设计界面。

2. 创建底板实体特征

（1）创建底板拉伸实体特征。

1）单击"模型"选项卡 形状▼ 功能区中的"拉伸"按钮 ，打开"拉伸"操控板，类型选择"实体" ，单击"放置"滑面板"草绘"右侧的"定义"按钮 定义...，打开【草绘】对话框。选择 TOP 基准面作为草绘平面，接受默认的草绘方向参考，单击"草绘"按钮 草绘 ，进入二维草绘模式。单击视图控制工具条中的"草绘视图"按钮 ，定向草绘平面。

2）在草绘模式下，用草绘功能区的"矩形"按钮 矩形 和"圆角"按钮 圆角，绘制如图 1-8-22 所示的截面，单击"确定"按钮，退出草绘模式。

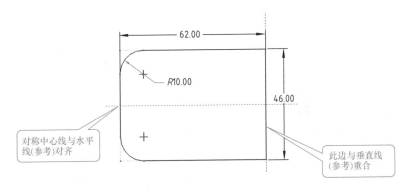

图 1-8-22　草绘截面

3）在"拉伸"操控板上选择可变 ，输入拉伸深度"10"，确认拉伸方向向上，单击操控板上的"确定"按钮，结果如图 1-8-23 所示。

（2）创建底板上的孔特征。

1）单击"模型"选项卡 工程▼ 功能区中的"孔"按钮 孔，打开"孔"操控板，设置孔的类型为"简单" ，轮廓为"平整" ，直径为 10，深度为穿透 。

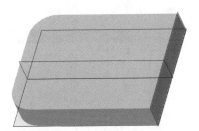

图 1-8-23　底板拉伸特征

2）在"放置"滑面板中类型选择"线性" 线性，选择底板的顶面作为孔的放置平面，在偏移参考栏中出现提示"单击此处添加项" ●单击此处添加项，单击鼠标左键，系统提示"选择 2 个项"。单击选择底板的右侧面作为第 1 个线性参照，输入偏距值"28"，再按住 Ctrl 键，选择 FRONT 基准面作为第 2 个线性参照，输入偏距值"13"，如图 1-8-24 所示，单击操控板中的"确定"按钮。结果如图 1-8-25 所示。

（3）阵列底板上的孔特征。

1）调入阵列特征。在绘图区中单击孔特征，或在导航树中选择 孔1，选中后红色

85

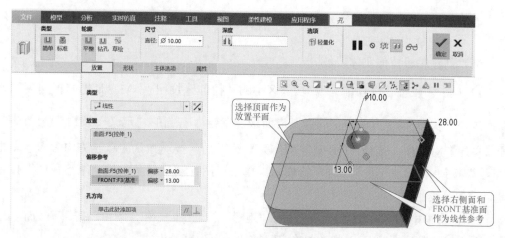

图 1-8-24　选择偏移参考

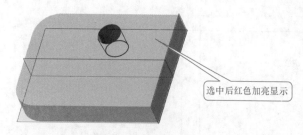

图 1-8-25　完成的孔特征

加亮显示（见图 1-8-25）；再单击 编辑▾功能区的"阵列"按钮 ▦阵列，打开"阵列"操控板，阵列类型选择"尺寸" 尺寸。

2）选第 1 方向尺寸。选择孔特征的定位尺寸"28"作为第 1 方向尺寸，增量输入"20"，再在"阵列"操控板设置功能区第一方向"成员数"中输入"2"。这时模型显示如图 1-8-26 所示，此时方向 2 栏中提示"单击此处添加项"。

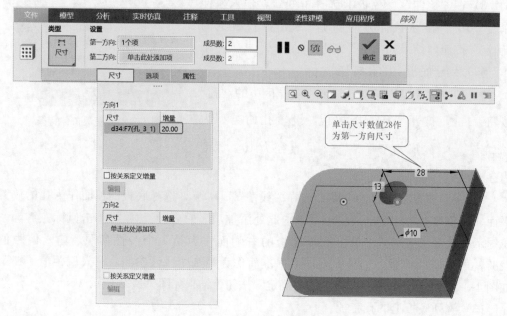

图 1-8-26　选尺寸 28 作为第一方向

86

3）选第 2 方向尺寸。在"尺寸"滑面板"方向 2"栏中单击，选择孔特征的定位尺寸"13"作为第二方向尺寸，增量输入"－26"；再在"阵列"操控板设置功能区第二方向"成员数"中输入"2"，这时模型如图 1-8-27 所示。

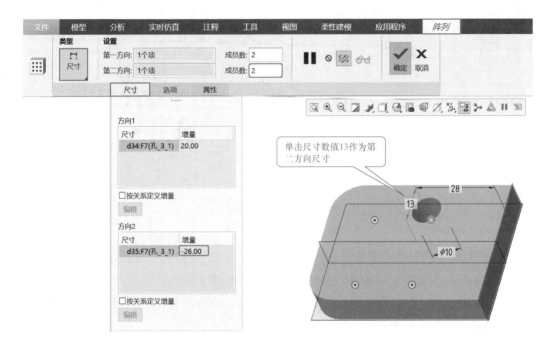

图 1-8-27　选尺寸 13 作为第二方向尺寸

当然也可以将 13 作为第一方向尺寸，将 28 作为第二方向尺寸。单击操控板上的"确定"按钮，完成的阵列特征如图 1-8-28 所示。

3. 创建套筒拉伸特征

（1）创建基准平面 DTM1。单击 基准▼ 功能区的"基准平面"按钮 ，弹出【基准平面】对话框，单击选择底板的右侧面作为参照，在基准平面对话框

图 1-8-28　完成的阵列特征

中输入偏距值"5"，如图 1-8-29 所示，单击基准平面对话框中的按钮 确定 ，完成基准平面 DTM1。

（2）创建圆柱体拉伸特征。

1）单击"模型"选项卡 形状▼ 功能区中的"拉伸"按钮 ，打开"拉伸"操控板，类型选择"实体" ，单击"放置"滑面板"草绘"右侧的"定义"按钮 定义... ，打开【草绘】对话框。选择 DTM1 作为草绘平面，接受默认的草绘视图方向，单击【草绘】对话框中的按钮 草绘 ，进入草绘模式。单击视图控制工具条中的"草绘视图"按钮 ，定向草绘平面。

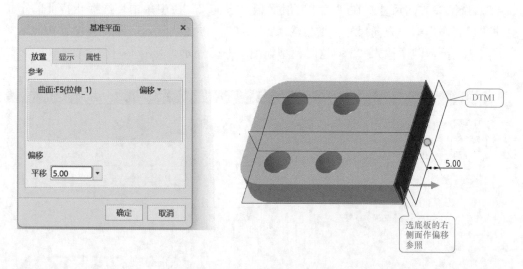

图 1-8-29　创建基准平面 DTM1

2）在草绘模式下，单击按钮 ⊙圆 绘制一个直径为 28 的圆，如图 1-8-30 所示，圆心落在水平线（参考）上，单击"确定"按钮，退出草绘模式。

3）输入拉伸深度值 坴"40"，调整拉伸方向 ✕，单击"拉伸"操控板中的"确定"按钮，完成的圆柱体拉伸特征如图 1-8-31 所示。

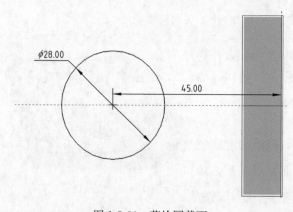

图 1-8-30　草绘圆截面

图 1-8-31　完成的圆柱体拉伸特征

（3）创建同轴孔特征。

1）单击 工程▾ 功能区"孔"按钮 创孔，打开孔特征操控板，设置孔的类型为"简单" ▯简单，轮廓为"平整" ▯平整，直径为 20，深度为穿透 坴。

2）在"放置"滑面板中类型选同轴 ⚯同轴，单击选择圆柱体的左侧平面作为孔特征的放置平面，按住 Ctrl 键再选择圆柱体的轴线 A_5，如图 1-8-32 所示。这时出现同轴孔特征预览效果，单击操控板上的"确定"按钮。

3）单击孔特征操控板中的"确定"按钮，完成同轴孔的创建，如图 1-8-33 所示。

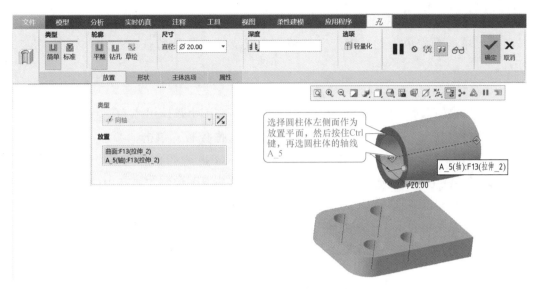

图 1-8-32　创建同轴孔特征

4. 创建支撑板拉伸特征

（1）单击"模型"选项卡 形状▼ 功能区中的"拉伸"按钮，打开"拉伸"操控板，类型选择"实体"，单击"放置"滑面板"草绘"右侧的"定义"按钮 定义…，打开【草绘】对话框。选择底板的右侧面作为草绘平面（见图 1-8-33），接受默认的草绘视图方向，单击【草绘】对话框中的按钮　草绘　，进入草绘模式。单击视图控制工具条中的"草绘视图"按钮，定向草绘平面。

（2）在草绘模式下，绘制如图 1-8-34 所示的截面（3 条直线、1 段圆弧），单击草绘工具栏中的"完成"按钮，退出草绘模式。

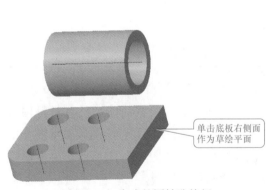

图 1-8-33　完成的同轴孔特征

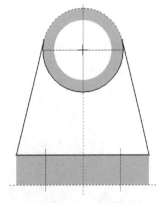

图 1-8-34　草绘截面

 注　意

水平直线与底板上表面投影线重合，并和底板宽度相等；圆弧与圆柱套筒大圆投影重合，可以利用 投影 工具实现；两条斜直线与圆弧相切。

（3）在"拉伸"操控板中输入拉伸深度 "10"，调整文本框后面的"拉伸方向"按钮 ，单击操控板中的"确定"按钮，完成支撑板拉伸特征的创建，如图1-8-35所示。

5. 创建筋特征

（1）在模型选项卡 工程 功能区单击筋 筋 右侧的下拉按钮 ，在下拉工具条中单击"轮廓筋"按钮 轮廓筋 ，打开"轮廓筋"操控板。单击"参考"滑面板中的"定义"按钮 定义... ，弹出【草绘】对话框，选择FRONT基准面作为草绘平面，再单击【草绘】对话框中的按钮 草绘 ，进入草绘模式。单击视图控制工具条中的"草绘视图"按钮 ，定向草绘平面。

（2）在草绘模式下，绘制如图1-8-36所示的筋特征截面（2条直线），单击草绘工具栏中的"确定"按钮，退出草绘模式。

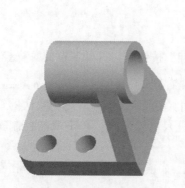

图1-8-35 支撑板拉伸特征

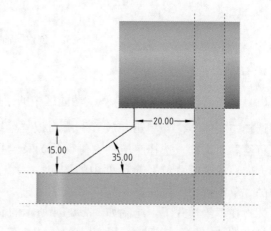

图1-8-36 草绘筋特征截面

注 意

直线的端点分别落在圆柱体投影轮廓线和底板上表面的投影线上。

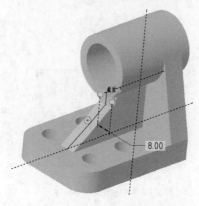

图1-8-37 筋特征预览

（3）在"轮廓筋"操控板中，单击按钮 反向方向 调整深度方向（确保草绘截面能和已有材料构成封闭轮廓），输入筋的宽度"8"，绘图区显示筋特征完成的黄色预览模式，如图1-8-37所示，单击筋特征操控板上的"确定"按钮。

至此，完成轴承座的三维建模，如图1-8-1所示。

6. 保存文件

单击快速访问工具栏中的"保存"按钮 ，完成模型设计。

四、考核评价

综合运用所学知识创建如图 1-8-38 所示的座板三维模型。

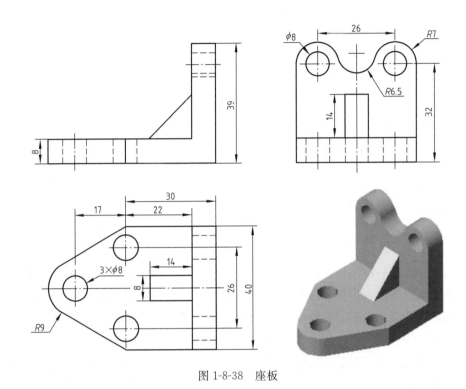

图 1-8-38　座板

知识拓展

作为轴承的亲密伙伴，轴承座在整个轴系中扮演着重要的角色。它一般位于轴的两端，主要作用是支撑、固定轴承，使轴及其连接部件具有一定的位置关系。另外，轴承座一般带有密封装置，从而减少轴承的污染。在整个传动部件的工作过程中，轴承座是奉献精神的代表，用其有力的支撑服务于技术的进步和科技的发展。

任务九　烟斗的三维建模

☼ 任　务

创建如图 1-9-1 所示的烟斗模型。

图 1-9-1　烟斗模型

📊 分　析

本模型外轮廓各截面轮廓不同，采用扫描混合特征创建，烟道孔用扫描特征创建，填料口用拉伸剪切特征创建后，再进行拔模建模。

👤 **知识目标**

(1) 掌握扫描混合和拔模特征的创建方法。
(2) 掌握利用草绘工具创建扫描轨迹线的方法。

✏️ **技能目标**

(1) 能综合运用扫描混合特征、扫描特征、拉伸剪切特征和拔模特征完成烟斗三维实体建模。
(2) 能分析扫描混合特征、拔模特征创建失败的原因，并找到解决方案。

🔲 **素质目标**

(1) 激励学生树立远大理想。
(2) 培养追求卓越的品质。

一、扫描混合特征简介

扫描混合特征兼有扫描特征与混合特征的特点，是指通过一条轨迹线以及轨迹线上的多个截面图形来生成特征。在创建扫描混合特征时，需要一条扫描轨迹线和两个或两个以上的扫描截面。扫描混合特征的调用步骤如下所述。

1. 调用扫描混合命令
单击模型选项卡"形状" 形状▾ 功能区的"扫描混合"按钮 ⨀扫描混合，打开"扫描混合"操控板，选择扫描类型"实体" ▫实体 或"曲面" ▫曲面 ，信息提示区提示"选择最多两个链作为扫描混合的轨迹"，如图 1-9-2 所示。

图 1-9-2 "扫描混合"操控板

2. 选择轨迹
"参考"滑面板轨迹栏中提示"选择项"，选中扫描轨迹，"参考"滑面板如图 1-9-3

所示。轨迹线上箭头表示扫描起点。

图 1-9-3　选择扫描轨迹

3. 定义截面

选完扫描轨迹后，单击操控板上的"截面"按钮 截面，打开"截面"滑面板，如图 1-9-4 所示，信息提示区提示"选择点或顶点定位截面"。依次选择扫描轨迹上的插入点，确定截面的位置，然后单击按钮 草绘 进入草绘模式绘制截面。

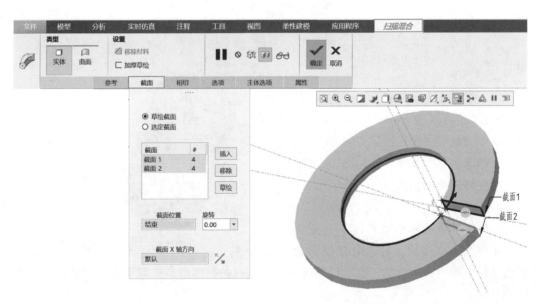

图 1-9-4　定义截面插入点和草绘截面

4. 完成

完成截面的定义后，退出草绘模式，单击操控板上的"确定"按钮，完成扫描混合特征的创建，如图 1-9-5 所示。

图 1-9-5　扫描混合特征

二、拔模特征简介

在进行产品设计时，尤其是铸造件和注塑件的结构设计，一般沿开模方向要设计出拔模斜度才能使零件顺利脱模。

1. 拔模特征的调用方法

单击模型选项卡 工程▾ 功能区"拔模"按钮 拔模▾，打开"拔模"操控板，如图 1-9-6 所示，需要定义拔模曲面和拔模枢轴。

图 1-9-6　"拔模"操控板

2. 拔模曲面

"拔模"操控板打开后，信息提示区提示"选择一组曲面以进行拔模"，单击选择圆柱体的侧面作为拔模曲面，按住 Ctrl 键分 2 次选取，一次只能选中半个圆柱面，如图 1-9-7 所示，选中后圆柱体侧面网格显示。

3. 拔模枢轴

拔模枢轴是拔模前后长度不会发生变化的边，也称为中立曲线。可选取拔模曲面上的单

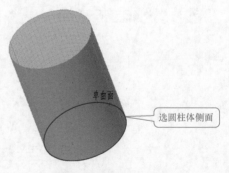

图 1-9-7　选拔模曲面

个曲线链来作为拔模枢轴，也可以选择平面，这时拔模曲面与选取平面的交线即为拔模枢轴。

选完拔模曲面后，鼠标左键在"参考"滑面板上的"拔模枢轴"栏中单击（提示"单击此处添加项"，见图 1-9-6），出现"选择 1 项"提示，选择圆柱体的上表面作为拔模枢轴平面，如图 1-9-8 所示，这时在操控板上会出现输入拔模角度文本框，拔模角度必须在－30°～30°范围内。

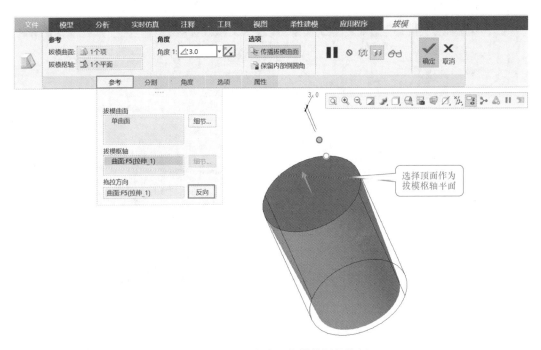

图 1-9-8 设置完成的拔模特征操控板

4. 拔模方向

拔模方向用于测量拔模角度的方向，也就是模具开模的方向。可以通过操控板角度文本框右侧"反转角度"按钮 来调整拔模角度方向。单击图 1-9-8 中"参考"滑面板上"拖拉方向"栏右侧的按钮 反向 来调整拔模方向。不同拔模方向的零件效果如图 1-9-9 所示。

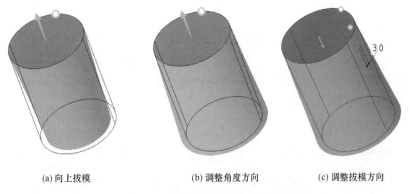

(a) 向上拔模   (b) 调整角度方向   (c) 调整拔模方向

图 1-9-9 不同拔模方向的零件效果

5. 双向拔模

利用分割选项可以将拔模曲面沿着拔模枢轴（或拔模曲面上的草绘曲线）分为两个独立的区域，以不同的角度生成拔模斜面。单击操控板上的"分割"按钮，打开"分割"滑面板，如图 1-9-10 所示，选择"根据拔模枢轴分割"，生成上部拔模角度为 3°、下部拔模角度为 5°的双向拔模特征。

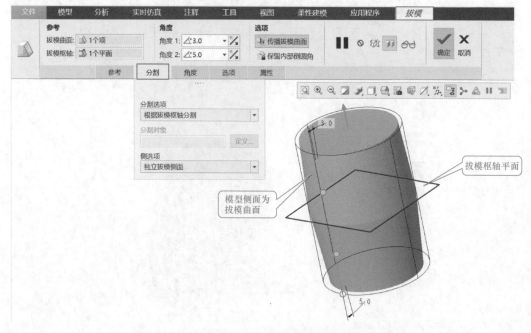

图 1-9-10　双向拔模

三、创建烟斗模型

1. 新建一个名为 "EX01-09" 的零件文件

选择主菜单 "文件" → "管理会话（M）" → "选择工作目录（W）"，打开【选择工作目录】对话框。选取工作目录 "D：/Creo9/JM01"，单击 "确定" 按钮，完成当前工作目录的设定。

单击 "新建" 按钮，打开【新建】对话框，类型选取 "零件"，子类型选取 "实体"，输入名称 "JM01-09" 后，取消勾选 "使用默认模板" 复选框，单击 "确定" 按钮，然后进入【新文件选项】对话框，把绘图单位更改为公制单位 "mmns_part_solid_abs"，单击 "确定" 按钮，进入 Creo 的零件设计界面。

2. 草绘扫描轨迹

单击模型选项卡 基准▾ 功能区 "草绘" 按钮，打开【草绘】对话框，选择 FRONT 基准面作为草绘平面，接受系统默认的草绘视图方向参考，单击按钮 草绘 ，进入草绘模式。单击视图控制工具条 "草绘视图" 方向按钮 ，定向草绘平面。

绘制如图 1-9-11 所示的扫描轨迹，单击 "确定" 按钮，退出草绘模式，完成的扫描轨迹如图 1-9-12 所示。

3. 创建扫描混合特征

（1）选择扫描轨迹。单击模型选项卡 形状▾ 功能区 "扫描混合" 按钮 扫描混合，打开 "扫描混合" 操控板，类型选实体 实体。单击选取已有的草绘轨迹作为扫描轨迹，如图

1-9-13 所示。

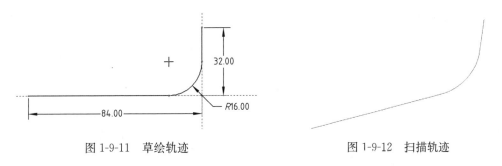

图 1-9-11 草绘轨迹　　　　　　　　　图 1-9-12 扫描轨迹

图 1-9-13 选取扫描轨迹

（2）绘制截面 1。单击"截面"按钮 截面，打开"截面"滑面板，系统提示"选择点或顶点定位截面"（第一个截面默认在扫描的起点位置），如图 1-9-14 所示，单击"截面"滑面板中的按钮 草绘，系统进入起点截面的草绘模式。

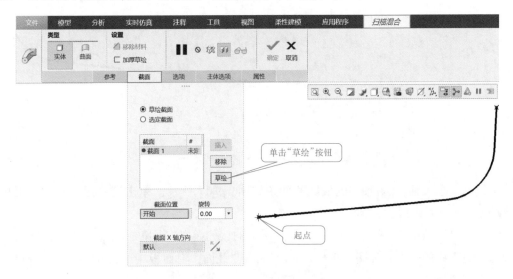

图 1-9-14 "截面"滑面板

选择"中心和轴椭圆"按钮 ◎ 中心和轴椭圆 绘制 1 个长轴 10、短轴 6 的椭圆截面,如图 1-9-15 所示。单击"确定"按钮,退出草绘模式。

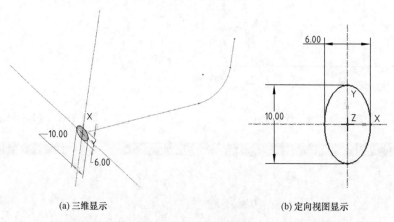

(a) 三维显示　　　　　　　　　　　　　　(b) 定向视图显示

图 1-9-15　草绘椭圆截面 1

(3) 绘制截面 2。单击截面滑面板中的按钮 插入 ,用鼠标左键选择扫描轨迹中长直线与圆弧的交点,如图 1-9-16 所示。单击"截面"滑面板中的按钮 草绘 ,系统进入截面的草绘模式。

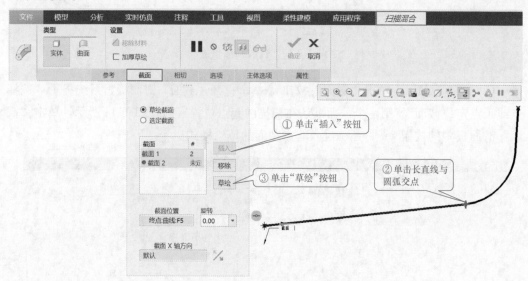

图 1-9-16　选择长直线与圆弧交点

绘制 1 个长轴 14 短轴 9 的椭圆截面,如图 1-9-17 所示。单击"确定"按钮,退出草绘模式。

(4) 绘制截面 3。单击"截面"滑面板中的按钮 插入 ,用鼠标左键选择扫描轨迹中圆弧与短直线的交点,如图 1-9-18 所示。单击"截面"滑面板中的按钮 草绘 ,系统进入截面的草绘模式。

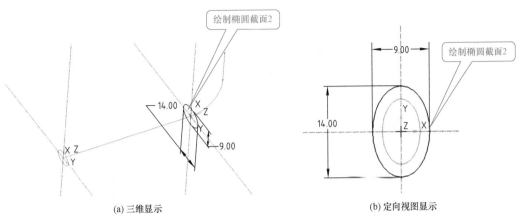

(a) 三维显示　　　　　　　　(b) 定向视图显示

图 1-9-17 草绘椭圆截面 2

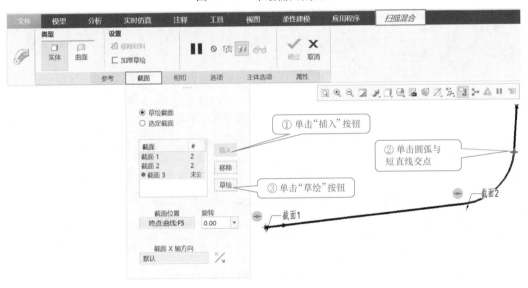

图 1-9-18 选择圆弧与短直线交点

绘制 1 个直径为 20 的圆截面，如图 1-9-19 所示。单击"确定"按钮，退出草绘模式。

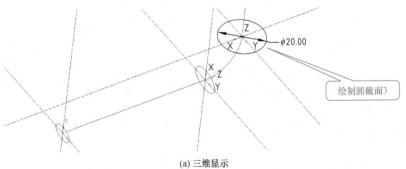

(a) 三维显示

图 1-9-19 草绘圆截面 3 （一）

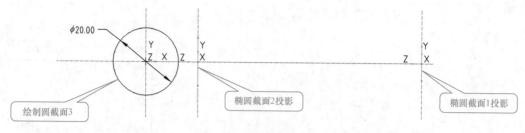

(b) 定向视图显示

图 1-9-19　草绘圆截面 3（二）

（5）绘制截面 4。单击"截面"滑面板中的按钮 插入，系统默认选择扫描轨迹的终点，如图 1-9-20 所示。单击"截面"滑面板中的按钮 草绘，系统进入截面的草绘模式。

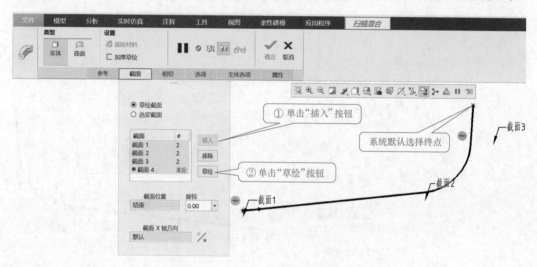

图 1-9-20　系统默认选择扫描轨迹的终点

绘制 1 个直径为 22 的圆截面，如图 1-9-21 所示。单击"确定"按钮，退出草绘模式。

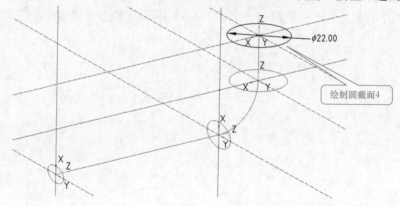

(a) 三维显示

图 1-9-21　草绘圆截面 4（一）

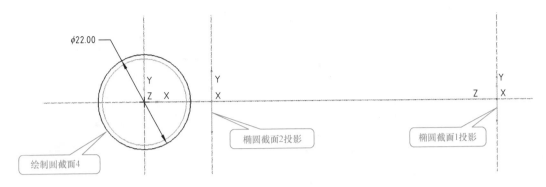

(b) 定向视图显示

图 1-9-21　草绘圆截面 4（二）

（6）完成扫描混合特征。单击"扫描混合"操控板上的"确定"按钮，完成的扫描混合特征如图 1-9-22 所示。

4. 创建扫描特征

（1）选择扫描轨迹。单击模型选项卡 形状▼ 功能区"扫描"按钮 ◈扫描，打开"扫描"操控板，类型选实体 ◻ 实体，设置 ◿ 移除材料 ╱ 和 ▭ 恒定截面，单击选取已有的草绘曲线作为扫描轨迹，如图 1-9-23 所示。

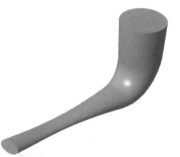

图 1-9-22　扫描混合特征

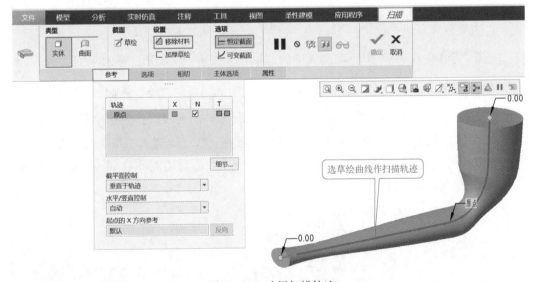

图 1-9-23　选择扫描轨迹

（2）草绘扫描截面。扫描轨迹选好后，单击操控板上的按钮 ◿草绘，进入草绘模式。在扫描的起点绘制一个直径为 2 的圆，如图 1-9-24 所示。单击"确定"按钮，退出草绘模式。

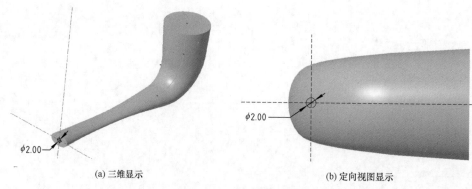

(a) 三维显示   (b) 定向视图显示

图 1-9-24　草绘扫描截面

（3）完成扫描特征。单击"扫描"操控板上的"确定"按钮，完成的扫描特征如图 1-9-25 所示。

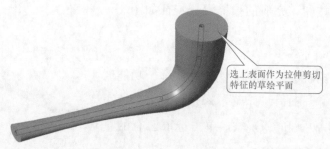

选上表面作为拉伸剪切特征的草绘平面

图 1-9-25　完成的扫描特征

5. 创建拉伸剪切特征

单击"模型"选项卡 形状▾ 功能区中的"拉伸"按钮 ，打开"拉伸特征"操控板，类型选择"实体" ，设置 ⌀移除材料，单击"放置"滑面板"草绘"右侧的"定义"按钮 定义... ，打开【草绘】对话框。鼠标左键单击选择零件的上表面作为草绘平面（见图 1-9-25），接受默认的草绘方向参考，单击"草绘"按钮 草绘 ，进入二维草绘模式。

在草绘模式下绘制一个直径为 10 的圆形截面，圆心与中间小孔同心，如图 1-9-26 所示。单击"确定"按钮，退出草绘模式。

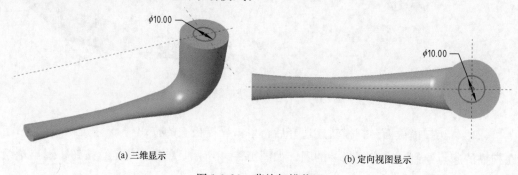

(a) 三维显示   (b) 定向视图显示

图 1-9-26　草绘扫描截面

在"拉伸特征"操控板深度  文本框输入"14",单击"确定"按钮,完成拉伸剪切特征如图1-9-27所示。

6. 创建拔模特征

(1)选拔模曲面。单击模型选项卡

工程▼ 功能区"拔模"按钮  拔模 ▼ ,打开"拔模"操控板,按住Ctrl键,单击

图1-9-27 完成的拉伸剪切特征

选择拉伸剪切的圆柱孔的侧面作为拔模曲面,如图1 9-28所示。

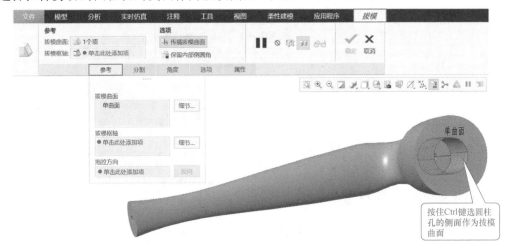

图1-9-28 选择拔模曲面

(2)确定拔模枢轴。选完拔模曲面后,鼠标左键在"参考"滑面板上的"拔模枢轴"栏中单击,出现"选择1项"提示。选择圆柱孔的底面作为拔模枢轴平面,如图1-9-29所示,在操控板文本框中输入"5",单击"参考"滑面板"反向拖拉方向"功能区的按钮 反向 ,使孔口比孔底大。

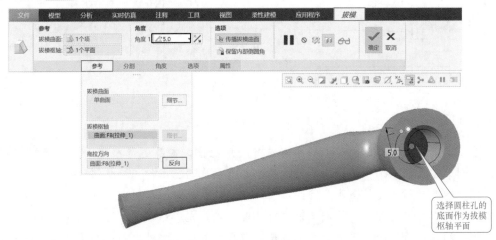

图1-9-29 设置完成的拔模特征操控板

7. 隐藏草绘轨迹曲线

在导航树中单击"草绘 1",在弹出的工具条中单击"隐藏选定项"按钮 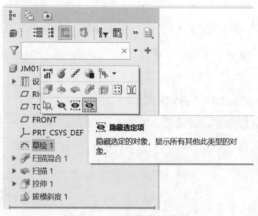,如图 1-9-30 所示,隐藏草绘曲线在绘图区中的显示。

图 1-9-30　隐藏草绘曲线

至此,完成烟斗的三维建模,如图 1-9-1 所示。

8. 保存文件

单击快速访问工具栏中的"保存"按钮,完成模型设计。

四、考核评价

综合运用所学知识创建图 1-9-31 所示的摇把三维模型。

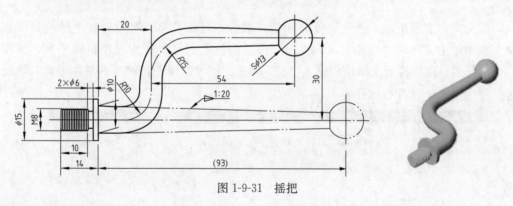

图 1-9-31　摇把

知识拓展

　　有了烟草,烟斗就诞生了。烟斗不但有实用价值,本身还是人类木、石雕刻艺术、银器锻制工艺及人体工程学知识等的结晶,具有高度的艺术价值和收藏价值。

　　制作烟斗的材质要符合诸多条件:质地要坚韧、轻盈、耐裂;干燥、能抗高热、遇火不燃;点燃之后无异味;长期抚摸之后纹理清晰,光泽耀眼等。

　　烟斗的艺术价值除了取决于手工、产地、历史等因素之外,另一个决定性因素是选材。如果烟斗用一块罕见的树瘤根据天然的形状打磨制成,并且出自名家之手,则它的艺术收藏价值就很高。

<h1 style="text-align:center">任务十 烟灰缸的三维建模</h1>

任 务

创建如图 1-10-1 所示的烟灰缸模型。

分 析

本模型采用了抽壳命令将其变成等壁厚特征，其余采用了拉伸特征、圆角特征、拔模特征和阵列特征。

图 1-10-1 烟灰缸模型

知识目标

（1）掌握抽壳特征的创建方法。
（2）掌握抽壳特征创建不同壁厚壳体的方法。

技能目标

（1）能综合运用拉伸特征、孔特征、圆角特征、拔模特征、阵列特征和抽壳特征完成烟灰缸三维实体建模。
（2）能分析抽壳特征创建失败的原因，并找到解决方案。

素质目标

（1）树立理想，坚定信念。
（2）养成一丝不苟的探究精神。

一、抽壳特征

壳特征用于挖去实体内部材料，来创建花瓶、水杯、盆和塑料制品等薄壁中空的零件。壳特征的调用方法如下所述。

1. 调用壳特征

单击模型选项卡 工程▾ 功能区"壳"按钮 壳，打开"壳"操控板，在设置厚度文本框输入壳的厚度，如图 1-10-2 所示。"参考"滑面板"移除曲面"功能区提示"选择项"，单击选择模型顶面，创建均匀壁厚为 3 的壳体特征，如图 1-10-3 所示。也可以不选择移除曲面，则创建整个零件的中空的壳体。

2. 创建不同壁厚的壳体特征

可以创建不同壁厚的壳特征，输入壳特征的壁厚后，"非默认厚度"栏中显示"单击此处添加项"，用鼠标单击后，选择不同壁厚的曲面，再输入壁厚值，按住 Ctrl 键可以继续选择不同壁厚值的曲面，如图 1-10-4 所示。

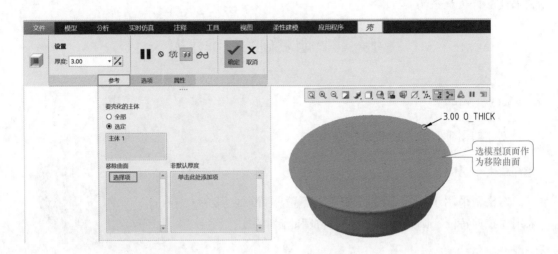

图 1-10-2　"壳"操控板

图 1-10-3　创建移除顶面的均匀壳体特征

3. 抽壳排除曲面

在创建抽壳特征时，要注意抽壳的顺序，例如先画出了水杯的手柄，再来做抽壳会使得手柄也会变成壳体，如图 1-10-5 所示，而且有可能因为壳的厚度设置过大或者手柄曲面弯曲太剧烈都会使抽壳操作失败。

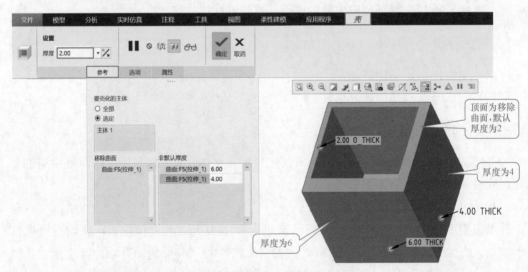

图 1-10-4　不同壁厚的壳特征的设置

为防止上述现象的发生，可以通过单击"壳"操控板中的"选项"按钮 选项 ，打开"选项"滑面板，将手柄包含的曲面加入到"排除曲面"中即可，如图 1-10-6 所示。完成抽壳特征如同 1-10-7 所示。

4. 抽壳与圆角的操作顺序

在零件的设计过程中，如果一个零件同时有抽壳特征和圆角特征，则这两个特征的不同创建顺序会对造型产生影响。抽壳后再倒圆角会产生壳体内无圆角的现象，如图 1-10-8 所示。

二、创建烟灰缸模型

1. 新建一个名为"JM01-10"的零件文件

选择主菜单"文件"→"管理会话（M）"→"选择工作目录（W）"，打开【选择工作目录】对话框。选取工作目录"D：/Creo9/JM01"，单击"确定"按钮，完成当前工作目录的设定。

图 1-10-5　手柄也被抽壳

图 1-10-6　壳特征的排除曲面

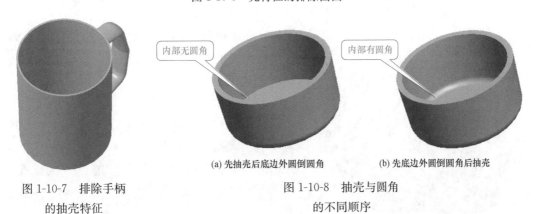

(a) 先抽壳后底边外圆倒圆角　　　　　(b) 先底边外圆倒圆角后抽壳

图 1-10-7　排除手柄
的抽壳特征

图 1-10-8　抽壳与圆角
的不同顺序

单击"新建"按钮，打开【新建】对话框，类型选取"零件"，子类型选取"实体"，输入名称"JM01-10"后，取消勾选"使用默认模板"复选框，单击"确定"按钮；进入【新文件选项】对话框，把绘图单位更改为公制单位"mmns_part_solid_ abs"，单击"确定"按钮，进入 Creo 的零件设计界面。

2. 创建拉伸实体特征

（1）单击"模型"选项卡 形状▾ 功能区中的"拉伸"按钮 🔲拉伸，打开"拉伸"操控板，类型选择"实体" 🔲实体，单击"放置"滑面板中的"定义"按钮 定义...，打开【草绘】对话框。选择 TOP 基准面作为草绘平面，接受默认的草绘方向参考，单击"草绘"按钮 草绘，进入二维草绘模式。单击视图控制工具条中的"草绘视图"按钮 🔛，定向草绘平面。

（2）草绘截面。

1）单击 草绘 功能区"构造模式"按钮 🔘构造模式，切换至辅助线的绘制模式。绘制 1 个半径为 70 的圆和圆的内接四边形，利用 约束▾ 功能区的"相等约束"按钮 ═相等，使四边形的 4 条边相等，如图 1-10-9 所示。

2）再次单击"构造模式"按钮 🔘构造模式，切换回实线的绘制模式。绘制 4 条半径为 100 的圆弧，如图 1-10-10 所示。单击"确定"按钮，退出草绘模式。

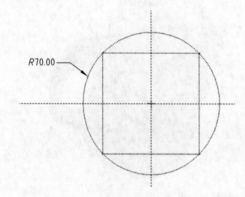

图 1-10-9　绘制构造曲线

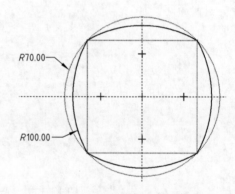

图 1-10-10　绘制 4 条圆弧

图 1-10-11　拉伸特征

（3）在"拉伸"操控板中输入拉伸深度 🔢 为 28，单击操控板中的"确定"按钮，完成的拉伸特征如图 1-10-11 所示。

3. 创建孔特征

（1）在视图控制工具条中，单击基准显示过滤器 🔧，打开基准平面开关 ☑ 🔲平面显示 。

单击"模型"选项卡 工程▾ 功能区中的"孔"按钮 🔘孔，打开"孔"操控板，类型选"简单" 🔲简单，轮廓选"平整" 🔲平整，在操控板中输入直径"100"，深度 🔢 为 26。

（2）在"放置"滑面板中类型选择"线性" 🔲线性，选择模型的顶面作为孔的放置平面，在"偏移参考"栏中用鼠标左键单击后，出现提示"选择 2 个项"，单击选择

FRONT 基准面作为第 1 个线性参照，输入偏距值"0"；按住 Ctrl 键，选择 RIGHT 基准面作为第 2 个线性参照，输入偏距值"0"，如图 1-10-12 所示。

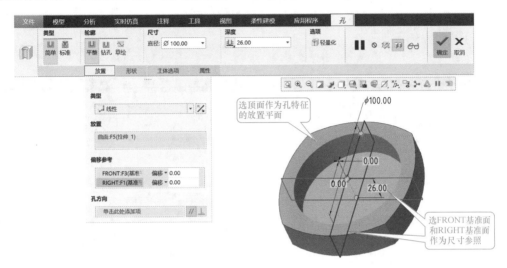

图 1-10-12　创建孔特征

（3）单击操控板中的"确定"按钮，完成的孔特征如图 1-10-13 所示。

4．创建拔模特征

（1）外表面的拔模。在视图控制工具条中，单击基准显示过滤器 ，关闭基准平面显示□ 平面显示 。

单击模型选项卡 工程▼ 功能区"拔模"按钮 拔模▼，打开拔模特征操控板，按住 Ctrl 键，用鼠标左键选择零件的 4 个外表面为拔模曲面，如图 1-10-14 所示。

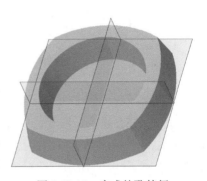

图 1-10-13　完成的孔特征

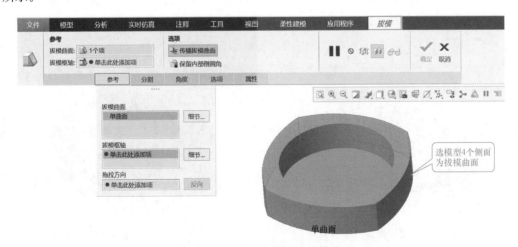

图 1-10-14　选 4 个侧面为拔模曲面

再用鼠标单击"拔模枢轴"框，出现提示"选择1项"，选择零件的顶面作为枢轴平面，在操控板文本框输入角度"15"，并单击"参考"滑面板中"拖拉方向"功能区中的"反向"按钮 反向 ，改变拔模方向（使零件的顶部尺寸不变，而底部变大），如图1-10-15所示。

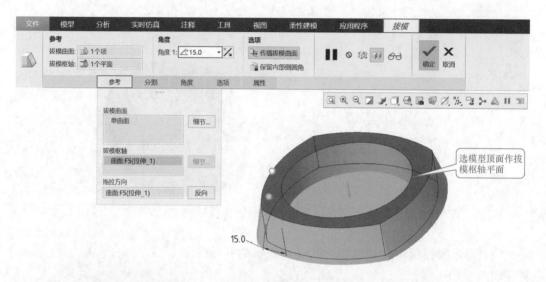

图1-10-15 选模型顶面作拔模枢轴平面

单击操控板上的"确定"按钮，完成的外表面拔模如图1-10-16所示。

（2）圆柱孔拔模。同理，单击 工程▾ 功能区"拔模"按钮 ◢拔模▾ ，打开拔模特征操控板，按住Ctrl键选择模型圆柱孔的侧面（需选2次，一次只能选半个圆柱面）作为拔模曲面，如图1-10-17所示。选择模型顶面作为枢轴平面，如图1-10-18所示，输入拔模角度"20"，并单击"参考"滑面板中"拖拉方向"功能区中的"反向"按钮 反向 改变拔模方向（使圆柱孔口尺寸不变，而底面变小）。单击操控板上的"确定"按钮，完成内圆柱孔的拔模，如图1-10-19所示。

图1-10-16 完成模型外表面拔模

图1-10-17 选圆柱孔侧面为拔模曲面

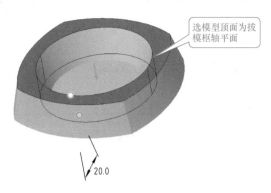

选模型顶面为拔模枢轴平面

20.0

图 1-10-18 选模型顶面作为拔模枢轴平面

图 1-10-19 完成的拔模特征

5. 创建拉伸剪切特征

（1）单击"模型"选项卡 形状▼功能区中的"拉伸"按钮，打开"拉伸"操控板，类型选择"实体"，设置 移除材料，单击"放置"滑面板中的"定义"按钮 定义…，打开【草绘】对话框。选择 FRONT 基准面作为草绘平面，接受默认的草绘方向参考，单击"草绘"按钮 草绘 ，进入二维草绘模式。单击视图控制工具条中的"草绘视图"按钮，定向草绘平面。

（2）在草绘模式下，在模型上表面绘制一直径为 18 的圆，圆心落在垂直线（参考）和模型上表面的交点上，如图 1-10-20 所示。单击"确定"按钮，退出草绘模式。

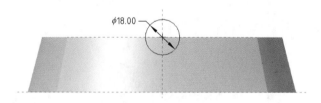

φ18.00

图 1-10-20 草绘圆截面

（3）拉伸深度设为穿透，单击操控板上的"确定"按钮，完成的拉伸剪切特征如图 1-10-21 所示。

6. 阵列拉伸剪切特征

在视图控制工具条中，单击基准显示过滤器，打开基准轴显示开关 ☑ 轴显示 。在绘图区选中拉伸剪切特征，选中后红色加亮显示（见图 1-10-21），再单击模型选项卡 形状▼功能区"阵列"按钮，打开"阵列"操控板，信息提示"定义阵列中心。选择基准轴或坐标系"，类型选"轴"，单击选择圆柱孔的轴线 A_1 作为阵列回转轴，如图 1-10-22 所示。在

选中拉伸剪切特征

图 1-10-21 拉伸剪切特征

111

操控板上设置第一方向成员"4",成员间的角度为"90"。单击操控板上的"确定"按钮,完成的阵列特征如图 1-10-23 所示。

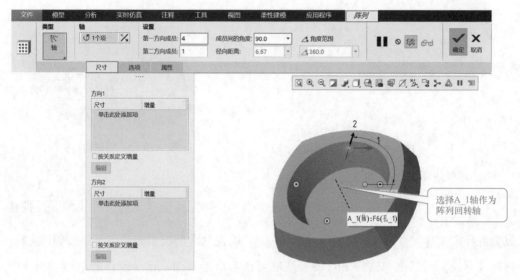

图 1-10-22　轴阵列设置

7. 创建圆角特征

(1) 侧棱圆角设计。单击模型选项卡 工程▼ 功能区"倒圆角"按钮 ﹥倒圆角,打开"倒圆角"操控板,在半径文本框中输入"30",按住 Ctrl 键选择 4 条侧棱。单击操控板上"确定"按钮,完成的圆角特征如图 1-10-24 所示。

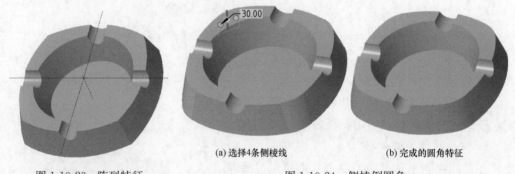

(a) 选择4条侧棱线　　　　(b) 完成的圆角特征

图 1-10-23　阵列特征　　　　　　　图 1-10-24　侧棱倒圆角

(2) 其他边线的圆角设计。单击模型选项卡 工程▼ 功能区"倒圆角"按钮 ﹥倒圆角,打开"倒圆角"操控板,在半径文本框中输入"5",按住 Ctrl 键选择其他边线,单击操控板上"确定"按钮,完成的圆角特征如图 1-10-25 所示。

8. 创建抽壳特征

单击模型选项卡 工程▼ 功能区"壳"按钮 ▣壳,打开"壳"操控板,在操控板中设置壳厚度文本框输入"3",选择模型的底面作为"移除曲面",如图 1-10-26 所示。单击

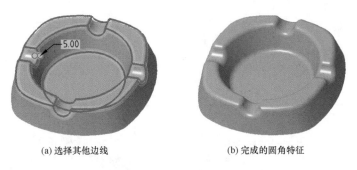

(a) 选择其他边线　　　　　　　　(b) 完成的圆角特征

图 1-10-25　其他边线倒圆角

操控板上的"确定"按钮完成抽壳特征。

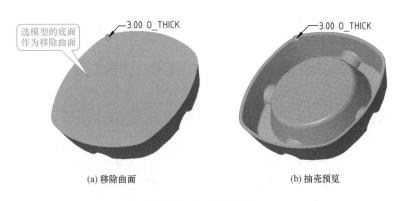

(a) 移除曲面　　　　　　　　(b) 抽壳预览

图 1-10-26　抽壳特征

至此，完成烟灰缸的三维建模，如图 1-10-1 所示。

9. 保存文件

单击快速访问工具栏中的"保存"按钮，完成模型设计。

三、考核评价

综合运用所学知识创建图 1-10-27 所示的香皂盒三维模型。

知识拓展 - - - - - - - - - ➡

纸烟问世后，烟灰、烟蒂随地弹扔有碍卫生，烟灰缸也就随之产生。烟中所含的尼古丁是一种神经毒素，主要侵害人的神经系统，会造成成瘾行为。同时，烟民二手烟的危害绝不亚于一手烟，所以应运而生许多新式烟灰缸，如无烟环保型烟灰缸，可以通过活性炭的过滤，迅速将有害气体吸收。烟灰缸也可以将点烟模块、空气净化模块、红外感应模块结合形成新型产品，降低烟草对人类的危害。当然，更需要全人类共筑戒烟限烟禁烟堡垒，保护全人类的生命健康！

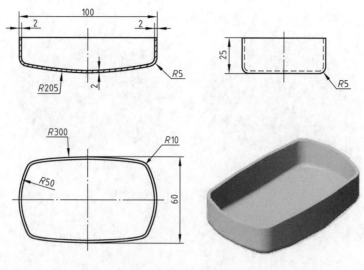

图 1-10-27　香皂盒

任务十一　手机外壳的三维建模

任务

创建如图 1-11-1 所示的手机外壳模型。

分析

手机外壳的设计采用了曲面拉伸特征、曲面合并特征、曲面实体化特征、边倒圆角、阵列、抽壳和拉伸剪切实体特征。

图 1-11-1　手机外壳模型

知识目标

（1）掌握拉伸曲面、旋转曲面、混合曲面、扫描曲面等曲面设计的方法。
（2）掌握曲面合并和曲面实体化的方法。

技能目标

（1）能综合运用拉伸曲面、曲面合并、曲面实体化、倒圆角、抽壳阵列等特征完成手机外壳三维实体建模。
（2）能分析曲面合并和曲面实体化失败的原因，并找到解决方案。

素质目标

（1）养成互助友爱的品质。
（2）培养兢兢业业的工作作风。

一、一般曲面设计简介

通常情况下，对于不复杂的零件，用实体特征就完全可以完成，但对于一些结构相对复杂的零件，尤其是表面形状有一定特殊要求的零件，完全靠实体特征难以完成，这时可以使用曲面设计功能，将设计好的曲面转换成实体。

一般曲面设计的方式与对应的基础实体特征相似，创建特征的方法也几乎是一样的，即使用相同的方法既可以创建实体特征，又可以创建曲面特征。这一类的曲面特征包括拉伸曲面、旋转曲面、扫描曲面、混合曲面、扫描混合、螺旋扫描及可变剖面扫描等。

1. 拉伸曲面特征的调用方法

单击模型选项卡形状 形状 ▼ 功能区"拉伸"按钮 ，打开"拉伸"操控板，类型选曲面 ，如图 1-11-2 所示。创建拉伸曲面特征的步骤与拉伸实体特征一致。

图 1-11-2 "拉伸"操控板

如果草绘截面为封闭图形，可单击操控上的"封闭端"按钮 封闭端，或单击"选项"按钮 选项 ，打开"选项"滑面板，选中滑面板下面的"封闭端"复选框（见图 1-11-2），拉伸的曲面特征封闭，否则开放，如图 1-11-3 所示。

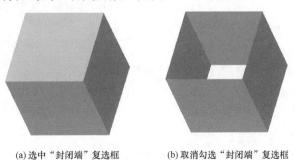

(a) 选中"封闭端"复选框   (b) 取消勾选"封闭端"复选框

图 1-11-3 拉伸曲面特征中的封闭与开放端

曲面拉伸特征的截面可以是开放的，如图 1-11-4 所示。

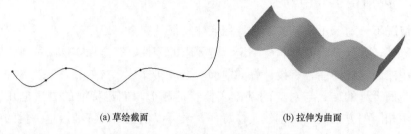

(a) 草绘截面　　　　　　　　　　　　(b) 拉伸为曲面

图 1-11-4　截面开放的拉伸曲面特征

2. 旋转曲面特征的调用方法

单击模型选项卡形状 形状 ▾ 功能区"旋转"按钮 旋转，打开"旋转"操控板，类型选曲面 曲面，如图 1-11-5 所示。创建旋转曲面特征的步骤与旋转实体特征一致。

图 1-11-5　"旋转"操控板

创建旋转曲面特征的步骤与旋转实体特征一致，图 1-11-6 所示为旋转曲面特征。

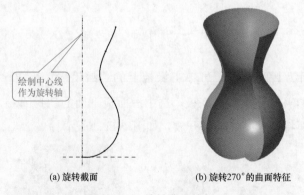

(a) 旋转截面　　　　　　　　　　(b) 旋转270°的曲面特征

图 1-11-6　旋转曲面特征

3. 扫描曲面特征调用步骤

单击模型选项卡形状 形状 ▾ 功能区"扫描"按钮 扫描，打开"扫描"操控板，类型选曲面 曲面，如图 1-11-7 所示，创建扫描曲面特征的步骤与扫描实体特征一致。

在创建扫描曲面特征时，单击操控板上的"选项"按钮 选项，打开"选项"滑面

图 1-11-7 "扫描"操控板

板，选中滑面板下面的"封闭端"复选框（见图 1-11-7），扫描的曲面特征封闭，否则开放，如图 1-11-8 所示。

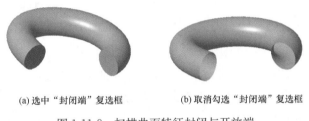

(a) 选中"封闭端"复选框　　　(b) 取消勾选"封闭端"复选框

图 1-11-8 扫描曲面特征封闭与开放端

4. 混合曲面特征的调用步骤

单击"模型"选项卡形状功能区 形状▾ 右侧的下拉按钮▾ 打开下拉工具条，单击"混合"按钮 🔵 混合，打开"混合"操控板，类型选 曲面，如图 1-11-9 所示。创建混合曲面特征的步骤与混合实体特征一致。

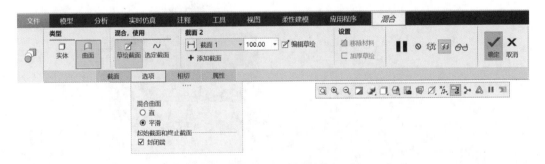

图 1-11-9 "混合"操控板

在创建混合曲面特征时，单击操控板上的"选项"按钮 选项，打开"选项"滑面板，选中滑面板下面的"封闭端"复选框☑ 封闭端（见图 1-11-9），混合曲面特征封闭，否则开放，如图 1-11-10 所示。

扫描混合、螺旋扫描及可变剖面扫描等造型工具都可以类似地创建曲面特征。

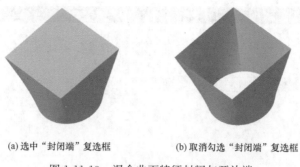

(a) 选中"封闭端"复选框　　　　　　　(b) 取消勾选"封闭端"复选框

图 1-11-10　混合曲面特征封闭与开放端

二、曲面合并

合并曲面的功能是将相交或相邻的两个曲面合并产生一个单独的面组。调用方法：单击"模型"选项卡 编辑▼ 功能区"合并"按钮 □合并 ，打开曲面"合并"操控板，如图 1-11-11 所示，按住 Ctrl 键，先后选择需要合并的两个曲面，黄色网格和黄色箭头指向为曲面合并后保留的部分。用户可以在操控板中单击按钮 ✕保留的第一面组的侧 和按钮 ✕保留的第二面组的侧 ，从而切换黄色箭头方向决定"面组 1"和"面组 2"在合并后要保留的部分，也可以直接在图形中单击黄色箭头切换方向。合并后的效果如图 1-11-12 所示。

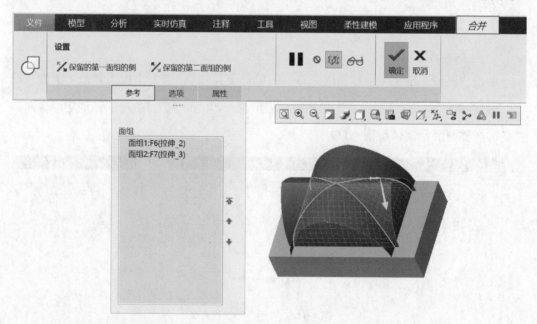

图 1-11-11　曲面"合并"操控板及"选项"滑面板

调入曲面"合并"操控板也可以通过按住 Ctrl 键在绘图区选中需要合并的 2 个曲面，或按住 Ctrl 键在导航树中选中需要合并的 2 个曲面，如图 1-11-13 所示，再单击"模型"选项卡 编辑▼ 功能区"合并"按钮 □合并 ，打开曲面"合并"操控板。

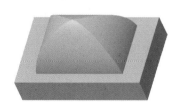

<table>
图 1-11-12 曲面合并结果   图 1-11-13 选中要合并的 2 个曲面特征
</table>

单击曲面合并选项卡"选项"按钮 选项，打开"选项"滑面板，有"相交"和"联接"两个单选框，分别用于两个原始曲面是相交的状况和相邻的状况，所谓相邻是指一个曲面的一条边界曲线在另一曲面上。"联接"合并两个保留部分的调整 ✂ ✂ 按钮灰显，如图 1-11-14 所示。

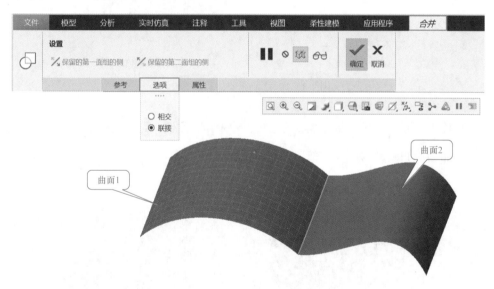

图 1-11-14 联接合并效果

三、曲面实体化

曲面实体化工具的调用步骤：在绘图区或模型树中选中曲面或面组，单击"模型"选项卡 编辑▼ 功能区"实体化"按钮 实体化，打开曲面"实体化"操控板，如图 1-11-15 所示。

（1）实体填充。在操控板上单击类型选"实体填充" 填充实体 是用实体材料填充由面组界定的体积块，如图 1-11-16 所示，任何封闭的面组都可以实体化。

图 1-11-15　曲面"实体化"操控板

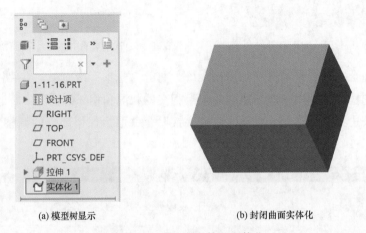

(a) 模型树显示　　　　　　　　　(b) 封闭曲面实体化

图 1-11-16　【填充实体】实体化

（2）移除材料。在操控板上类型选"移除材料"按钮 移除材料，移除面组内侧或外侧的材料，如图 1-11-17 所示，设置 材料侧 调整移除的材料方向。

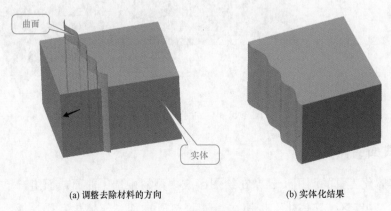

(a) 调整去除材料的方向　　　　　　　　(b) 实体化结果

图 1-11-17　移除材料实体化

（3）替换曲面。在操控板上类型选"替换曲面" 替换曲面，用面组替换部分曲面，面组边界必须位于曲面上，设置 材料侧 调整替换掉的材料方向，如图 1-11-18 所示。

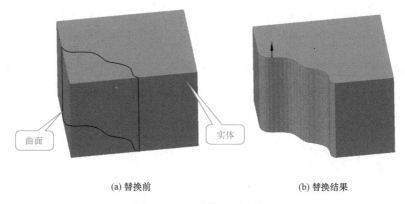

(a) 替换前　　　　　　　　　　　　　　(b) 替换结果

图 1-11-18　替换曲面实体化

四、创建手机外壳模型

1. 新建一个名为"JM01-11"的零件文件

选择主菜单"文件"→"管理会话（M）"→"选择工作目录（W）"，打开【选择工作目录】对话框。选取工作目录"D：/Creo9/JM01"，单击"确定"按钮，完成当前工作目录的设定。

单击"新建"按钮，打开【新建】对话框，类型选取"零件"，子类型选取"实体"，输入名称"JM01-11"后，取消勾选"使用默认模板"复选框，单击"确定"按钮，然后进入【新文件选项】对话框，把绘图单位更改为公制单位"mmns_part_solid_abs"，单击"确定"按钮，进入 Creo 的零件设计界面。

2. 创建拉伸曲面特征

（1）单击模型选项卡 形状 功能区的"拉伸"按钮，打开"拉伸"操控板，类型选曲面，单击"放置"滑面板的"定义"按钮　定义…，弹出【草绘】对话框，选取 TOP 基准平面作为草绘平面，接受默认的草绘方向参考，单击"草绘"按钮　草绘，进入二维草绘模式。单击视图控制工具条中的"草绘视图"按钮，定向草绘平面与屏幕平行。

（2）在草绘模式里，绘制如图 1-11-19 所示的截面，单击"确定"按钮，退出草绘模式。

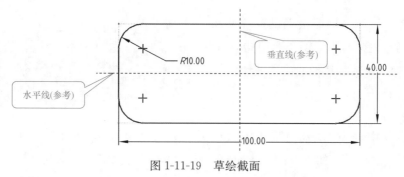

图 1-11-19　草绘截面

（3）在"拉伸特征"操控板中拉伸深度 输入"9"，单击按钮 封闭端，如图 1-11-20 所示。单击操控板上的"确定"按钮，完成的曲面拉伸特征如图 1-11-21 所示。

图 1-11-20　"拉伸"操控板

图 1-11-21　拉伸曲面特征

3. 创建拉伸曲面特征

（1）单击模型选项卡 形状 功能区的"拉伸"按钮 拉伸，打开"拉伸"操控板，类型选曲面 曲面，单击"放置"滑面板的"定义"按钮 定义...，弹出【草绘】对话框，选取 FRONT 基准平面作为草绘平面，接受默认的草绘方向参考，单击"草绘"按钮 草绘，进入二维草绘模式。单击视图控制工具条中的"草绘视图"按钮，定向草绘平面与屏幕平行。

（2）在草绘模式里，绘制图 1-11-22 所示的曲线截面，单击"确定"按钮，退出草绘模式。

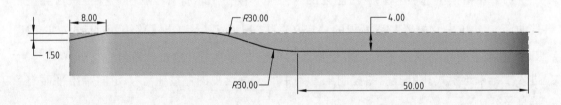

图 1-11-22　草绘截面

（3）在"拉伸"操控板上设置拉伸深度选"对称" "44"。单击操控板上的"确定"按钮，完成的拉伸曲面特征如图 1-11-23 所示。

4. 合并曲面特征

在导航树中选中"拉伸 1"，按住 Ctrl 键，再选中"拉伸 2"，如图 1-11-24 所示。单击"模型"选项卡 编辑 功能区"合并"按

图 1-11-23　拉伸曲面特征

钮 ⌘合并，打开曲面"合并"操控板，单击操控板中的"选项"按钮 选项，打开"选项"滑面板，选择【相交】单选框，如图 1-11-25 所示，调整设置按钮 ✗保留的第一面组的侧 和按钮 ✗保留的第二面组的侧，预览正确后，单击操控板中的"确定"按钮。完成的合并曲面特征如图 1-11-26 所示。

5. 将封闭的曲面变成实体

在导航树中选中曲面合并特征"合并 1"，如图 1-11-27 所示。单击"模型"选项卡 编辑▾ 功能区"实体化"按钮 ⌘实体化，打开曲面"实体化"操控板，类型 ⬚填充实体，这时模型变成网格状，如图 1-11-28 所示。直接单击操控板上的"确定"按钮，完成曲面特征实体化，这时导航树中增加了一个实体化特征，如图 1-11-29 所示。

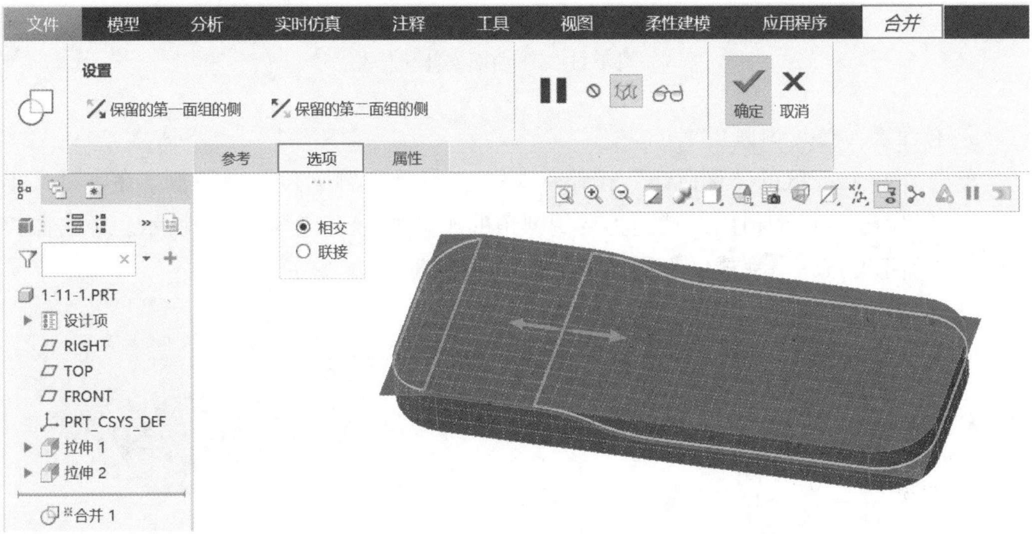

图 1-11-24 导航树

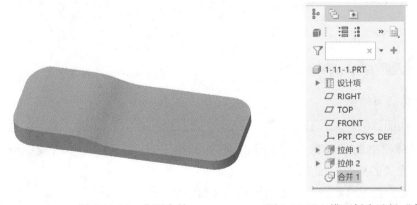

图 1-11-25 曲面"合并"操控板

图 1-11-26 曲面合并　　　　图 1-11-27 模型树中选择"合并 1"

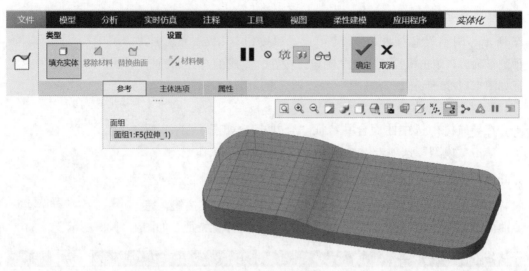

图 1-11-28　曲面实体化

6. 将上表面棱边倒圆角

单击 工程▼ 功能区的"倒圆角"按钮 ◯ 倒圆角 ，打开"倒圆角"操控板，在半径文本框输入"2"，选择模型顶面的棱边为要倒圆角的边，如图 1-11-30（a）所示。单击操控板中的"确定"按钮，完成的倒圆角特征见图 1-11-30（b）。

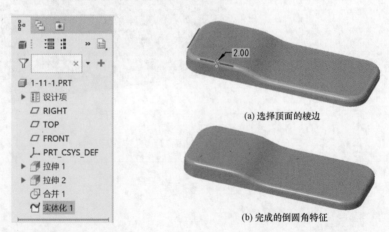

(a) 选择顶面的棱边

(b) 完成的倒圆角特征

图 1-11-29　导航树中"实体化 1"　　　　图 1-11-30　顶面棱边倒圆角

7. 将实体的底面抽壳

单击 工程▼ 功能区的"壳"按钮 ▣ 壳 ，打开"壳"操控板，在设置厚度文本框输入"1.2"，单击选择模型的底面作为"移除曲面"，如图 1-11-31 所示，单击操控板中的"确定"按钮，完成的抽壳特征见图 1-11-31（b）。

8. 创建手机机壳上的第一个按键孔的拉伸剪切特征

（1）单击模型选项卡 形状▼ 功能区的"拉伸"按钮 ⬚拉伸 ，打开"拉伸"操控板，类型

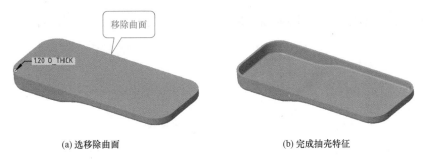

(a) 选移除曲面　　　　　　　　　(b) 完成抽壳特征

图 1-11-31　抽壳特征

选"实体" □实体，单击"放置"滑面板的"定义"按钮 定义... ，弹出【草绘】对话框，选取 TOP 基准平面作为草绘平面，接受默认的草绘方向参考，单击"草绘"按钮 草绘 ，进入二维草绘模式。单击视图控制工具条中的"草绘视图"按钮 ，定向草绘平面与屏幕平行。

（2）在草绘模式中，绘制如图 1-11-32 所示的椭圆截面，单击"确定"按钮，退出草绘模式。

图 1-11-32　草绘椭圆形按键孔

（3）在"拉伸"操控板中，设置拉伸深度为穿透 ，设置 移除材料，单击操控板中的"确定"按钮，完成的拉伸剪切特征如图 1-11-33 所示。

9. 阵列按键孔

图 1-11-33　拉伸剪切特征

（1）在导航树中选中 拉伸3 或在绘图区中选中刚刚创建的拉伸剪切特征（红色加亮显示），再单击 编辑▼ 功能区"阵列"按钮 ，打开"阵列"操控板，阵列类型选 尺寸。

（2）选第一方向尺寸。单击按键孔的定位尺寸 9 作为第 1 方向尺寸，在"尺寸"滑面板中"方向 1"输入尺寸增量为"9"，再在"阵列"操控板"第一方向"成员数文本框输入"4"，如图 1-11-34 所示。

（3）选第二方向尺寸。用鼠标在"尺寸"滑面板"方向 2"尺寸栏中单击，出现提

图 1-11-34　第一方向尺寸设置

示："选择项"，再单击定位尺寸 8 作为第二方向尺寸，在"尺寸"滑面板中"方向 2"输入尺寸增量为"12"，再在"阵列特征"操控板"第二方向"成员数文本框输入"3"，如图 1-11-35 所示。

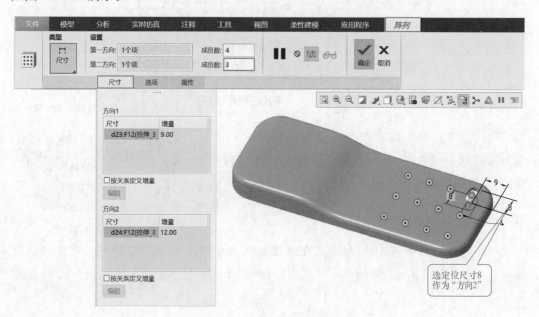

图 1-11-35　第二方向尺寸设置

（4）单击"阵列特征"操控板上的"确定"按钮，完成的阵列特征如图 1-11-36 所示。

10. 创建手机功能键拉伸剪切特征

（1）单击模型选项卡 形状▾ 功能区的"拉伸"按钮 ，打开"拉伸"操控板，类型选实体 ，单击"放置"滑面板的"定义"按钮 定义... ，弹出【草绘】对话框，选取 TOP 基准平面作为草绘平面，接受默认的草绘方向参考，单击"草绘"按钮 草绘 ，进入二

图 1-11-36　阵列特征

维草绘模式。单击视图控制工具条中的"草绘视图"按钮 ，定向草绘平面与屏幕平行。

（2）在草绘模式中，绘制如图 1-11-37 所示的截面，单击"确定"按钮，退出草绘模式。

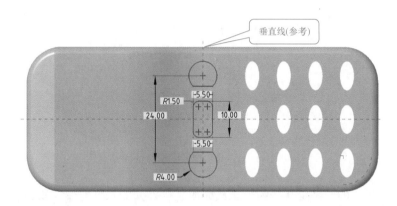

图 1-11-37　草绘功能键截面

图 1-11-38　功能键拉伸剪切特征

（3）在"拉伸"操控板中，设置拉伸深度为"穿透" ，设置 移除材料 ，单击操控板中的"确定"按钮，完成的拉伸剪切特征如图 1-11-38 所示。

11. 创建手机显示屏的拉伸剪切特征

（1）单击模型选项卡 形状▾ 功能区的拉伸按钮 ，打开"拉伸"操控板，类型选"实体" ，单击"放置"滑面板的"定义"按钮 定义... ，弹出【草绘】对话框，选取 TOP 基准平面作为草绘平面，接受默认的草绘方向参考，单击"草绘"按钮 草绘 ，进入二维草绘模式。单击视图控制工具条中的"草绘视图"按钮 ，定向草绘平面与屏幕平行。

（2）在草绘模式中，绘制如图 1-11-39 所示的矩形截面，单击"确定"按钮，退出草绘模式。

（3）在"拉伸"操控板中，设置拉伸深度为"穿透" ，设置 移除材料 ，单击操控

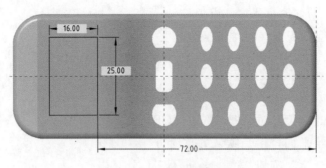

图 1-11-39　草绘屏幕截面

板中的"确定"按钮，按住鼠标中键拖动鼠标恰当旋转模型，确定向上拉伸，如图 1-11-40 所示。

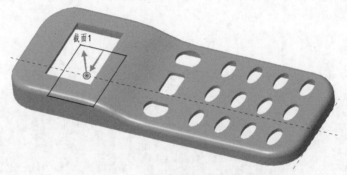

图 1-11-40　屏幕拉伸剪切特征预览

单击操控板中的"确定"按钮，至此完成手机外壳的三维建模，如图 1-11-1 所示。

12. 保存文件

单击快速访问工具栏中的"保存"按钮█，完成模型设计。

五、考核评价

综合运用所学知识创建图 1-11-41 所示的凹模模板三维模型。

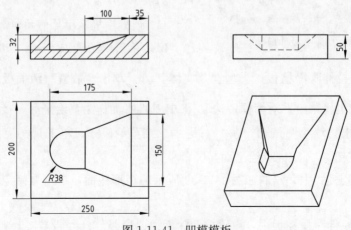

图 1-11-41　凹模模板

知识拓展 --------

随着互联技术的发展，手机在人类日常生活中的作用越来越大，例如网上学习、移动办公、银行业务、投资业务、购物、缴费、导航等。但是青少年如果使用手机不当，也会出现游戏成瘾、视力下降、影响学业、社交障碍等不良情况。

任务十二 果冻盒的三维建模

任务

创建如图 1-12-1 所示的果冻盒模型。

分析

果冻盒的三维模型使用了填充曲面特征、旋转曲面特征、扫描曲面特征、曲面特征的合并及曲面特征的加厚命令。

图 1-12-1 果冻盒模型

知识目标

（1）掌握填充曲面、曲面偏移和曲面复制等曲面编辑的方法。
（2）掌握采用曲面加厚命令将曲面特征生成实体的方法。

技能目标

（1）能综合运用填充曲面、旋转曲面、扫描曲面、阵列曲面、曲面合并、曲面加厚等特征完成果冻盒三维实体建模。
（2）能分析曲面加厚失败的原因，并找到解决方案。

素质目标

（1）养成锲而不舍的品质。
（2）树立团队精神，培养大局意识。

一、曲面编辑与操作简介

1. 填充曲面特征

填充曲面是在一个平面的封闭区域内生成曲面特征的方法，调用步骤：单击模型选项卡 曲面▾ 功能区的按钮 □填充 ，打开曲面"填充"操控板，如图 1-12-2 所示。

单击"参考"滑面板的"定义"按钮 定义... ，弹出【草绘】对话框，选取 TOP 基准平面作为草绘平面，接受默认的草绘方向参考，单击【草绘】对话框中的按钮 草绘 ，进入二维草绘模式。单击视图控制工具条中的"草绘视图"按钮 ，定向草

图 1-12-2　"填充"操控板

绘平面与屏幕平行。

　　在草绘模式下绘制如图 1-12-3（a）所示的截面，在草绘模式下单击按钮，退出草绘模式，再单击"填充"操控板上的"确定"按钮，完成的填充曲面如图 1-12-3（b）所示。

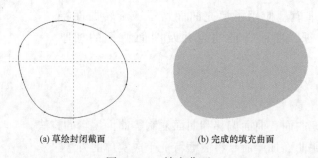

(a) 草绘封闭截面　　　　　　　　　(b) 完成的填充曲面

图 1-12-3　填充曲面

2. 曲面偏移

　　在绘图区或导航树中选中要偏移的曲面，再单击模型选项卡 编辑▼ 功能区的"偏移"按钮 编辑▼ ，打开曲面"偏移"操控板，如图 1-12-4 所示。在操控板中输入偏距值，然后单击操控板中的"确定"按钮，如图 1-12-5 所示。

图 1-12-4　"偏移"操控板

3. 曲面加厚

　　加厚能使曲面特征或面组生成薄壁实体，或者去除实体的薄壁材料。方法是先在绘图区或导航树中选中要加厚的曲面，再单击"模型"选项卡 编辑▼ 功能区的"加厚"按

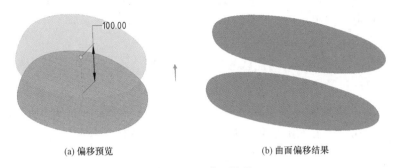

(a) 偏移预览   (b) 曲面偏移结果

图 1-12-5　曲面偏移

钮 □加厚，打开曲面"加厚"操控板，如图 1-12-6 所示，操控板上类型分 填充实体 和 移除材料 两种。曲面加厚效果如图 1-12-7 所示。

图 1-12-6　"加厚"操控板

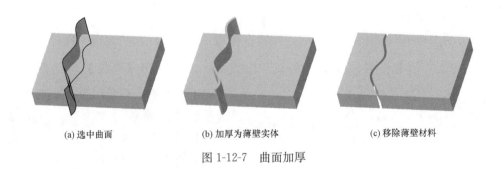

(a) 选中曲面   (b) 加厚为薄壁实体   (c) 移除薄壁材料

图 1-12-7　曲面加厚

二、创建果冻盒模型

1. 新建一个名为"JM01-13"的零件文件

选择主菜单"文件"→"管理会话（M）"→"选择工作目录（W）"，打开【选择工作目录】对话框。选取工作目录"D：/Creo9/JM01"，单击"确定"按钮，完成当前工作目录的设定。

单击"新建"按钮 □，打开【新建】对话框，类型选取"零件"，子类型选取"实体"，输入名称"JM01-12"后，取消勾选"使用默认模板"复选框，单击"确定"按钮，然后进入【新文件选项】对话框，把绘图单位更改为公制单位"mmns_part_solid_abs"，单击"确定"按钮，进入 Creo 的零件设计界面。

2. 创建填充曲面特征

单击"模型"选项卡 曲面▼功能区的"填充"按钮 □填充，打开曲面"填充"操控板，单击"参考"滑面板的"定义"按钮 定义...，弹出【草绘】对话框，选取 TOP 基准平面作为草绘平面，接受默认的草绘方向参考，单击【草绘】对话框中的按钮 草绘 ，进入二维草绘模式。单击视图控制工具条中的"草绘视图"按钮 ，定向草绘平面与屏幕平行。

在草绘模式下绘制 1 个直径为 80 的圆形截面，如图 1-12-8 所示，在草绘模式下单击"确定"按钮，退出草绘模式。在"填充"操控板中单击"确定"按钮，完成填充曲面的设计，如图 1-12-9 所示。

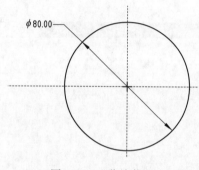

图 1-12-8　草绘截面

图 1-12-9　填充曲面

3. 创建旋转曲面特征

单击模型选项卡 形状▼功能区的"旋转"按钮 旋转，打开"旋转"操控板，类型选 曲面，单击"放置"滑面板的"定义"按钮 定义...，弹出【草绘】对话框，选取 FRONT 基准平面作为草绘平面，接受默认的草绘方向参考，单击【草绘】对话框中的按钮 草绘 ，进入二维草绘模式。单击视图控制工具条中的"草绘视图"按钮 ，定向草绘平面与屏幕平行。

在草绘模式下绘制 1 条中心线作旋转轴和 2 条直线，如图 1-12-10 所示，单击"确定"按钮，退出草绘模式。在"旋转"操控板中单击"确定"按钮，完成旋转曲面的设计，如图 1-12-11 所示。

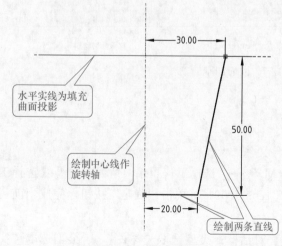

图 1-12-10　旋转截面

4. 曲面合并

在导航树中选中填充曲面"填充1"和旋转曲面"旋转1",如图1-12-12所示;单击模型选项卡 编辑▼ 功能区的"合并"按钮 ⊖合并 ,打开曲面"合并"操控板,调整按钮 ⅛保留的第一面组的侧 ,确定填充曲面箭头指向外侧,如图1-12-13所示;单击操控板中的"确定"按钮,结果如图1-12-14所示。

图1-12-11　旋转曲面　　　　　　　　图1-12-12　选中填充曲面和旋转曲面

图1-12-13　"合并"操控板

5. 创建扫描曲面特征

(1) 草绘扫描轨迹。在模型选项卡 基准▼ 功能区单击按钮 ,弹出【草绘】对话框,选取FRONT基准平面作为草绘平面,接受默认的草绘方向参考,单击【草绘】对话框中的按钮 草绘 ,进入二维草绘模式。单击视图控制工具条中的"草绘视图"按钮 ,

定向草绘平面与屏幕平行。

在草绘模式下，绘制 1 个半径为 105 的圆弧，如图 1-12-15 所示，单击"确定"按钮，退出扫描轨迹的草绘模式。

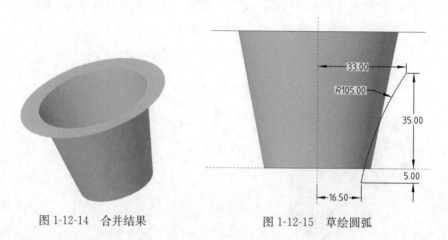

图 1-12-14　合并结果　　　　　　　图 1-12-15　草绘圆弧

（2）在"模型"选项卡 形状▾功能区中单击"扫描"按钮 ┅扫描▾，打开"扫描"操控板，类型选 曲面，选项功能区选 ┝恒定截面，鼠标单击选择刚绘制的圆弧作为扫描轨迹，选中后轨迹线红色加亮显示，箭头表示扫描的起点，如图 1-12-16 所示。如果是选中曲线后，再调入扫描命令，则系统默认该曲线即为扫描轨迹。

图 1-12-16　选择扫描轨迹

134

单击操控板"截面"下面的按钮 ✍草绘 （见图 1-12-16），进入二维草绘模式，在扫描的起点（十字交线位置）绘制一个 1 个长轴为 12，短轴为 6 的椭圆形截面，如图 1-12-17 所示，单击"确定"按钮，退出草绘模式。

（3）单击"扫描"操控板上的"确定"按钮，完成的扫描曲面如图 1-12-18 所示。

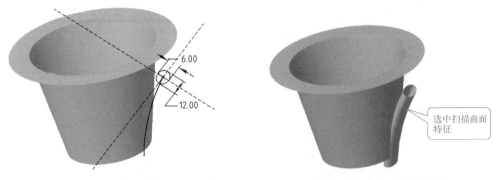

图 1-12-17　绘椭圆截面　　　　　　　　图 1-12-18　扫描曲面特征

6. 扫描曲面阵列

（1）选中扫描曲面特征（见图 1-12-18），单击模型选项卡 编辑▾ 功能区的"阵列"按钮 ▦阵列，打开"阵列"操控板，如图 1-12-19 所示，类型选择 ⁙轴，再单击模型的A_1 轴，然后在操控板中"第一方向成员"输入"5"，成员间角度输入"72"。

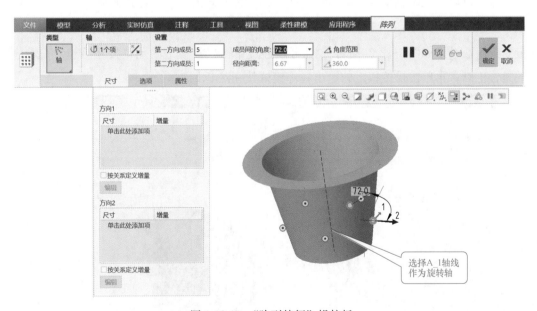

图 1-12-19　"阵列特征"操控板

（2）单击"阵列"操控板中的"确定"按钮，完成的阵列特征如图 1-12-20所示。

7. 曲面合并

（1）在导航树中单击阵列特征前面的符号 ▶，使阵列特征展开，并在模型树中选中曲面特征 合并1，按住 Ctrl 键再选中"阵列 1/扫描 1"下面的 扫描 1 [1]，如图 1-12-21 所示。

图 1-12-20　阵列特征

图 1-12-21　选中合并目标

（2）再单击模型选项卡 编辑▾ 功能区的"合并"按钮 合并，打开曲面"合并"操控板，如图 1-12-22 所示。调整按钮 保留的第一面组的侧 和 保留的第二面组的侧，单击操控板中的"确定"按钮，结果如图 1-12-23 所示。也可以通过单击操控板上的预览按钮 ，查看建模是否正确，再单击操控板上的退出暂停模式按钮 ▶ 返回。

图 1-12-22　"合并"操控板

（3）同理，再选择导航树中的 合并 2，按住 Ctrl 键，选中"阵列 1/扫描 1"下面的 扫描 1 [2] 进行合并，如图 1-12-24 所示。

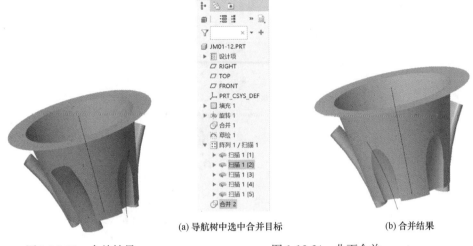

(a) 导航树中选中合并目标

图 1-12-23　合并结果

(b) 合并结果

图 1-12-24　曲面合并

（4）直至"合并 5"与"扫描 1［5］"合并，完成"合并 6"，如图 1-12-25（a）所示。合并结果如图 1-12-25（b）所示。

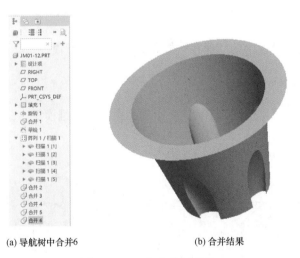

(a) 导航树中合并6

(b) 合并结果

图 1-12-25　完成曲面合并

8. 曲面加厚

在导航树或绘图界面选中"合并 6"，再单击模型选项卡 编辑▼ 功能区的"加厚"按钮 加厚，打开加厚"曲面"操控板，类型 填充实体，如图 1-12-26 所示，在"加厚"操控板中输入数值 1，使其向外加厚。

单击"加厚"操控板上的"确定"按钮，至此完成果冻盒的三维建模，如图 1-12-1 所示。

图 1-12-26　加厚预览

9. 保存文件

单击快速访问工具栏中的"保存"按钮 🔲，完成模型设计。

三、考核评价

综合运用所学知识创建图 1-12-27 所示的凸模模板三维模型。

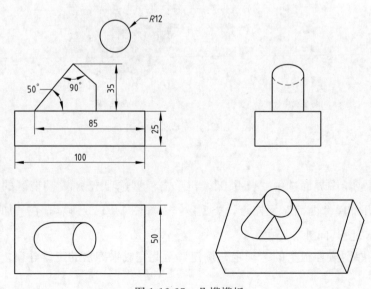

图 1-12-27　凸模模板

知识拓展

果冻是以水、白砂糖、卡拉胶、魔芋粉等为主要原料，经溶胶、调配、灌装、杀菌、冷却等多道工序制成的胶冻食品。果冻盒是由塑料制成，具有回收利用价值，请大家把废弃的果冻盒丢到可回收物垃圾桶里。

任务十三 齿轮的参数化设计

任　务

创建如图 1-13-1 所示的齿轮模型。

分　析

齿轮的模数与压力角已实现标准化，其造型的难点在于轮齿部分，需要构造渐开线。本模型采用参数化标准化建模方法。

图 1-13-1　齿轮模型

知识目标

（1）掌握参数化设计时选择参数的方法。
（2）掌握参数化设计时建立关系式的方法。

技能目标

（1）能独立完成齿轮的参数化设计。
（2）能独立完成齿轮模型的参数化修改。

素质目标

（1）培养好学善思的品质。
（2）树立科技创新的意识。

一、渐开线方程

齿轮的齿廓为渐开线，渐开线方程为

$$\theta = t * 90$$
$$r = d_\mathrm{b}/2$$
$$s = (PI * r * t)/2$$
$$x = r * \cos(\theta) + s * \sin(\theta)$$
$$y = r * \sin(\theta) - s * \cos(\theta)$$
$$z = 0$$

其中，t 为变量，取值范围 0~1；PI 为常数 π；d_b 为齿轮基圆直径。

二、齿轮的结构参数

标准齿轮分度圆上的压力角 $\alpha = 20°$，齿轮的齿顶高系数 $h_a^* = 1$，顶隙系数 $c^* = 0.25$，则齿顶圆、分度圆、齿根圆、基圆直径的计算式如下：

分度圆直径　　$d = m * z$

齿顶圆直径　　$d_a = m * (z + 2)$

齿根圆直径　　$d_f = m * (z - 2.5)$

基圆直径　　　$d_b = m * z * \cos(\alpha)$

从上述公式可见，在设计齿轮时只需确定不同的模数 m 和齿数 z，就可得到不同大小的齿轮。

三、参数化设计简介

Creo 的参数化设计是通过参数来定义零件的尺寸，当参数值发生变化时，可以获得大小不同的同一类零件。通过单击"工具"选项卡 模型意图▼ 功能区"参数"按钮 〔〕参数，打开【参数】对话框来指定参数。进行参数设计时还需指定各参数之间的关系，如分度圆直径 $d = m * z$ 中，分度圆直径 d、模数 m 和齿数 z 为参数，而整个表达式即为一个关系式。通过单击"工具"选项卡"关系"按钮 d= 关系，打开【关系】对话框来指定各参数之间的关系。

四、创建参数化齿轮模型

1. 新建一个名为"JM01-13"的零件文件

选择主菜单"文件"→"管理会话（M）"→"选择工作目录（W）"，打开【选择工作目录】对话框。选取工作目录"D：/Creo9/JM01"，单击"确定"按钮，完成当前工作目录的设定。

单击"新建"按钮 ，打开【新建】对话框，类型选取"零件"，子类型选取"实体"，输入名称"JM01-13"后，取消勾选"使用默认模板"复选框，单击"确定"按钮，然后进入【新文件选项】对话框，把绘图单位更改为公制单位"mmns_part_solid_abs"，单击"确定"按钮，进入 Creo 的零件设计界面。

2. 创建参数

（1）单击"工具"选项卡 模型意图▼ 功能区"参数"按钮 〔〕参数，如图 1-13-2 所示，弹出图 1-13-3 所示的【参数】对话框。

（2）单击【参数】对话框中的"添加新参数"按钮 ➕，依次添加齿轮设计参数及初始值：模数 $m = 2$，齿数 $z = 50$，齿宽 $B = 20$，压力角 $\alpha = 20$，分度圆直径 $d = 0$，齿顶圆直径 $d_a = 0$，齿根圆直径 $d_f = 0$，基圆直径 $d_b = 0$。对于分度圆直径、齿顶圆直径、齿根圆直径和基圆直径会自动进行修改，添加完毕，单击对话框上的"确定"按钮。

图 1-13-2 工具选显卡

图 1-13-3 【参数】对话框

3. 草绘 4 个同心圆

（1）单击"模型"选项卡 基准▾功能区"草绘"按钮 ，弹出【草绘】对话框，选择 FRONT 基准面作为草绘平面，接受默认的草绘方向参考，单击按钮 草绘 ，进入二维草绘模式。单击视图控制工具条中的"草绘视图"按钮 ，定向草绘平面与屏幕平行。

（2）在草绘模式下，绘制 4 个任意尺寸的同心圆（不用修改尺寸），如图 1-13-4 所示。单击"确定"按钮，退出草绘模式。完成的草绘圆如图 1-13-5 所示。

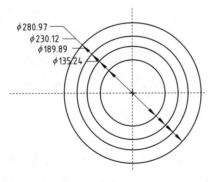

图 1-13-4 草绘 4 个同心圆

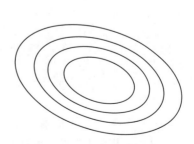

图 1-13-5 完成的草绘曲线

4. 添加齿轮设计关系式

（1）单击"工具"选显卡 模型意图▾ 功能区"d＝关系"按钮 d＝关系，弹出【关系】对话框，如图 1-13-6 所示，在其中输入 4 个同心圆关系式：$db = m * z * \cos(\alpha)$；$d = m * z$；$da = m * (z + 2)$；$df = m * (z - 2.5)$。

（2）输入完毕，在绘图区中的 4 个同心圆上单击鼠标左键，这时绘图区中的 4 个同心圆的直径参数化显示，如图 1-13-7 所示。

图 1-13-6 【关系】对话框

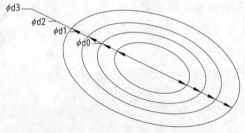

图 1-13-7 同心圆的直径参数化显示

图 1-13-8 【关系】对话框

（3）在绘图区中单击 $\phi d0$ 尺寸，符号 d0 被添加到【关系】对话框中，然后手动输入"＝db"。同理添加其他关系式：$d1 = df$，$d2 = d$，$d3 = da$，如图 1-13-8 所示。其中，d0、d1、d2、d3 这 4 个参数不能手动输入，需要通过单击图 1-13-7 中的尺寸 $\phi d0$、$\phi d1$、$\phi d2$、$\phi d3$ 得到。

（4）添加完毕，单击【关系】对话框中的"确定"按钮，关闭对话框。单击"模型"选显卡 操作▾ 功能区的"重新生成"按钮 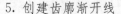，这时根据关系式生成的参照圆如图 1-13-9 所示。

5. 创建齿廓渐开线

（1）单击"模型"选项卡 基准▾ 右侧的下拉按钮 ▾，打开下拉工具条，依次选择"曲线"→"来自方程的曲线"，如图 1-13-10 所示，打开"曲线：从方程"操控板，如图 1-13-11 所示，坐标系默认为"笛卡尔"，信息提示区显示"选择方程要参考的坐标系"。

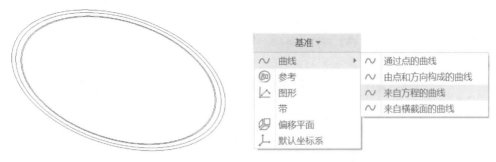

图 1-13-9 再生的参照圆　　　　　　图 1-13-10 【基准】下拉菜单

（2）在绘图区选择系统默认的坐标系"PRT_CSYS_DEF"（见图 1-13-11），单击操控板上"方程"功能区的按钮 ∥编辑，弹出【方程】对话框。在对话框中输入渐开线方程，如图 1-13-12 所示。输入完毕，单击"确定"按钮，关闭对话框。

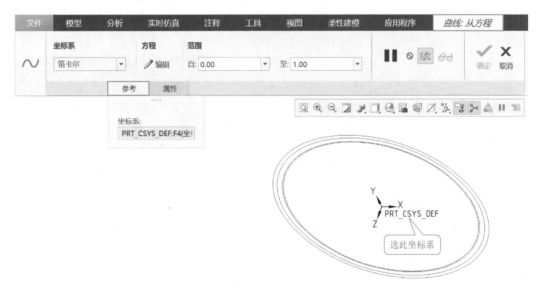

图 1-13-11 "曲线：从方程"操控板

（3）单击"曲线：从方程"操控板上的"确定"按钮，生成的渐开线如图 1-13-13 所示。

6. 创建基准平面

（1）创建基准轴。单击视图控制工具条"基准显示过滤器"按钮，将基准显示全部打开。单击"模型"选项卡 基准▼功能区"基准轴"按钮 ∥轴，弹出【基准轴】对话框，如图 1-13-14 所示。选取 TOP 基准面，同时按住 Ctrl 键，选取 RIGHT 基准面，单击对话框中的按钮 确定，创建的 A_1 基准轴如图 1-13-15 所示。

（2）创建基准点。单击"模型"选项卡 基准▼功能区基准点按钮 ✕✕点▼，弹出【基准点】对话框，如图 1-13-16 所示。单击选中分度圆，同时按住 Ctrl 键，选择渐开线，单击对话框中的按钮 确定，创建的 PNT0 基准点如图 1-13-17 所示。

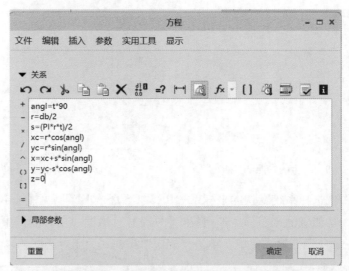

图 1-13-12 【方程】对话框中输入渐开线方程

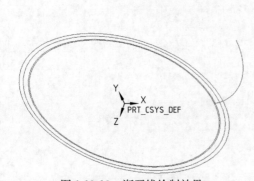

图 1-13-13 渐开线绘制效果

图 1-13-14 【基准轴】对话框

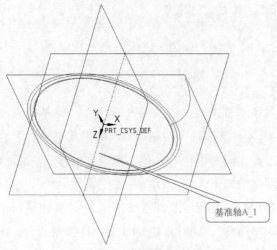

图 1-13-15 创建基准轴 A_1

图 1-13-16 【基准点】对话框

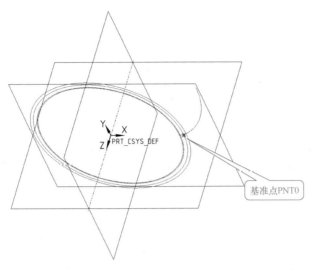

图 1-13-17　创建基准点

（3）创建基准平面 DTM1。单击"模型"选项卡 基准▾功能区"基准平面"按钮 _{平面}，弹出【基准平面】对话框，如图 1-13-18 所示。选择基准点 PNT0，同时按住 Ctrl 键，再选择基准轴 A_1，单击对话框中的按钮 确定 ，创建的基准平面 DTM1 如图 1-13-19 所示。

图 1-13-18　【基准平面】对话框

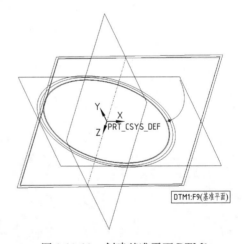

图 1-13-19　创建基准平面 DTM1

（4）创建镜像齿廓渐开线的基准平面 DTM2。单击"模型"选项卡 基准▾功能区"基准平面"按钮 _{平面}，弹出【基准平面】对话框，如图 1-13-20 所示。选择基准平面 DTM1，同时按住 Ctrl 键，再选择基准轴 A_1，输入旋转角度"360/(4 * z)"，按 Enter 键，出现提示"是否要添加 360/(4 * z) 作为特征关系？"，如图 1-13-21 所示，单击按钮 是(Y) ，再单击【基准平面】对话框中的按钮 确定 ，创建的基准平面 DTM2 如图 1-13-22 所示。

145

图 1-13-20 【基准平面】对话框

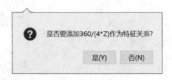

图 1-13-21 信息提示

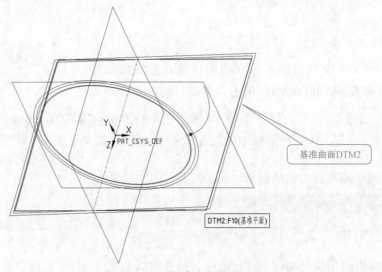

图 1-13-22 创建基准平面 DTM2

图 1-13-23 【关系】对话框

（5）输入镜像基准面关系式。单击"工具"选显卡 模型意图▼ 功能区"d＝关系"按钮 d= 关系，弹出【关系】对话框，如图 1-13-23 所示。在绘图区中单击基准平面 DTM2，出现旋转角度参数"d6"，鼠标左键单击 d6 尺寸，则【关系】对话框出现"d6"，再手动输入"＝$360/(4*z)$"。单击对话框中的按钮 确定，完成关系式的输入。

7. 镜像渐开线

在绘图区中选中已经创建的渐开线，再单击"模型"选项卡 编辑▼功能

区的"镜像"按钮 ⅡC 镜像，打开"镜像"操控板，如图 1-13-24 所示，信息提示区提示
"选择一个平面或目的基准平面作为镜像平面"，这时选择基准平面 DTM2，最后单击操
控板上的"确定"按钮。

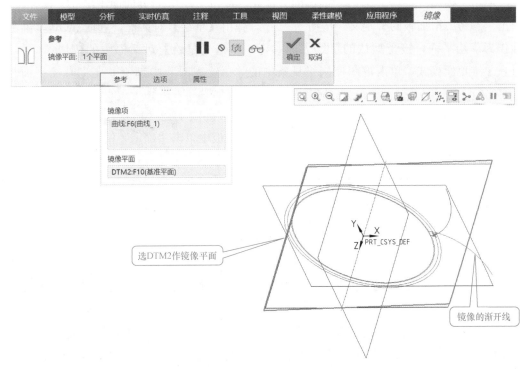

图 1-13-24　镜像渐开线

8. 用拉伸工具创建齿轮毛坯

（1）单击"模型"选项卡 形状▼功能区中的"拉伸"按钮 ，打开"拉伸"操控板，
拉伸类型选择"实体" ，单击"放置"滑面板上的按钮 定义... ，打开【草绘】对话
框。选择 FRONT 基准平面作为草绘平面，接受草绘方向参考，单击按钮 草绘 ，进
入二维草绘模式。单击视图控制工具条中的"草绘视图"按钮 ，定向草绘平面与屏
幕平行。

（2）在草绘模式下，单击 草绘 功能区的"投影"按钮 投影 ，单击选择齿根圆的投
影线，则得到如图 1-13-25 所示的圆形截面。单击"确定"按钮，退出草绘模式。

（3）在"拉伸"操控板深度 文本框输入"B"，系统弹出提示信息"是否要添加 B
作为特征关系"，单击按钮 是(Y) 。单击"拉伸"操控板中的"确定"按钮，完成的拉伸
特征如图 1-13-26 所示。

（4）添加关系。单击"工具"选显卡 模型意图▼功能区"d＝关系"按钮 d= 关系 ，弹
出【关系】对话框。在绘图区中单击拉伸特征，鼠标选择拉伸深度参数"d7"尺寸，则
关系对话框出现"d7"，再手动输入"＝B"。单击对话框中的按钮 确定 ，完成关系式的

输入。

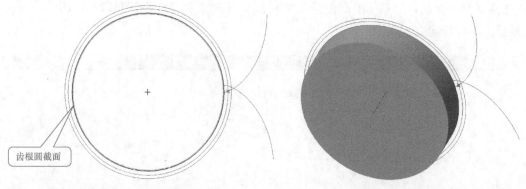

齿根圆截面

图1-13-25　草绘齿顶圆截面　　　　　　　图1-13-26　拉伸特征

9.用拉伸工具创建第1个轮齿

（1）单击"模型"选项卡 形状▼ 功能区中的"拉伸"按钮，打开"拉伸"操控板，拉伸类型选择"实体" 实体，单击"放置"滑面板上的按钮 定义... ，打开【草绘】对话框。选择FRONT基准平面作为草绘平面，接受草绘方向参考，单击按钮 草绘 ，进入二维草绘模式。单击视图控制工具条中的"草绘视图"按钮，定向草绘平面与屏幕平行。

（2）在草绘模式下，绘制如图1-13-27所示的轮齿截面（可以使用 投影工具，按住Ctrl键依次选择齿顶圆、齿根圆和渐开线）。单击"确定"按钮，退出草绘模式。

（3）在"拉伸"操控板深度 文本框输入"B"，系统弹出提示信息"是否要添加B作为特征关系"，单击按钮 是(Y) 。单击"拉伸"操控板中的"确定"按钮，完成的轮齿拉伸特征如图1-13-28所示。

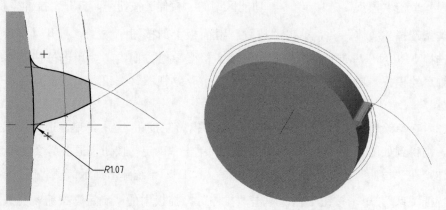

R1.07

图1-13-27　草绘轮齿截面　　　　　　　图1-13-28　拉伸轮齿

（4）添加关系。单击"工具"选显卡 模型意图▼ 功能区"d＝关系"按钮 d=关系 ，弹出【关系】对话框。在绘图区中单击轮齿拉伸特征，鼠标选择拉伸深度参数"d9"尺寸，则关系对话框出现"d9"，再手动输入"＝B"。同理，添加圆角半径"d10＝0.38＊m"，单击对话框中的"确定"按钮，完成关系式的输入。

10. 阵列轮齿

（1）在绘图区选择上步创建的轮齿拉伸特征（或者导航树中单击 拉伸2），再单击"模型"选项卡 编辑▼功能区的"阵列"按钮，打开"阵列"操控板，阵列类型选择 轴，在绘图区中选择 A_1 轴，然后在操控板中"第一方向成员"文本框中输入"50"，角度为"360/z"，如图 1-13-29 所示，系统弹出提示信息"是否要添加 360/z 作为特征关系?"，单击按钮 是(Y)。单击"阵列"操控板中的"确定"按钮，完成的阵列轮齿特征如图 1-13-30 所示。

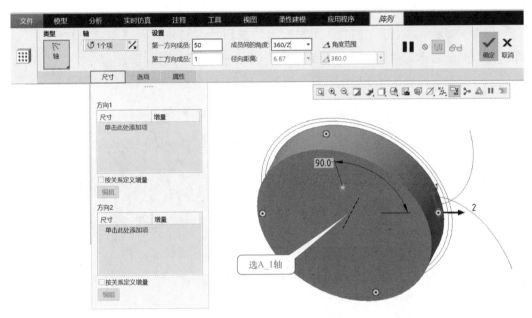

图 1-13-29 "阵列"操控板

（2）添加关系。单击"工具"选项卡 模型意图▼功能区"d＝关系"按钮 d＝关系，弹出【关系】对话框。在绘图区中单击阵列特征，鼠标选择旋转角度参数"d12"尺寸，则关系对话框出现"d12"，再手动输入"＝360/z"。同理，输入阵列尺寸参数"P15＝z"，单击对话框中的按钮 确定，完成关系式的输入。

11. 隐藏草绘曲线

在导航树中按住 Ctrl 键，选中草绘曲线、渐开线曲线及镜像曲线，单击快捷工具条上的"隐藏选定项"按钮 ，再通过视图显示工具条基准显示过滤器 将所有基准显示关闭，这时齿轮特征如图 1-13-31所示。

图 1-13-30 阵列轮齿

149

图1-13-31 隐藏曲线

12. 模型的参数化修改

单击"工具"选项卡 模型意图▾ 功能区"参数"按钮 {} 参数 （见图1-13-2），弹出【参数】对话框，修改参数模数 m、齿数 z、齿宽 B 等，单击按钮 确定 。单击快速访问工具栏中的"重新生成"按钮 ，生成新的齿轮模型，如图1-13-32所示。

13. 创建拉伸剪切特征

（1）单击"模型"选项卡 形状▾ 功能区中的"拉伸"按钮 ，打开"拉伸"操控板，拉伸类型选择"实体" ，设置 移除材料，单击"放置"滑面板上的按钮 定义... ，打开【草绘】对话框。选择齿轮的前端面作为草绘平面，接受草绘方向参考，单击按钮 草绘 ，进入二维草绘模式。单击视图控制工具条中的"草绘视图"按钮 ，定向草绘平面与屏幕平行。

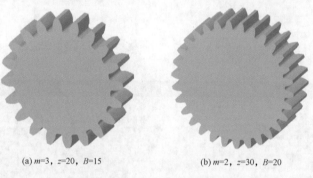

(a) $m=3$, $z=20$, $B=15$ (b) $m=2$, $z=30$, $B=20$

图1-13-32 齿轮的参数化设计

（2）在草绘模式下，绘制如图1-13-33所示的2个同心圆形截面。单击"确定"按钮，退出草绘模式。

（3）在"拉伸"操控板深度 文本框输入"5"，再单击"拉伸"操控板"确定"按钮，完成的拉伸剪切特征如图1-13-34所示。

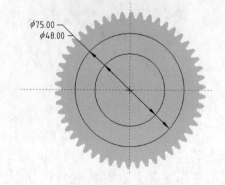

图1-13-33 草绘截面

图1-13-34 拉伸剪切特征

14．镜像拉伸剪切特征

（1）创建镜像基准平面 DTM3。单击"模型"选项卡 基准▾ 功能区"基准平面"按钮 ⬜平面，弹出【基准平面】对话框，在导航树中选择 FRONT 基准平面，输入偏移距离 10，单击对话框中的"确定"按钮，如图 1-13-35 所示。

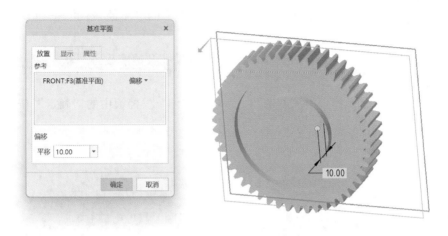

图 1-13-35　创建基准平面 DTM3

（2）在导航树中选中刚创建的拉伸剪切特征 ⬜拉伸 3 ，再单击"模型"选项卡 编辑▾ 功能区的"镜像"按钮 ⅃Ɩ镜像，打开"镜像"操控板，选择基准平面 DTM3 作为镜像参照面，如图 1-13-36 所示。最后单击操控板上的"确定"按钮。

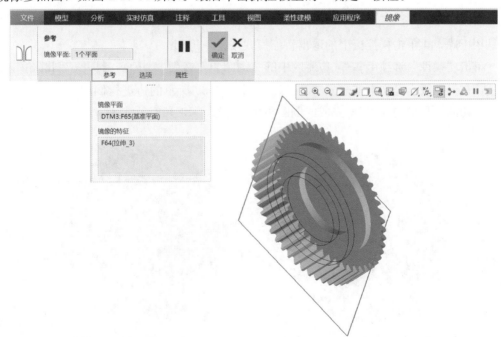

图 1-13-36　镜像拉伸剪切特征

15. 拉伸剪切轴孔及键槽

（1）单击"模型"选项卡 形状▼功能区中的"拉伸"按钮，打开"拉伸"操控板，拉伸类型选择"实体" □实体，设置 △移除材料，单击"放置"滑面板上的按钮 定义...，打开【草绘】对话框。选择齿轮的前端面作为草绘平面，接受草绘方向参考，单击按钮 草绘 ，进入二维草绘模式。单击视图控制工具条中的"草绘视图"按钮，定向草绘平面与屏幕平行。

（2）在草绘模式下，绘制如图1-13-37所示的轴孔及键槽截面。单击"确定"按钮，退出草绘模式。

（3）在"拉伸"操控板中深度选，单击"拉伸"操控板中的"确定"按钮，完成的拉伸剪切特征如图1-13-38所示。

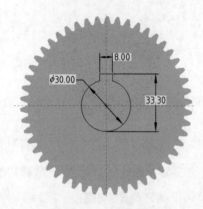

图1-13-37　草绘截面　　　　　　　图1-13-38　拉伸剪切特征

16. 创建圆角特征

单击"模型"选项卡 工程▼功能区中的"倒圆角"按钮 倒圆角，打开"倒圆角"操控板，在操控板半径文本框输入"2"，选择图1-13-39所示的边进行倒圆角（前、后面拉伸剪切的环形槽的底边），完成的倒圆角特征如图1-13-40所示。

图1-13-39　选倒圆角的边　　　　　图1-13-40　完成的倒圆角特征

17. 创建边倒角特征

单击"模型"选项卡 工程▼功能区中的"边倒角"按钮 🔧倒角，打开"边倒角"操控板，选择"D×D"方式，文本框输入 1.5，选择图 1-13-41 所示的边进行倒角（前后面的拉伸剪切的环形槽的锐边、孔及键槽的锐边），再单击"边倒角"操控板中的"确定"按钮。至此完成齿轮的参数化设计，如图 1-13-1 所示。

18. 保存文件

单击快速访问工具栏中的"保存"按钮 💾，完成模型设计。

图 1-13-41　选倒角的边

五、考核评价

综合运用所学知识创建图 1-13-42 所示的齿轮三维模型。

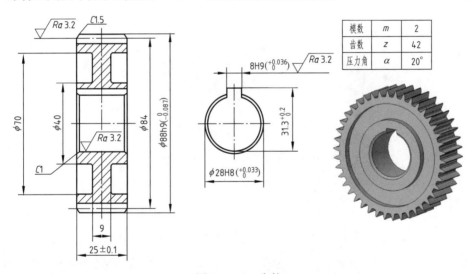

模数	m	2
齿数	z	42
压力角	α	20°

图 1-13-42　齿轮

◢ 知识拓展 ◣ ------------▶

在机械工业当中，齿轮是最重要的基础部件，应用在国民经济各个领域。齿轮间的相互啮合，将扭矩从一个部件传递到另一个部件。正是两齿轮间的相互协作，紧密配合，才能使机械设备，汽车变速箱等正常运转，也正是这种相互补足，相互推动、相互促进，相互支撑的能力，使得工业技术得到了长足的发展，这种"齿轮精神"值得推广学习！

装 配 设 计

任务一　齿轮泵的装配设计

任 务

创建图 2-1-1 所示的齿轮泵装配及分解模型。

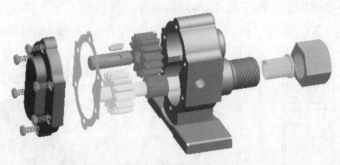

图 2-1-1　齿轮泵装配及分解模型

分 析

　　齿轮泵的装配采用了固定装配约束方法，其由若干个零件组成，在完成零件的三维造型设计之后，再进行装配设计。装配完成之后，采用分解的方法来显示各零件的位置状态。

知识目标

　　(1) 掌握创建装配文件的方法和装配设计环境下，元件装配的方法。
　　(2) 掌握距离、角度偏移、平行、重合、相切、默认等固定装配约束命令。
　　(3) 掌握创建装配模型默认分解图的方法和自行编辑设计装配模型的分解图的方法。

技能目标

　　(1) 能熟练运用重合、距离、相切、平行、重复等装配约束命令完成齿轮泵的装配设计。

（2）能自行编辑齿轮泵装配模型的分解图。

（3）能分析装配失败的原因，重新设计装配方法。

素质目标

（1）养成探索创新的品质。

（2）树立科技报国的信念。

一、装配设计简介

零件设计只是产品开发过程中的一个环节，当产品的零件设计完成后，还需进行装配操作。零件装配通过定义零件之间的装配约束来确定零件在空间的具体位置关系。

1. 创建装配文件的方法

选择主菜单"文件"→"新建"，或单击快速访问工具栏中的"新建"按钮□，弹出【新建】对话框，选择文件类型为"装配"，子类型为"设计"，输入文件名称后，取消勾选"使用默认模板"复选框，如图 2-1-2 所示，单击"确定"按钮。在弹出的【新文件选项】对话框中，选择公制单位"mmns _ asm _ design _ abs"，如图 2-1-3 所示，单击"确定"按钮，进入 Creo 的装配设计环境，如图 2-1-4 所示，系统自动创建 3 个基准平面 ASM _ FRONT、ASM _ RIGHT、ASM _ TOP 和一个基准坐标系 ASM _ DEF _ CSYS，在装配环境下可以继续对其中的组件采用拉伸、旋转、钻孔等建模操作。

图 2-1-2 【新建】对话框

图 2-1-3 【新文件选项】对话框

2. 文件装配方法

单击"模型"选项卡 元件 ▾ 功能区"组装"按钮 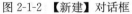，弹出【打开】文件对话框，选

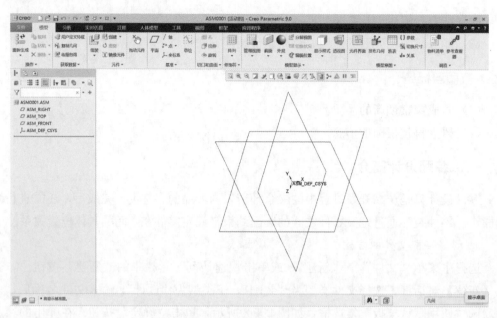

图 2-1-4 装配设计环境

中文件后，单击按钮打开，则第 1 个装配零件被载入装配界面，同时打开"元件放置"操控板。

在进行零件装配时，必须合理选取第 1 个装配零件，如果删除第 1 个装配零件，则后续装配过程中与其相关联的所有零件都将被一起删除，而删除后来装配的零件将不会影响已存在的装配零件。

3. 固定装配约束

零件组装方向可以通过"元件放置"操控板按钮 ✗ 来更改约束方向，也可通过设置滑面板上的按钮 反向 来改变约束方向。默认状态"显示拖动器"按钮 显示拖动器 处于打开状态，可以通过拖动 X、Y、Z 方向箭头移动或旋转零件，如图 2-1-5 所示。

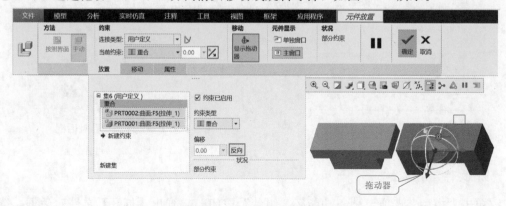

图 2-1-5 "元件放置"操控板

单击"元件放置"操控板当前约束右侧的下拉按钮，打开约束类型下拉菜单，如图 2-1-6 所示，固定装配约束共有 11 种。

图 2-1-6　固定约束类型

（1）⚡自动：点选元件和组件中的参照后，系统会根据参照来猜测设计意图而自动添加约束类型。

（2）▮▮距离：面与面相距一段距离，如图 2-1-7 所示。

(a) 约束前　　　　　　　　(b) 同向距离　　　　　　　　(c) 反向距离

图 2-1-7　距离约束

（3）角度偏移：面与面之间具有一定的角度，如图 2-1-8 所示，也可约束线与线、线与面之间的角度，通常与其他约束配合使用。

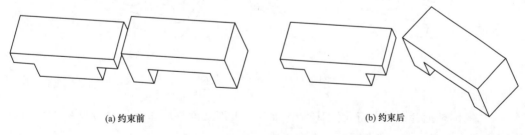

(a) 约束前　　　　　　　　　　　　　　(b) 约束后

图 2-1-8　角度偏移约束

（4）▮▮平行：面与面平行，如图 2-1-9 所示，不能设置面与面间隔距离，可看作是距离值未知的情况。

（5）▮▮重合：可以定义两个装配元件中的点、线、面重合，可使两条轴线同轴或使

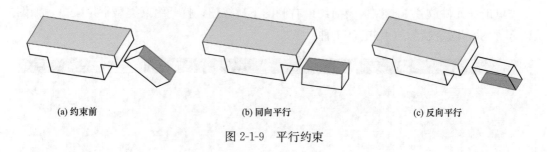

(a) 约束前　　　　　　　(b) 同向平行　　　　　　　(c) 反向平行

图 2-1-9　平行约束

两点重合，以及对齐旋转曲面或边等。

1）面与面重合：两个平面或基准面重合，面向相同或面与面相对，如图 2-1-10 所示。

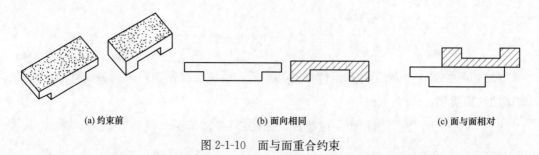

(a) 约束前　　　　　　　(b) 面向相同　　　　　　　(c) 面与面相对

图 2-1-10　面与面重合约束

2）曲面重合：将一个旋转曲面插入另一个旋转曲面中，即将两个曲面对应的轴线对齐，如图 2-1-11 所示。在选取轴线无效或不方便时，可以使用曲面重合约束方式。

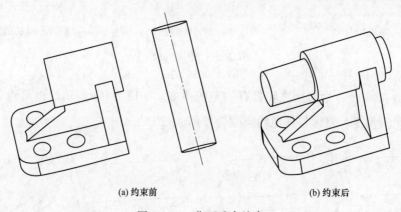

(a) 约束前　　　　　　　(b) 约束后

图 2-1-11　曲面重合约束

3）坐标系重合：可以将元件基准坐标系与组件基准坐标系重合，这种约束可以一次完全定位指定元件，完全限制 6 个自由度，如图 2-1-12 所示。

4）线与点重合：线可以是装配体上的边、轴或基准曲线，点可以是基准点或顶点，如图 2-1-13 所示。

5）面与点重合：可使某一基准点或顶点落于平面或基准面上或延伸面上，如图 2-1-14 所示。

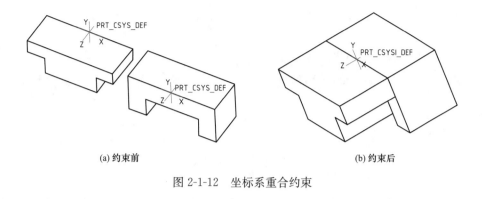

(a) 约束前

(b) 约束后

图 2-1-12 坐标系重合约束

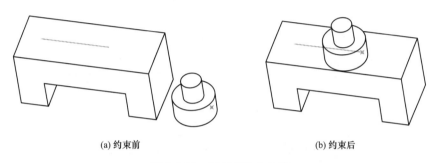

(a) 约束前

(b) 约束后

图 2-1-13 线与点重合约束

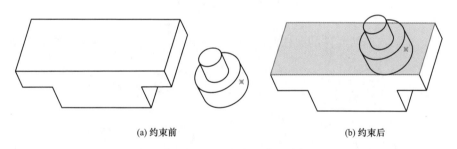

(a) 约束前

(b) 约束后

图 2-1-14 面与点重合约束

6）线与面重合：使某一直线或边落于一曲面上，该边线可以落在该面或其延伸面上，如图 2-1-15 所示。

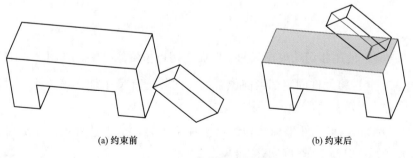

(a) 约束前

(b) 约束后

图 2-1-15 线与面重合约束

（6）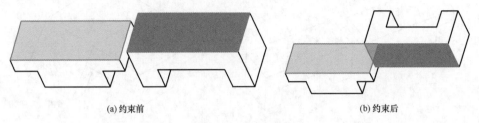 法向：可以将两元件中的平面或直线垂直，如图 2-1-16 所示。

                        (a) 约束前   (b) 约束后

图 2-1-16　法向约束

（7）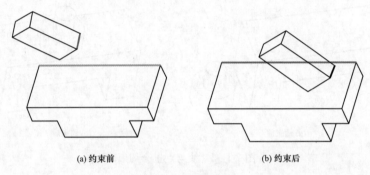 共面：可以将两元件中的两条直线或基准轴处于同一平面，如图 2-1-17 所示。

                        (a) 约束前   (b) 约束后

图 2-1-17　共面约束

（8）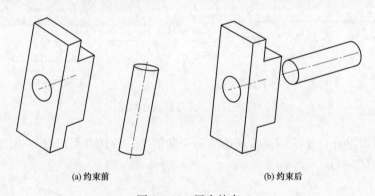 居中：选两元件的圆柱面居中，则两圆柱面的轴线重合，如图 2-1-18 所示。

                        (a) 约束前   (b) 约束后

图 2-1-18　居中约束

（9）相切：使用相切约束控制两个曲面在切点位置的接触，如图 2-1-19 所示。

（10）固定：将元件固定在当前位置，当向装配环境中加入第 1 个零件时，可采用这种约束方式对零件进行固定，来简化零件的装配过程。

（11）默认：约束元件坐标系与组件坐标系重合，通常选择第 1 个元件的装配约束为默认方式，可以简化零件的装配过程。

对于上述约束中选择"坐标系"重合约束、"固定"约束和"默认"约束，仅一个

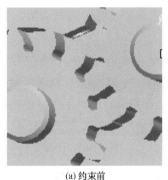 

(a) 约束前　　　　　　　　　　　(b) 约束后

图 2-1-19　相切约束

约束条件就可使元件达到完全约束状态，而对于其他的约束则需要 2 个以上的约束条件才能使元件达到完全约束状态。

4. 装配元件显示

在 Creo 的装配环境下，新载入的元件有多种显示方式，可根据需要将组件和元件分离或放置在同一个窗口中。元件的显示方式由"元件放置"操控板元件显示功能区的按钮 单独窗口 和 主窗口 决定，见图 2-1-5。

（1）"主窗口"显示元件按钮 主窗口 处于按下的状态时，组件和元件均在主窗口中显示，如图 2-1-20 所示。

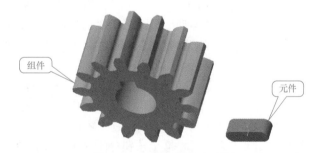

图 2-1-20　主窗口显示元件

（2）"单独窗口"显示元件按钮 单独窗口 处于按下状态时，新载入的元件与装配体将在不同的窗口中显示，如图 2-1-21 所示。这种显示方式有利于约束设置，从而避免反

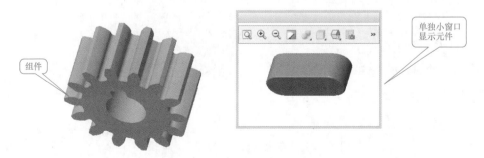

图 2-1-21　单独窗口显示元件

复调整主窗口。此外，新载入元件所在窗口的大小和位置可随意调整，装配完毕，小窗口会自动消失。

（3）两种窗口显示元件。如果按钮 🔲 主窗口 和 🔲 单独窗口 都处于被按下状态，那么新载入的元件将同时显示在主窗口和单独窗口中，如图 2-1-22 所示。执行这样的设置后，不仅能够查看新载入元件的结构特征，而且能够在设置约束后观察元件与装配体的定位效果。

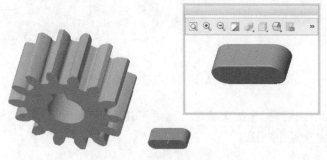

图 2-1-22　两种窗口显示元件

图 2-1-23　"移动"滑面板

5. 移动元件

使用移动命令可移动正在装配的元件，便于在装配环境中操作元件。单击"元件放置"操控板上的按钮 移动 ，打开"移动"滑面板，如图 2-1-23 所示，这时暂停所有其他元件的放置操作。使用"移动"滑面板提供的选项，可以调节元件在组件中放置的位置，包含定向模式、平移、旋转和调整 4 种运动类型选项。

（1）定向模式。使用这种运动类型，在组件窗口中可以任意位置为旋转中心旋转或移动新载入的元件。

选择在"在视图平面中相对"单选框时，表示相对于视图平面移动元件。默认情况下，这个按钮处于选择状态。在组件窗口中选取待移动的元件后，选取位置处将显示一个三角形图标，按住鼠标中键拖动即可旋转元件，如图 2-1-24 所示。此外，同时按住 Shift 键，拖动鼠标中键也可以移动元件。

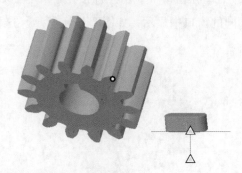

图 2-1-24　"在视图平面中相对"定向模式

选择"运动参考"单选框时，表示相对于元件或参考移动元件。在设置运动参考时，通常可以在视图中选择平面、点或者线作为运动参考，如图 2-1-25 所示。选取一个参考后，右侧的"垂直"和"平行"选项将被激活。选择"垂直"单选按钮，按住鼠标中键执行旋转操作时将垂直于选定参考移动元件；选择"平行"单选按钮，执行旋转操作时将平行于选定参考移动元件。

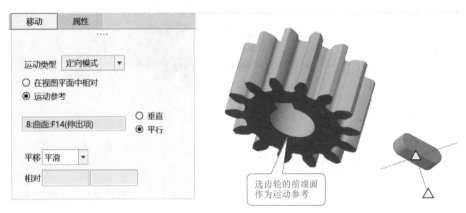

选齿轮的前端面作为运动参考

图 2-1-25 "运动参考"定向模式

（2）平移。使用平移方式移动元件是最简便的方法。相对于定向模式，这时只需要选取新载入的元件，按住鼠标左键拖动鼠标，即可将元件移动到主窗口中的任意位置，再次单击左键即可退出平移模式。

平移的运动参考同样包括"在视图平面中相对"和"运动参考"两种类型，其设置方法与定向模式完全相同。

（3）旋转。使用旋转工具可以旋转元件，操作方法与"平移"类似，即选择旋转参照后选取元件，然后拖动鼠标即可旋转元件，再次单击鼠标左键即可退出旋转模式。

旋转的运动参考同样包括"在视图平面中相对"和"运动参考"两种类型，其设置方法与定向模式完全相同。

（4）调整。使用调整运动方式可以添加新的约束，并通过选择参考对元件进行移动。这种运动类型对应的选项设置与以上三种类型大不相同，在滑面板中可以选择"配对"或"对齐"两种约束。此外，还可以在下面的"偏移"参数设置框中设置偏移距离，如图 2-1-26 所示。"配对"表示两个平面相对，"对齐"表示两个平面同向。

注 意

在装配过程中调整装配零件位置的简便方法：

（1）"元件放置"操控板上"显示拖动器"按钮 被按下时，可以任意拖动或旋转被装配零件。

（2）同时按住 Ctrl、Alt 和鼠标中键，可任意方向旋转被装配零件；同时按住 Ctrl、Alt 和鼠标右键，可以任意位置移动被装配零件。

163

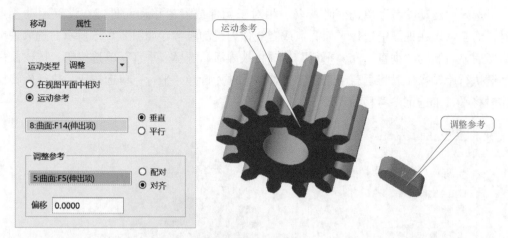

图 2-1-26　调整模式

二、装配图的分解设计

装配好零件模型后，有时候需要分解装配体来查看组件中各个零件的位置状态，称为分解图。

1. 缺省分解图

每个组件，系统会根据使用的约束产生默认的分解视图。

创建方法：在装配环境下，单击模型选项卡 模型显示▼ 功能区"分解视图"按钮 分解视图 ，则产生默认的分解视图，如图 2-1-27 所示。

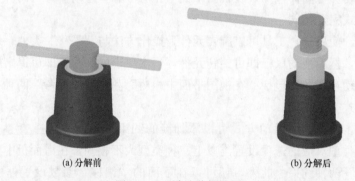

(a) 分解前　　　　　　　　　　　(b) 分解后

图 2-1-27　默认分解视图

2. 编辑分解视图

默认的分解视图通常无法贴切地表现各元件的相对方位，必须通过编辑位置来修改分解位置，这样可以为每个组件定义多个分解视图。

创建方法：在装配环境下，单击模型选项卡 模型显示▼ 功能区"编辑位置"按钮 编辑位置 ，打开"分解工具"操控板，设置功能区分为"平移" 、"旋转" 和"视图平面" 三种分解模式，默认是"平移"模式。

（1）单击"参考"按钮，打开"参考"滑面板，选择要移动的元件 2.prt，再在

"移动参考"栏中单击，选择 2.prt 的顶面，则在 2.prt 的顶面出现 1 个坐标系，鼠标选中坐标系 X 轴，则零件 2.prt 向 X 轴的正向或反向移动，同理可选择 Y 或 Z 轴，如图 2-1-28 所示。

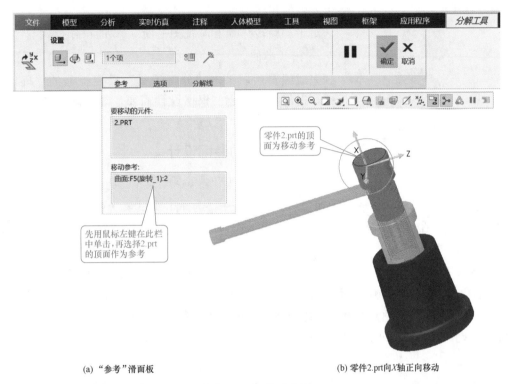

(a) "参考"滑面板　　　　　　　　　(b) 零件2.prt向X轴正向移动

图 2-1-28　移动分解

(2) 运动增量。单击操控板上的按钮 选项 ，打开"选项"滑面板，系统提供"光滑""1""5""10"四种运动增量，如图 2-1-29（a）所示，可以在参数框中输入表示运动增量的数值。例如，在参数框中输入数值 5 后，元件将以每隔 5 个单位的距离移动。选中"随子项移动"复选框，如图 2-1-29（b）所示，则子组件将随组件主体的移动而移动，但移动子组件不影响主元件的状态。

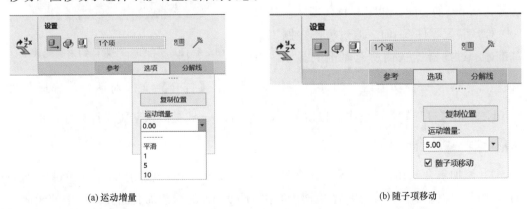

(a) 运动增量　　　　　　　　　　　(b) 随子项移动

图 2-1-29　"选项"滑面板

图 2-1-30　编辑的分解视图

（3）分解线。单击"分解工具"操控板上的"创建修饰偏移线"按钮 ，可以使用"分解线"工具。使用"分解线"工具可创建一条或多条分解线，用来表示分解图中各个元件的相对关系。

对于"旋转" 和"视图平面" 的操作模式与"平移" 模式类似。

完成编辑后，单击"分解工具"操控板上的"确定"按钮，退出编辑状态。根据设计需要，经过编辑的千斤顶分解视图，如图 2-1-30 所示。

三、齿轮泵的装配设计

1. 新建一个名为"ZP01-01.asm"的装配文件

选择主菜单"文件"→"管理会话（M）"→"选择工作目录（W）"，打开【选择工作目录】对话框。选取工作目录"D：/Creo9/ZP02/01"，单击"确定"按钮，完成当前工作目录的设定。

单击"新建"按钮 ，打开【新建】对话框，类型选取"装配"，子类型选取"设计"，输入名称"ZP01-01"后，取消勾选"使用默认模板"复选框，单击"确定"按钮；进入【新文件选项】对话框，把绘图单位更改为公制单位"mmns_asm_design_abs"，单击"确定"按钮，进入 Creo 的装配设计界面。

2. 装配从动齿轮副

（1）装配零件 9.prt。单击"模型"选项卡 元件▾ 功能区"组装"按钮 ，弹出【打开】文件对话框，选择零件 9.prt，单击【打开】对话框中的按钮 打开 ，则零件 9.prt 被载入装配设计界面。

在"元件放置"操控板（见图 2-1-6）中，当前约束选择 默认 ，操控板状况功能区显示"完全约束"，单击操控板中的"确定"按钮，完成零件 9.prt 的装配，如图 2-1-31 所示。

（2）装配零件 5.prt。通过视图控制工具条基准显示过滤器 关闭所有基准的显示。单击

图 2-1-31　零件 9.prt 默认约束装配效果

"模型"选项卡 元件▾ 功能区"组装"按钮 ，弹出【打开】文件对话框，选择零件 5.prt，单击【打开】对话框中的按钮 打开 ，则零件 5.prt 被载入装配设计界面，将"显示拖动器" 关闭。

1）添加重合约束。单击图 2-1-32 所示零件 5.prt 的绿色加亮曲面（平键的侧平面），当前约束选择 重合 ，然后单击组件中零件 9.prt 的绿色加亮曲面（键槽的侧面），则两曲面重合。

2）添加重合约束。单击图 2-1-33 所示零件 5.prt 的绿色加亮曲面（平键的底面），当前约束选择 重合，然后单击零件 9.prt 的绿色加亮曲面（键槽底面），则两曲面重合。

图 2-1-32　面重合约束Ⅰ　　　　　　　图 2-1-33　面重合约束Ⅱ

3）添加相切约束。单击图 2-1-34 所示零件 5.prt 的绿色加亮曲面（平键的外圆柱面），当前约束选择 相切，然后单击零件 9.prt 的绿色加亮曲面（键槽的圆柱面），则两曲面相切。

通过上述三项约束，"元件放置"操控板上状况功能区显示"完全约束"，单击操控板中的"确定"按钮，完成零件 5.prt 的装配设计，如图 2-1-35 所示。

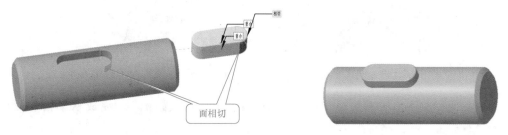

图 2-1-34　面相切约束　　　　　　　　图 2-1-35　零件 5.prt 装配效果

（3）装配零件 8.prt。单击"模型"选项卡 元件▼ 功能区"组装"按钮 ，弹出【打开】文件对话框，选择零件 8.prt，单击【打开】对话框中的按钮 打开，则零件 8.prt 被载入装配设计界面。

1）添加重合约束。单击图 2-1-36 所示零件 8.prt 的绿色加亮曲面（孔的圆柱面），当前约束选择 重合，然后单击组件中零件 9.prt 的绿色加亮曲面（轴的圆柱面），则两圆柱面轴线重合。

2）添加重合约束。单击图 2-1-37 所示零件 8.prt 的绿色加亮曲面（键槽的侧面），当前约束选择 重合，然后单击组件中零件 5.prt 的绿色加亮曲面（平键的侧平面），则两曲面重合。

3）添加距离约束。单击图 2-1-38 所示零件 8.prt 的绿色加亮曲面（齿轮的前端面），当前约束选择 距离，再单击组件中零件 9.prt 的绿色加亮曲面（轴的前端面），然后在"距离"文本框中输入"8"，则两曲面偏距对齐。

通过上述三项约束，"元件放置"操控板上状况功能区显示"完全约束"，单击操控板中的"确定"按钮，完成零件 8. prt 的装配设计，如图 2-1-39 所示。

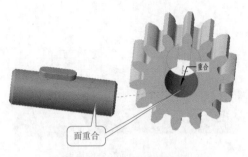

图 2-1-36　面重合约束Ⅰ

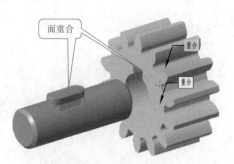

图 2-1-37　面重合约束Ⅱ

图 2-1-38　曲面距离约束

图 2-1-39　零件 8. prt 的装配效果

（4）保存文件。单击快速访问工具条上的"保存"按钮▉，完成从动齿轮副的装配。

3. 新建一个名为"ZP01-02. asm"的装配文件

单击"新建"按钮▯，打开【新建】对话框，类型选取"装配"，子类型选取"设计"，输入名称"ZP01-02"后，取消勾选"使用默认模板"复选框，单击"确定"按钮；进入【新文件选项】对话框，把绘图单位更改为公制单位"mmns _ asm _ design _ abs"，单击"确定"按钮，进入 Creo 的装配设计界面。

4. 装配主动齿轮副及泵体

（1）装配零件 1. prt。单击"模型"选项卡 元件▾ 功能区"组装"按钮▉，弹出【打开】文件对话框，选择零件 1. prt，单击【打开】对话框中的按钮 打开 ，则零件 1. prt 被载入装配设计界面。

在"元件放置"操控板中，当前约束选择 ▭ 默认 ，操控板状况功能区显示"完全约束"，单击操控板中的"确定"按钮，完成零件 1. prt 的装配，如图 2-1-40 所示。

（2）装配零件 11. prt。单击"模型"选项卡 元件▾ 功能区"组装"按钮▉，弹出【打开】文件对话框，选择零件 11. prt，单击【打开】对话框中的按钮 打开 ，则零件 11. prt 被载入装配设计界面。

通过视图控制工具条基准显示过滤器 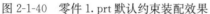 关闭 □ 点显示 、□ 坐标系显示 和□ 平面显示 。

1）添加重合约束。单击图 2-1-41 所示零件 11. prt 的绿色加亮轴线，当前约束选择 重合 ，然后单击零件 1. prt 的绿色加亮轴线，则两轴线重合。

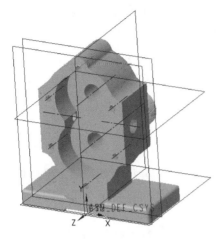

图 2-1-40　零件 1. prt 默认约束装配效果　　　　图 2-1-41　轴线重合约束

2）添加相切约束。单击图 2-1-42 所示零件 11. prt 的绿色加亮曲面（前圆弧曲面），当前约束选择 相切 ，然后单击零件 1. prt 的绿色加亮曲面（孔的圆弧底面），则两曲面相切。操作过程可通过打开"元件放置"操控板上的 显示拖动器 ，将零件 11 拖动到主窗口合适的位置，方便选取。

通过上述两项约束，"元件放置"操控板上状况功能区显示"采用假设完全约束"，单击操控板中的"确定"按钮，完成零件 11. prt 的装配设计，如图 2-1-43 所示。

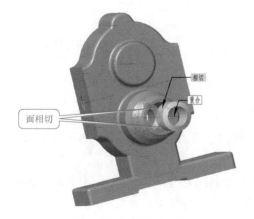

图 2-1-42　曲面相切约束　　　　　　　图 2-1-43　零件 11. prt 的装配效果

注 意

　　装配时，只要能够做出假设，系统自动选中"元件放置"操控板的"放置"滑面板中"允许假设"复选框☑允许假设，如图 2-1-44 所示。例如，零件 11. prt 装入零件 1. prt 用了一个重合约束和一个相切约束，系统自动启用"允许假设"，即假设存在第三个约束，限制了零件 11 的轴向位置，也就完全约束了零件 11。如果"允许假设"不满足设计意图的话，可由设计人员添加新约束即可解决。

　　（3）装配零件 4. prt。单击"模型"选项卡 元件▾ 功能区"组装"按钮，弹出【打开】文件对话框，选择零件 4. prt，单击【打开】对话框中的按钮 打开，则零件 4. prt 被载入装配设计界面。

　　通过视图控制工具条基准显示过滤器 关闭□ 轴显示 。

　　1）添加重合约束。单击图 2-1-45 所示零件 4. prt 的绿色加亮曲面（外圆柱面），当前约束选择 重合 ，然后单击组件中零件 1. prt 的绿色加亮曲面（孔的圆柱面），则两曲面轴线重合。

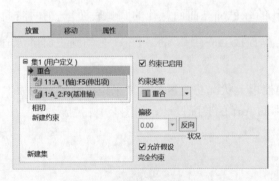

图 2-1-44　启用"允许假设"

图 2-1-45　曲面重合约束

　　2）添加重合约束。通过打开，将零件 4 拖动到合适位置。单击图 2-1-46 所示零件 4. prt 的绿色加亮曲面后（内圆环面），当前约束选择 重合 ，单击组件中零件 1. prt 的绿色加亮曲面（螺纹端部圆环面），然后单击操控板上的更改约束方向按钮，则两曲面反向重合。

　　通过上述两项约束，"元件放置"操控板上状况功能区显示"采用假设完全约束"，然后单击操控板中的"确定"按钮，完成零件 4. prt 的装配设计，如图 2-1-47 所示。

　　（4）装配零件 3. prt。单击"模型"选项卡 元件▾ 功能区"组装"按钮，弹出【打开】文件对话框，选择零件 3. prt，单击【打开】对话框中的按钮 打开，则零件 3. prt

被载入装配设计界面。

图 2-1-46　曲面反向重合约束

图 2-1-47　零件 4.prt 装配效果

1）添加距离约束。单击图 2-1-48 所示零件 3.prt 的绿色加亮曲面（轴端的切削平面），当前约束选择 距离，单击组件中零件 1.prt 的绿色加亮曲面（底面），然后在"距离"文本框中输入"-49.5"，最后单击操控板上的更改约束方向按钮，则两曲面反向偏离。

2）添加重合约束。单击图 2-1-49 所示零件 3.prt 的绿色加亮曲面（齿轮的后端面），当前约束选择 重合，单击组件中零件 1.prt 的绿色加亮曲面（齿轮槽的端面），则两曲面重合。

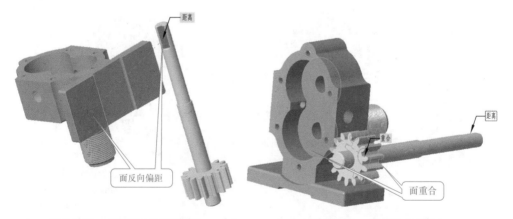

图 2-1-48　曲面反向距离约束　　　　　图 2-1-49　曲面重合约束

3）添加重合约束。单击图 2-1-50 所示零件 3.prt 的绿色加亮轴的曲面（轴的外圆柱面）后，当前约束选择 重合，单击组件中零件 1.prt 的绿色加亮曲面（内孔的圆柱面），则两圆柱面轴线重合。

通过上述三项约束，"元件放置"操控板上状况功能区显示"完全约束"，单击操控板中的"确定"按钮，完成零件 3.prt 的装配设计，如图 2-1-51 所示。

（5）装配零件 10.prt。单击"模型"选项卡 元件 功能区"组装"按钮，弹出

【打开】文件对话框，选择零件 10.prt，单击【打开】对话框中的按钮 打开 ，则零件 10.prt 被载入装配设计界面。

图 2-1-50　曲面重合约束

图 2-1-51　零件 3.prt 的装配效果

　　1）添加重合约束。单击图 2-1-52 所示零件 10.prt 的绿加亮曲面（内部圆环面），当前约束选择 重合 ，单击组件中零件 4.prt 的绿色加亮曲面（端部圆环面），然后单击操控板上的更改约束方向按钮 ，则两曲面反向重合。

　　2）添加重合约束。单击图 2-1-53 所示零件 10.prt 的绿色加亮曲面（内孔的圆柱面），当前约束选择 重合 ，单击组件中零件 3.prt 的绿色加亮曲面（轴的外圆柱面），则两圆柱面轴线重合。

图 2-1-52　曲面反向重合约束

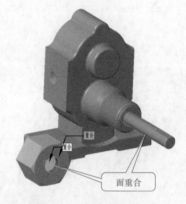

图 2-1-53　曲面重合约束

图 2-1-54　零件 10.prt 的装配效果

通过上述两项约束，"元件放置"操控板上状况功能区显示"采用假设完全约束"，单击操控板中的"确定"按钮，完成零件 10.prt 的装配设计，如图 2-1-54 所示。

　　（6）保存文件。单击快速访问工具条上的"保存"按钮 ，完成主动齿轮副的装配。

　　5. 新建一个名为"clb.asm"的装配文件

　　单击"新建"按钮 ，打开【新建】对话框，类型选取"装配",子类型选取"设计",输入名称"clb"后,取消勾选"使用默认模板"复选框,单击"确定"按钮;进入【新文件选项】对话框,把绘图单位更改为公制单位"mmns_asm_design_abs",单击"确定"按钮,进入 Creo 的装配设计界面。

6. 装配齿轮泵

(1)装配组件 ZP01-02.asm。单击"模型"选项卡 元件▼ 功能区"组装"按钮 ,弹出【打开】文件对话框,选择组件 ZP01-02.asm,单击【打开】对话框中的按钮 打开 ,则组件 ZP01-02.asm 被载入装配设计界面。在"元件放置"操控板中,当前约束选择 □默认 ,操控板状况功能区显示"完全约束",单击操控板中的"确定"按钮,完成组件 ZP01-02.asm 的装配。

(2)装配组件 ZP01-01.asm。单击"模型"选项卡 元件▼ 功能区"组装"按钮 ,弹出【打开】文件对话框,选择组件 ZP01-01.asm,单击【打开】对话框中的按钮 打开 ,则组件 ZP01-01.asm 被载入装配设计界面。

1)添加重合约束。单击图 2-1-55 所示组件 ZP01-01.asm 中零件 9.prt 的绿色加亮曲面(轴的外圆柱面),当前约束选择 □重合 ,单击组件 ZP01-02.asm 中零件 1.prt 的绿色加亮曲面(孔的圆柱面),则两曲面轴线重合。

2)添加重合约束。单击图 2-1-56 所示组件 ZP01-01.asm 中零件 8.prt 的绿色加亮曲面(从动齿轮的前端面),当前约束选择 □重合 ,单击组件 ZP01-02.asm 中零件 3.prt 的绿色加亮曲面(主动齿轮的前端面),则两曲面重合。

图 2-1-55　曲面重合约束

图 2-1-56　面重合约束

3)添加相切约束。通过上述两项约束,"元件放置"操控板上状况显示"采用假设完全约束",但是还需添加两齿轮轮齿的相切约束。单击操控板上"放置"滑面板中的"新建约束"按钮,则在滑面板中弹出"自动"约束类型,把"自动"约束类型改为"相切",如图 2-1-57 所示。

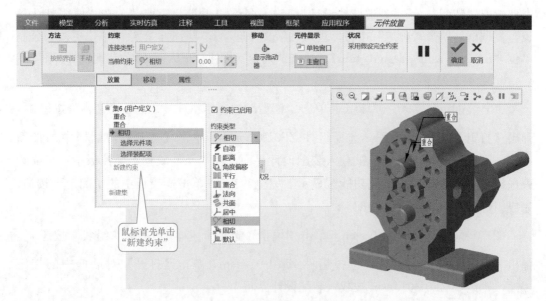

图 2-1-57　新建相切约束

单击图 2-1-58 所示组件 ZP01-01. asm 中零件 8. prt 的绿色加亮的轮齿的渐开线齿廓，再单击组件 ZP01-02. asm 中零件 3. prt 的绿色加亮轮齿的渐开线齿廓，则两齿廓相切。

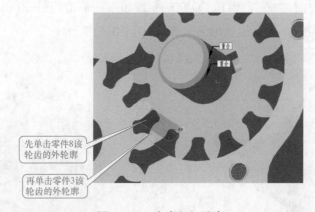

图 2-1-58　齿廓相切约束

通过上述三项约束，"元件放置"操控板上状况功能区显示"完全约束"，而且两相互啮合的齿轮齿廓已经完全相切，单击操控板中的"确定"按钮，完成组件 ZP01-01. asm 的装配设计，如图 2-1-59 所示。

（3）装配零件 7. prt。单击"模型"选项卡 元件 功能区"组装"按钮 ，弹出【打开】文件对话框，选择零件 7. prt，单击【打开】对话框中的按钮 打开 ，则零件 7. prt 被载入装配设计界面。

1）添加重合约束。单击图 2-1-60 所示零件 7. prt 的绿色加亮曲面（后端面），当前

约束选择 重合 ，单击组件中零件 1. prt 的绿色加亮曲面（前端面），则两曲面重合。

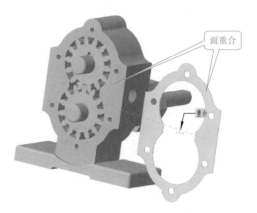

图 2-1-59　组件 ZP01-01. asm 的装配效果　　　　图 2-1-60　曲面重合约束

2）添加重合约束。单击图 2-1-61 所示零件 7. prt 的绿色加亮曲面（右侧面），当前约束选择 重合 ，单击组件中零件 1. prt 的绿色加亮曲面（右侧面），则两曲面重合。

3）添加轴线重合约束。通过视图控制工具条基准显示过滤器 将☑ 轴显示 开启。单击图 2-1-62 所示零件 7. prt 的绿色加亮轴线（上面孔的轴线），当前约束选择 重合 ，单击组件中零件 1. prt 的绿色加亮轴线（上面孔的轴向），则两轴线重合。

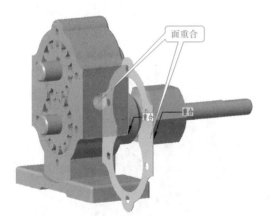

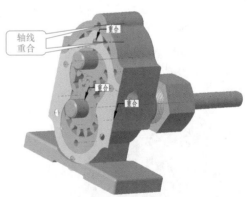

图 2-1-61　曲面重合约束　　　　　　　　图 2-1-62　轴线重合约束

通过上述三项约束，"元件放置"操控板上状况功能区显示"完全约束"，通过视图控制工具条基准显示过滤器 将□ 轴显示 关闭，然后单击操控板中的"确定"按钮，完成零件 7. prt 的装配设计，如图 2-1-63 所示。

（4）装配零件 2. prt。单击"模型"选项卡 元件 功能区"组装"按钮 ，弹出【打开】文件对话框，选择零件 2. prt，单击【打开】对话框中的按钮 打开 ，则零件

2. prt 被载入装配设计界面。

1）添加重合约束。单击图 2-1-64 所示零件 2. prt 的绿色加亮曲面（后端面），当前约束选择 ▊▊ 重合，然后单击组件中零件 7. prt 的绿色加亮曲面（前端面），则两曲面重合。

图 2-1-63　零件 7. prt 的装配效果

图 2-1-64　曲面重合约束

2）添加重合约束。单击图 2-1-65 所示零件 2. prt 的绿色加亮曲面（右侧面），当前约束选择 ▊▊ 重合，单击组件中零件 1. prt 的绿色加亮曲面（右侧面），则两曲面重合。

3）添加轴线重合对齐约束。通过视图控制工具条基准显示过滤器 ✕ 将 ☑ ⚿ 轴显示 开启。单击图 2-1-66 所示零件 2. prt 的绿色加亮轴线（上面孔的轴线），当前约束选择 ▊▊ 重合，单击组件中零件 7. prt 的绿色加亮轴线（上面孔的轴线），则两轴线重合。

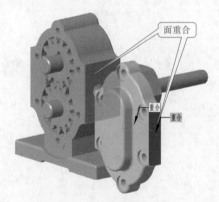

图 2-1-65　曲面重合约束

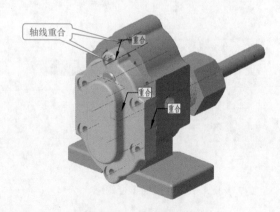

图 2-1-66　轴线重合约束

通过上述三项约束，"元件放置"操控板上状况功能区显示"完全约束"，通过视图控制工具条基准显示过滤器 ✕ 将□ ⚿ 轴显示 关闭，然后单击操控板中的"确定"按钮，完成零件 2. prt 的装配设计，如图 2-1-67 所示。

（5）装配零件 6. prt。单击"模型"选项卡 元件 ▾ 功能区"组装"按钮 ▨，弹出【打开】文件对话框，选择零件 6. prt，单击【打开】对话框中的按钮 打开 ，则零件 6. prt 被载入装配设计界面。

1）添加重合约束。通过视图控制工具条基准显示过滤器 ，将 ☑ 轴显示 开启。单击图 2-1-68 所示零件 6. prt 的绿色加亮轴线（螺杆轴线），当前约束选择 重合 ，单击组件中零件 2. prt 的绿色加亮轴线（上面孔的轴线），则两轴线重合。

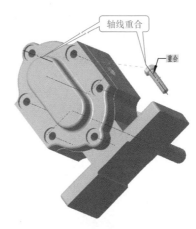

图 2-1-67　零件 2. prt 的装配效果　　　　图 2-1-68　轴线重合约束

2）添加重合约束。单击图 2-1-69 所示零件 6. prt 的绿色加亮曲面（螺栓头的底面），当前约束选择 重合 ，然后单击组件中零件 2. prt 的绿色加亮曲面（孔的沉头环面），最后单击操控板上的更改约束方向按钮 ，则两曲面重合。

通过上述两项约束，"元件放置"操控板上状况功能区显示"采用假设完全约束"，然后单击操控板中的"确定"按钮，完成零件 6. prt 的装配设计，如图 2-1-70 所示。

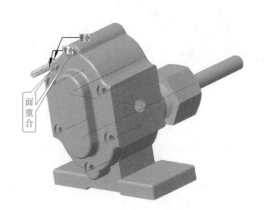

图 2-1-69　曲面重合约束　　　　图 2-1-70　零件 6. prt 的装配效果

（6）采用重复元件装配法装配其余 5 个螺栓。在导航树中选中螺栓零件 6. prt，单击模型选项卡 元件▼ 功能区"重复"按钮 重复 ，弹出【重复元件】对话框，如图 2-1-

71所示。在"类型"中已有两个"重合"约束，由于螺栓装配过程中的面"重合"约束均相同，无须用户进行修改；而轴线"重合"约束对应不同的螺栓孔的轴线，因此需要改变。单击选中轴线"重合"约束，然后单击按钮 添加(A) ，并在绘图区依次单击选择零件 2. prt 各个螺栓孔的轴线，再单击对话框上的按钮 确定 。

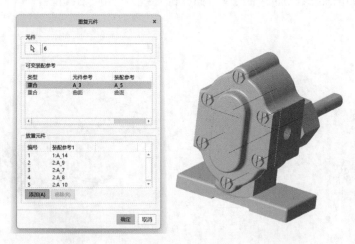

图 2-1-71 【重复元件】对话框及螺钉的重复装配

7. 创建分解视图

单击模型选项卡 模型显示▼ 功能区"编辑位置"按钮 编辑位置，打开编辑"分解工具"操控板，这时绘图区显示"默认"的分解视图，如图 2-1-72 所示。

图 2-1-72 默认的分解视图

（1）在平移 的分解模式下，选取零件 8. prt，零件 8 上出现 XYZ 标系，鼠标左键选中 8. prt 的 x 轴方向，向右拖动，如图 2-1-73 所示。

（2）同理，完成其他元件的移动。渲染结果如图 2-1-1 所示。

8. 保存文件

单击快速访问工具条上的"保存"按钮 ，完成齿轮泵的装配与分解设计。

178

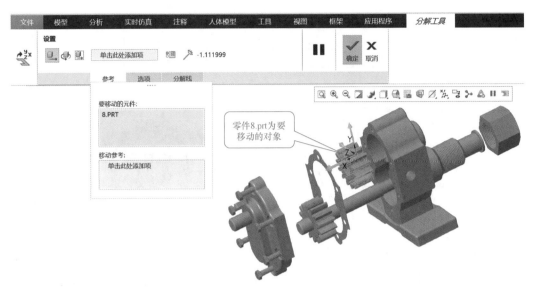

图 2-1-73　向右移动 8.prt

四、考核评价

根据图 2-1-74～图 2-1-76 所示图纸，运用所学知识进行零件的三维建模，再依据图 2-1-77 所示装配图进行装配设计。

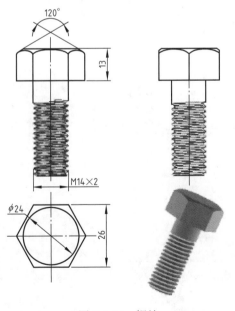

图 2-1-74　螺栓

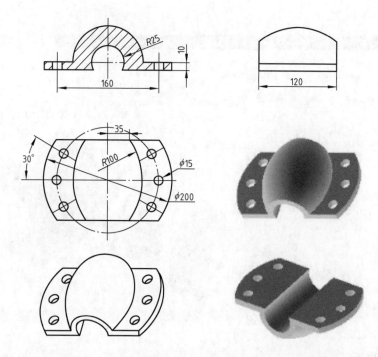

图 2-1-75 连接板

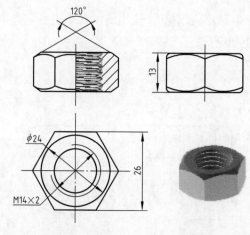

图 2-1-76 螺母

图 2-1-77 装配体

知识拓展 - - - - - - - - ▶

机械装配是指按照设计的技术要求实现机械零件或部件的连接，把机械零件或部件组合成机器。机器的装配是机器制造过程中的最后一个环节，包括装配、调整、检验和试验等工作。装配过程使零件、套件、组件和部件间获得一定的相互位置关系，因此装配过程也是一种工艺过程。

每个零件在装配体中各司其职，各安其位，各尽其责，各得其所。若离开装配体，或许发挥的作用很小，或许是废品，而多个零件组成的装配体可以发挥巨大的作用。例如，齿轮泵泵油，成为液压系统的动力来源；千斤顶顶升汽车等。

任务二 曲柄滑块机构的装配及运动仿真

☼ 任 务

创建如图 2-2-1 所示的曲柄滑块机构及其运动仿真分析。

分 析

曲柄滑块机构采用装配设计中的连接装配方式，这种装配方式可方便用户利用 Creo 的应用程序的运动模块，执行机构的运动分析与仿真。

图 2-2-1　曲柄滑块机构

知识目标

（1）掌握连接装配的调用方法。
（2）掌握连接装配的约束类型，包括销连接、圆柱（缸）连接、平面连接等。

技能目标

（1）能运用销连接、圆柱连接等连接装配约束完成曲柄滑块机构的装配。
（2）能在 Creo 的应用程序的运动模块完成曲柄滑块机构的运动仿真分析。

素质目标

（1）培养善于思考，求真务实的品质。
（2）树立科技强国的信念。

一、装配连接类型简介

组件要能运动，在组装时就不能被完全约束，而只能部分约束。所谓部分约束，就是根据各构件之间的相对运动，通过连接设定限制组件的运动自由度。使用连接装配可方便用户在 Creo 应用程序的运动模块直接执行机构的运动分析与仿真。

1. 连接装配的调用方法

单击"新建"按钮⬜，新建一个装配文件，进入装配设计界面后，单击"模型"选项卡 元件▾ 功能区"组装"按钮🗂，弹出【打开】文件对话框。选择文件后，单击【打开】对话框中的按钮 打开，则第 1 个装配零件被调入装配界面。这时打开"元件放置"操控板，单击"用户定义"右侧的下拉按钮▾，弹出"连接类型"工具条，如图 2-2-2 所示。

图 2-2-2 连接装配约束类型

选择相应的连接类型，在"放置"滑面板中会相应显示该连接类型的约束规则。图 2-2-3 为销连接的"放置"滑面板，需要进行"轴对齐"约束和"平移"约束，再选择相应的元件参照和组件参照即可完成连接设计。

图 2-2-3 销连接的"放置"滑面板

2. 连接装配的约束类型

连接装配的约束类型共有 12 种（见图 2-2-2），下面分别介绍如下：

（1）刚性：刚性连接。自由度为 0，零件装配处于完全约束状态。

（2）销：销钉连接。自由度为 1，零件可沿某一轴旋转。应满足的约束关系为"轴对齐"和"平移"。

轴对齐：轴对齐方式。自由度为 2，绕轴旋转和沿轴平移。

平移：以"重合"方式约束装配零件的平移，使平移自由度为 0。

（3）滑块：滑动连接。自由度为 1，零件可沿某一轴平移，应满足的约束关系为"轴对齐"和"旋转"。

轴对齐：轴对齐方式。自由度为 2，绕轴旋转和沿轴平移。

旋转：以"重合"方式约束装配零件的转动，使旋转自由度为 0。

（4）圆柱：缸连接。自由度为 2，零件可沿某一轴平移或旋转。该类型只需满足"轴对齐"约束关系即可。

（5）平面：平面连接。自由度为 3，零件可在某一平面内自由移动，也可绕该平面的决线方向旋转，即 2 个平移自由度和 1 个旋转自由度。该类型需满足"平面"约束关系。具体操作是分别选择两个零件的贴合面，然后输入偏移值即可。

（6）球：球连接。自由度为 3，零件可绕某点自由旋转，但不能进行任何方向的平移。该类型需满足"点对齐"约束关系。具体操作是分别在两个零件中选择相应的点，输入偏移值即可。

（7）焊缝：焊接。自由度为 0，两零件刚性连接在一起。该类型需满足坐标系约束关系。具体操作是分别在两个零件中选择相应的坐标系，输入偏移值即可。

（8）轴承：轴承连接。自由度为 4，零件可自由旋转，并可沿某轴自由移动，即 3 个旋转自由度和 1 个平移自由度。该类型需满足"点对齐"约束关系。具体操作是在一个零件中选择一点，在另一个零件中选择一条边或轴线，然后输入偏移值即可。

（9）常规：创建有两个约束的用户定义集。

（10）6DOF：该类型允许零件在各个方向上移动，即自由度为 6，具体操作是分别在两个零件中选择相应的坐标系，输入偏移值即可。

（11）万向：万向节。包含零件上的坐标系和装配中的坐标系，以允许绕枢轴在各个方向旋转。

（12）槽：建立槽连接，自由度为 4，包含一个"点对齐"约束，允许沿一条非直的轨迹旋转。具体操作是在一个零件中选择一点，在另一个零件中选择一条轨迹线即可。

二、曲柄滑块机构的连接装配

1. 新建一个名为 ZP02-01.asm 装配文件

选择主菜单"文件"→"管理会话（M）"→"选择工作目录（W）"，打开【选择工作目录】对话框。选取工作目录"D：/Creo9/ZP02/02"，单击"确定"按钮，完成当前工作目录的设定。

单击"新建"按钮，打开【新建】对话框，类型选取"装配"，子类型选取"设计"，输入名称"ZP02-01"后，取消勾选"使用默认模板"复选框，单击"确定"按钮；进入【新文件选项】对话框，把绘图单位更改为公制单位"mmns_asm_design_abs"，单击"确定"按钮，进入 Creo 的装配设计界面。

2. 装配滑块和销钉

（1）装配滑块零件 1.prt。单击"模型"选项卡 元件 功能区"组装"按钮，弹出【打开】文件对话框，选择零件 1.prt，单击【打开】对话框中的按钮 打开，则零件 1.prt 被载入装配设计界面。

在"元件放置"操控板中，接受默认类型"用户定义"，当前约束类型选择 旦默认，操控板状况功能区显示"完全约束"，然后单击操控板中的"确定"按钮，完成零件 1.prt 的装配，如图 2-2-4 所示。

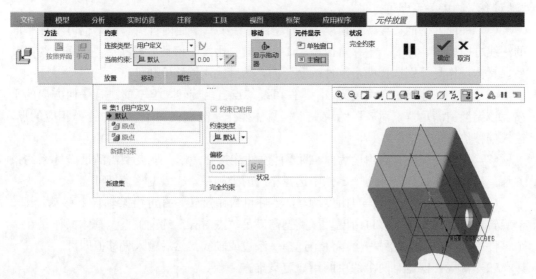

图 2-2-4　默认约束

（2）装配销钉零件 7.prt。通过视图控制工具条基准显示过滤器 ✕ 关闭□ 点显示、□ 坐标系显示和□ 平面显示。

单击"模型"选项卡 元件▾ 功能区"组装"按钮，弹出【打开】文件对话框，选择零件 7.prt，单击【打开】对话框中的按钮 打开，则零件 7.prt 被载入装配设计界面。将显示拖动器 关闭。

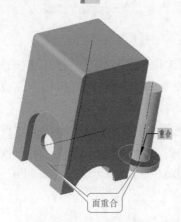

图 2-2-5　曲面重合约束

1）添加重合约束。单击图 2-2-5 所示零件 7.prt 的红色加亮曲面（销钉头部内圆环面），当前约束类型选择 重合，单击组件 1.prt 的蓝色加亮曲面（槽的端面），则两曲面重合。

2）添加重合约束。单击图 2-2-6 所示零件 7.prt 的红色加亮轴线（销钉轴线），当前约束类型选择 重合，单击组件 1.prt 色蓝加亮轴线（孔轴线），则两轴线重合。

通过上述两项约束，"元件放置"操控板上状况功能区显示"采用假设完全约束"，单击操控板中的"确定"按钮，完成零件 7.prt 的装配设计，如图 2-2-7 所示。

图 2-2-6　轴线重合约束　　　　　　图 2-2-7　零件 7. prt 的装配效果

（3）保存文件。单击快速访问工具条上的"保存"按钮，完成滑块与销钉的装配。

3. 新建装配 QBHK. asm 文件

单击"新建"按钮，打开【新建】对话框，类型选取"装配"，子类型选取"设计"，输入名称"QBHK. asm"后，取消勾选"使用默认模板"复选框，单击"确定"按钮；进入【新文件选项】对话框，把绘图单位更改为公制单位"mmns ＿ asm ＿ design ＿ abs"，单击"确定"按钮，进入 Creo 的装配设计界面。

4. 装配曲柄滑块机构

（1）装配壳体零件 2. prt。单击"模型"选项卡 元件▼ 功能区"组装"按钮，弹出【打开】文件对话框，选择零件 2. prt，单击【打开】对话框中的按钮 打开，则零件 2. prt 被载入装配设计界面。

在"元件放置"操控板中，接受默认类型"用户定义"，当前约束类型选择 默认，操控板状况功能区显示"完全约束"，然后单击操控板中的"确定"按钮，完成零件 2. prt 的装配。在"模型"选项卡 模型显示▼ 功能区，将壳体进行渲染，如图 2-2-8 所示。

（2）装配曲轴零件 4. prt。单击"模型"选项卡 元件▼ 功能区"组装"按钮，弹出【打开】文件对话框，选择零件 4. prt，单击【打开】对话框中的按钮 打开，则零件 4. prt 被载入装配设计界面。

添加连接类型：销。选择连接类型"销"，如图 2-2-9 所示。

1）轴对齐。单击图 2-2-10 所示零件 4. prt 的红色加亮轴线和零件 2. prt 的蓝色加亮轴线，满足轴对齐的约束关系。

2）平移。单击图 2-2-11 所示零件 4. prt 的红色加亮曲面（轴端的内圆环面）和零件 2. prt 的蓝色加亮曲面（轴毂的内圆环面），两曲面满足平移的约束关系。

通过上述操作，操控板状况功能区显示"完成连接定义"，单击操控板中的"确定"按钮，完成零件 4. prt 的连接装配，如图 2-2-12 所示。

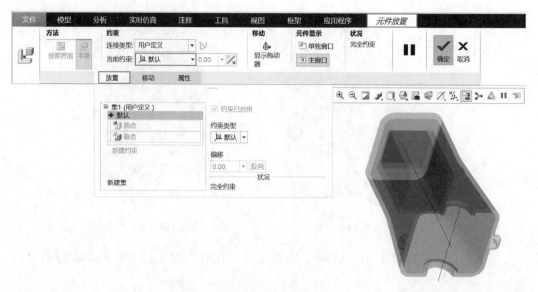

图 2-2-8 默认约束

图 2-2-9 销连接

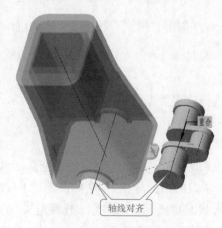

图 2-2-10 轴对齐约束

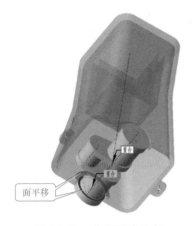

图 2-2-11　曲面平移约束　　　图 2-2-12　零件 4.prt 的销连接装配效果

（3）装配曲柄零件 3.prt。单击"模型"选项卡 元件▼ 功能区"组装"按钮，弹出【打开】文件对话框，选择零件 3.prt，单击【打开】对话框中的按钮 打开，则零件 3.prt 被载入装配设计界面。

添加连接类型：销。选择连接类型"销"。

1）轴对齐。单击图 2-2-13 所示零件 3.prt 的红色加亮轴线（孔的轴线）和组件中零件 4.prt 蓝色加亮的轴线（曲轴突出端轴线），满足轴对齐的约束关系。

2）平移。通过视图控制工具条基准显示过滤器 打开☑ 点显示，使其处于开启状态。单击图 2-2-14 所示零件 3.prt 的红色加亮基准点和组件中零件 4.prt 上的蓝色加亮基准点，满足平移的约束关系。

图 2-2-13　轴对齐约束　　　　图 2-2-14　点平移约束

通过上述操作，操控板状况功能区显示"完成连接定义"，单击操控板中的"确定"按钮，完成零件 3.prt 的连接装配。通过视图控制工具条基准显示过滤器 关闭

图 2-2-15　零件 3. prt 的
销连接装配效果

□ ⁝⁚点显示，如图 2-2-15 所示。

（4）装配组件 ZP02-01. asm。在导航树中，选中零件 4. prt，在弹出的快捷工具条中单击"隐藏"按钮 ◔，在绘图窗口中隐藏该模型。

单击"模型"选项卡 元件▾ 功能区"组装"按钮 ⬚组装，弹出【打开】文件对话框，选择组件 ZP02-01. asm，单击【打开】对话框中的按钮 打开，则组件 ZP02-01. asm 被载入装配设计界面。

1）添加连接类型：圆柱。选择连接类型"圆柱"，单击图 2-2-16 所示组件 ZP02-01. asm 中零件 7. prt 的红色加亮轴线（销钉轴线）和组件 QBHK. asm 中零件 3. prt 的蓝色加亮轴线（曲柄上面孔的轴线），完成圆柱连接设计。

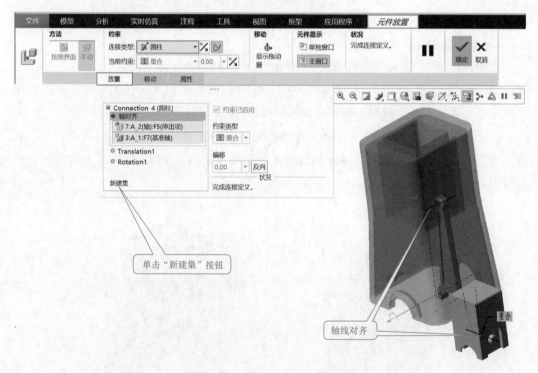

图 2-2-16　圆柱连接——轴对齐

2）再次添加圆柱连接类型。单击"放置"滑面板左下角的"新建集"按钮（见图 2-2-16），则在"放置"滑面板中又添加了一个"圆柱"连接约束类型，单击图 2-2-17 所示组件 ZP02-01. asm 中零件 1. prt 的红色加亮基准轴线和组件 QBHK. asm 中零件 2. prt 的蓝色加亮基准轴线，完成圆柱连接设计。

通过上述操作，操控板状况功能区显示"完成连接定义"，单击操控板中的"确定"按钮，完成组件 ZP02-01. asm 的连接装配。渲染滑块 1. prt 和销钉 7. prt，结果如图 2-

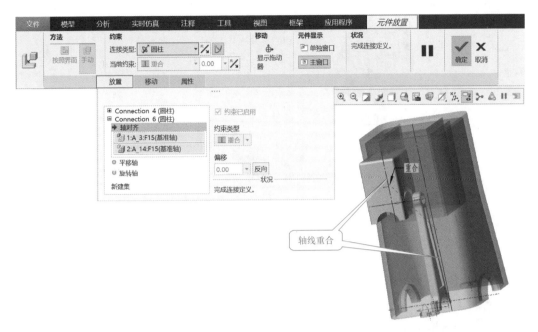

图 2-2-17 圆柱连接——轴对齐

2-18 所示。

（5）装配零件 5.prt。在导航树中选中壳体零件 2.prt，在弹出的快捷工具条中选择"隐藏" ，在图形窗口中隐藏模型，方便后面的装配操作。

单击"模型"选项卡 元件 功能区"组装"按钮 ，弹出【打开】文件对话框，选择零件 5.prt，单击【打开】对话框中的按钮 打开，则零件 5.prt 被载入装配设计界面。

1）添加重合约束。单击图 2-2-19 所示零件 5.prt 的红色加亮曲面（上端面），当前约束类型选择 重合，单击组件中零件 3.prt 的蓝色加亮曲面（底面），则两曲面重合。

图 2-2-18 完成组件 ZP02-01.asm 的连接装配设计

2）添加重合约束。单击图 2-2-20 所示零件 5.prt 的红色加亮轴线（左边小孔的轴线），当前约束类型选择 重合，单击组件中零件 3.prt 的蓝色加亮轴线（左边小孔的轴线），则两轴线重合。

通过上述两项约束，"元件放置"操控板上状况功能区显示"采用假设完全约束"，单击操控板中的"确定"按钮，完成零件 5.prt 的装配设计，如图 2-2-21 所示。

（6）装配底座零件 6.prt。在导航树中选中壳体零件 2.prt，在弹出快捷工具条中单击"显示"按钮 ，在图形窗口中恢复显示该模型。

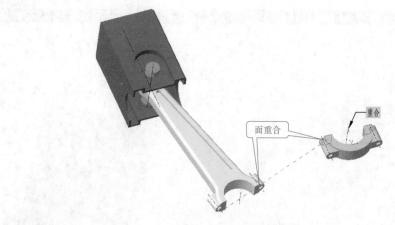

图 2-2-19　曲面重合约束

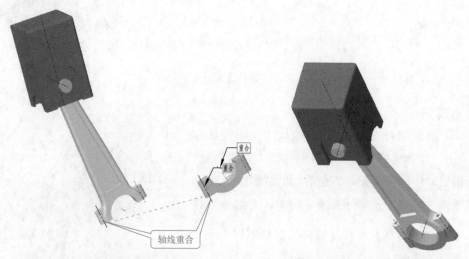

图 2-2-20　轴线重合约束　　　　　图 2-2-21　零件 5. prt 的装配效果

单击"模型"选项卡 元件▾ 功能区"组装"按钮，弹出【打开】文件对话框，选择零件 6. prt，单击【打开】对话框中的按钮 打开，则零件 6. prt 被载入装配设计界面。

1）添加重合约束。单击图 2-2-22 所示零件 6. prt 的红色加亮曲面（上部环形端面），当前约束类型选择 ⊥ 重合，单击组件中零件 2. prt 的蓝色加亮曲面（下部环形端面），则两曲面重合。

2）添加重合约束。单击图 2-2-23 所示零件 6. prt 的红色加亮轴线（左耳部小孔的轴线），当前约束类型选择 ⊥ 重合，单击组件中零件 2. prt 的蓝色加亮轴线（左耳部小孔的轴线），则两轴线重合。

通过上述两项约束，"元件放置"操控板上状况功能区显示"采用假设完全约束"，单击操控板中的"确定"按钮，完成零件 6. prt 的装配设计，如图 2-2-24 所示。

（7）装配销钉零件 8. prt。在导航树中选中零件 6. prt，在弹出快捷工具条中单击

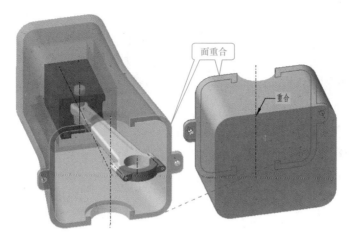

图 2-2-22　曲面重合约束

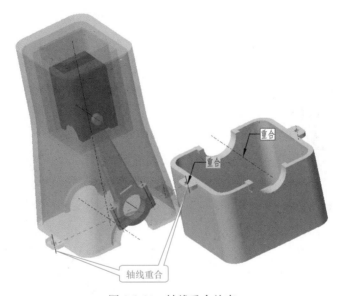

图 2-2-23　轴线重合约束

"隐藏"按钮 ，在图形窗口中隐藏模型。

单击"模型"选项卡 元件 功能区"组装"按钮 ，弹出【打开】文件对话框，选择零件 8.prt，单击【打开】对话框中的按钮 打开 ，则零件 8.prt 被载入装配设计界面。

1）添加重合约束。单击图 2-2-25 所示零件 8.prt 的红色加亮曲面（销钉头底部圆环面），当前约束类型选择 重合，单击组件中零件 2.prt 的蓝色加亮曲面（左耳部销钉放置端面），再单击操控板上的"更改约束方向"按钮 ，则两曲面反向重合。

2）添加重合约束。单击图 2-2-26 所示零件 8.prt 的红色加亮轴线（销钉轴线），当前约束类型选择 重合，单击组件中零件 2.prt 的蓝色加亮轴线（左耳部孔的轴线），则两轴线重合。

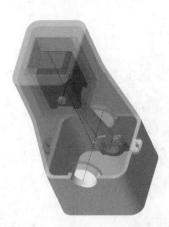

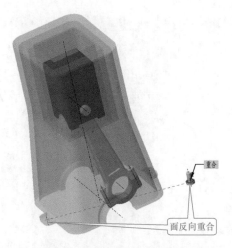

图 2-2-24 零件 6. prt 的装配效果　　　　图 2-2-25 曲面反向重合约束

通过上述两项约束，"元件放置"操控板上状况功能区显示"采用假设完全约束"，单击操控板中的"确定"按钮，完成零件 8. prt 的装配设计，如图 2-2-27 所示。

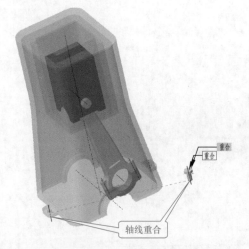

图 2-2-26 轴线重合约束　　　　图 2-2-27 零件 8. prt 的装配效果

（8）阵列销钉零件 8. prt。在导航树中单击选中零件 8. prt，再单击模型选项卡 修饰符▼功能区"阵列"按钮 ，打开"阵列"操控板，类型选 方向，选择壳体的左侧面作为方向参考，如图 2-2-28 所示。调整第一方向的更改方向按钮 ，使方向向右，输入成员数"2"，间距"152"。

单击"阵列"操控板上的"确定"按钮，完成右耳部销钉 8. prt 的装配，如图 2-2-29 所示。

（9）装配销钉零件 9. prt。在模型树中选中零件 2. prt，在弹出快捷工具条中单击"隐藏"按钮 ，在图形窗口中隐藏模型。

单击"模型"选项卡 元件▼功能区"组装"按钮 ，弹出【打开】文件对话框，选

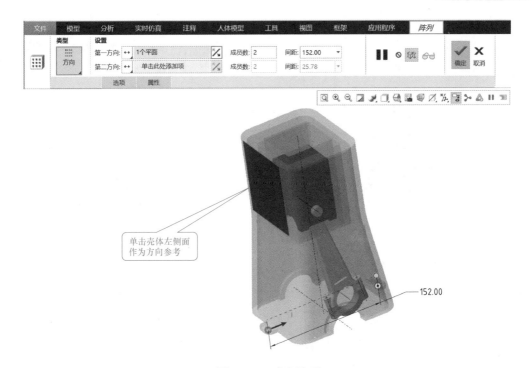

图 2-2-28 方向阵列

择零件 9. prt，单击【打开】对话框中的按钮 打开 ，则零件 9. prt 被载入装配设计界面。

1）添加重合约束。单击图 2-2-30 所示零件 9. prt 的红色加亮曲面后（销钉头底部端面），当前约束类型选择 重合 ，单击组件中零件 3. prt 的蓝色加亮曲面（左侧凸台上表面），最后单击操控板上的"更改约束方向"按钮 ，则两曲面反向重合。

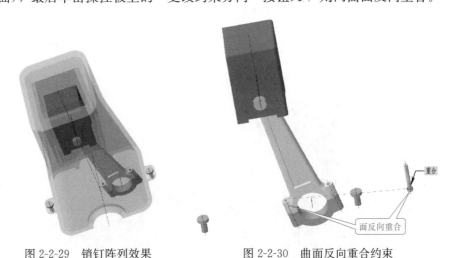

图 2-2-29 销钉阵列效果   图 2-2-30 曲面反向重合约束

2）添加重合约束。单击图 2-2-31 所示零件 9. prt 的红色加亮轴线（销钉轴线），当前约束类型选择 重合 ，单击组件中零件 3. prt 的蓝色加亮轴线（左凸台面小孔轴线），则两轴线重合。

通过上述两项约束，"元件放置"操控板上状况功能区显示"采用假设完全约束"，单击操控板中的"确定"按钮，完成零件 9. prt 的装配设计，如图 2-2-32 所示。同理装配右侧销钉，如图 2-2-33 所示。

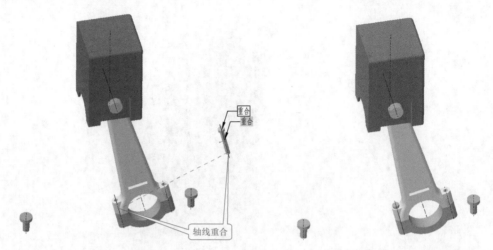

图 2-2-31　轴线重合约束　　　　　　　　图 2-2-32　零件 9. prt 的装配效果

（10）在模型树中选中零件 2. prt，同时按住 Ctrl 键，选择 4. prt 和 6. prt，在弹出快捷工具条中单击"显示"按钮 ，恢复所有模型的显示。通过视图控制工具条基准显示过滤器 关闭□ 轴显示 。至此，完成曲柄滑块机构的连接装配设计，如图 2-2-1 所示。

5. 保存文件

单击快速访问工具条上的"保存"按钮，保存当前模型。

三、曲柄滑块机构运动仿真

1. 进入机构环境

单击"应用程序"选项卡 运动 功能区"机构"按钮 ，进入机构环境，此时组件中显示连接约束状态，如图 2-2-34 所示。

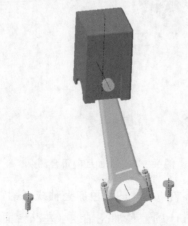

图 2-2-33　右侧 9. prt 的装配效果　　　　图 2-2-34　显示连接约束状态

2. 建立伺服电机

（1）单击"机构"选项卡 插入 功能区"伺服电动机"按钮 ，打开"电动机"操控板，如图 2-2-35 所示。

（2）鼠标左键单击选择机构中曲轴与壳体的连接轴作为电动机的驱动对象，这时模型中显示一紫色箭头，表示运动的方向，参考对象外壳绿色显示，被驱动对象曲轴黄色显示，如图 2-2-35 所示。

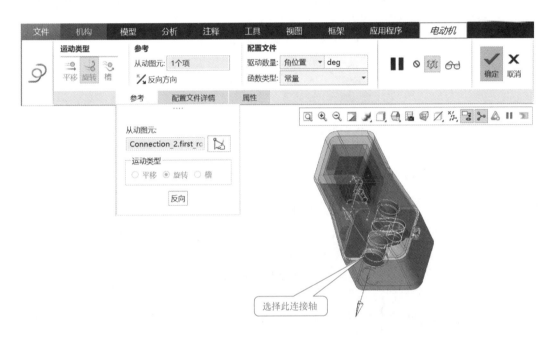

图 2-2-35 "电动机"操控板

（3）在"电动机"操控板，单击按钮 配置文件详情，打开"配置文件详情"滑面板，在驱动数量中选"角速度"，在系数"A"文本框输入"200"，即角速度为 200deg/sec，在"图形"栏中，选中"位置"和"速度"复选框，如图 2-2-36 所示。

（4）单击配置文件详情选项卡"图形"栏中的按钮 ，查看伺服电动机的位移和速度曲线，如图 2-2-37 所示。

（5）单击"电动机"操控板上的"确定"按钮，完成伺服电动机的设置。

3. 仿真运动过程

（1）单击"机构"选项卡 分析▼ 功能区"机构分析"按钮 ，打开【分析定义】对话框，接受系统默认的分析名称，选择分析类型为"运动学"，如图 2-2-38 所示。

（2）接受系统默认的图样显示格式，输入终止时间"30"，单击对话框中的按钮 运行(R) ，观察机构运动情况。再单击按钮 确定 ，关闭对话框。

图 2-2-36　配置文件详情选项卡

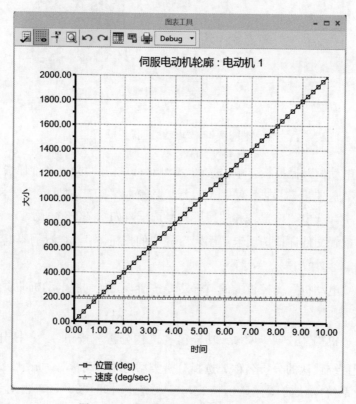

图 2-2-37　伺服电动机速度和位置曲线

图 2-2-38　【分析定义】对话框

4. 回放并保存分析结果

（1）单击"机构"选项卡 分析▼ 功能区机构分析"回放"按钮 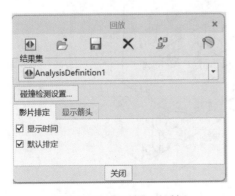，打开【回放】对话框，如图 2-2-39 所示。

（2）单击对话框中的"回放"按钮 ，打开【动画】播放对话框，如图 2-2-40 所示。

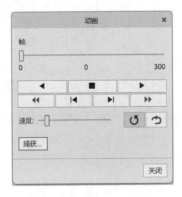

图 2-2-39　【回放】对话框　　　　　图 2-2-40　【动画】对话框

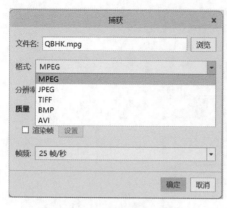

图 2-2-41 【捕获】对话框

（3）单击"播放"按钮 ▶，可以播放机构运动仿真过程。

（4）单击【动画】对话框中的按钮 捕获... ，打开【捕获】对话框，进行相应的设定，可将机构的仿真过程输出为影音文件或图片，如图 2-2-41 所示，输出文件保持在工作目录中。

（5）单击【动画】对话框中的按钮 关闭 ，再单击【回放】对话框中的按钮 关闭 ，完成机构运动仿真分析。

四、考核评价

根据图 2-2-42～图 2-2-48 所示图纸，运用所学知识进行零件的三维建模，再依据图 2-2-49 所示装配图进行装配。

小提示

机用平口虎钳工作原理：机用平口虎钳是一种装在机床工作台上用来夹紧零件以便进行加工的夹具。当用扳手转动螺杆时，螺杆带动方块螺母使活动钳身沿固定钳身做直线运动，方块螺母与活动钳身用螺钉连成一体，这样使钳口闭合或张开，从而达到夹紧或松开零件的目的。两块护口板用沉头螺钉紧固在钳身上，便于护口板磨损后拆卸更换。

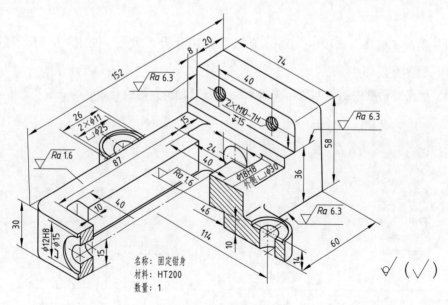

图 2-2-42 固定钳身

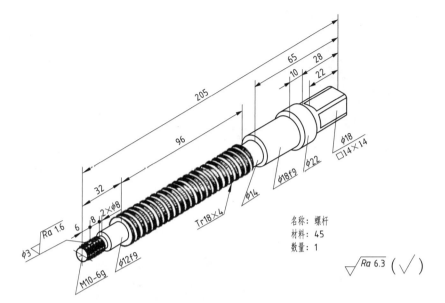

图 2-2-43　螺杆

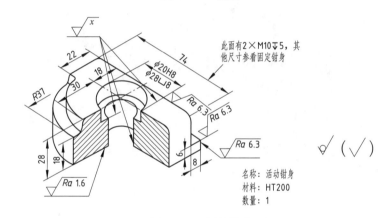

图 2-2-44　活动钳身

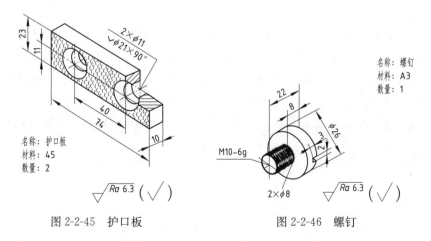

图 2-2-45　护口板　　　　　图 2-2-46　螺钉

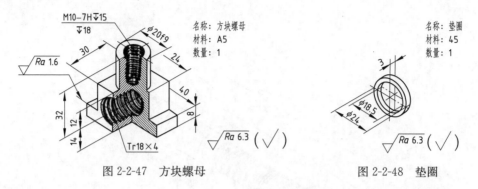

名称：方块螺母
材料：A5
数量：1

图 2-2-47　方块螺母

名称：垫圈
材料：45
数量：1

图 2-2-48　垫圈

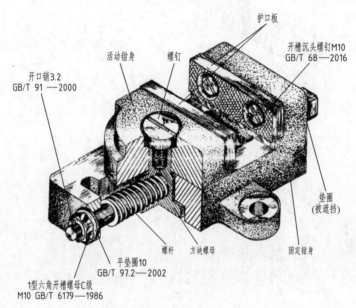

图 2-2-49　平口虎钳装配图

知识拓展

仿真技术是指采用计算机技术和仿真软件模拟项目实施运行的过程，主要应用于航空、航天、电力、化工等工程技术领域。在航空工业方面，采用仿真技术使大型客机的设计和研制周期缩短 20%，采用仿真实验代替实弹试验可使航天工业实弹试验的次数减少 80% 等，因此学好专业知识和掌握计算机技术，将会使项目或产品的设计研发周期缩短，成本大大降低，尤其对于各种复杂系统的研制工作，掌握这项技术尤为重要。

工程图设计

 A4 图框和学校标题栏的制作

任 务

创建图 3-1-1 所示的 A4 图框和学校标题栏。

分 析

由于 Creo 工程图模式提供的图纸都是非国标尺寸，图框可采用"格式"文件制作，标题栏通过"表"工具制作。

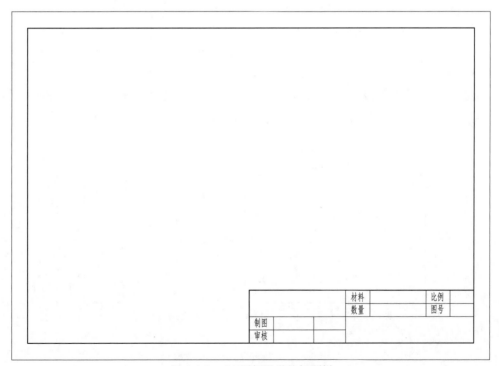

图 3-1-1　A4 图框及学校标题栏

知识目标

（1）掌握用格式文件类型制作图框的方法。

（2）掌握格式文件类型下利用"表"工具制作标题栏的方法。

技能目标

（1）能创建格式文件制作 A4 图框和标题栏。
（2）能将系统绘图配置文件的参数修改为国标标准。

素质目标

（1）树立标准规范意识。
（2）培养严谨踏实的工作作风。

一、工程图的国家标准

1. 图纸幅面

国家标准规定了五种基本图纸幅面具体的规格尺寸，见表 3-1-1。

表 3-1-1 图纸幅面及图框尺寸

幅面代号	A0	A1	A2	A3	A4
$B \times L$	841×1189	594×841	420×594	297×420	210×297
a	25				
c	10			5	
e	20		10		

2. 图框格式

图纸可以横放或竖放。无论图样是否装订，均应用粗实线画出图框和标题栏的线框。需要装订的图样，其格式如图 3-1-2 所示，周边尺寸按表 3-1-1 中规定。

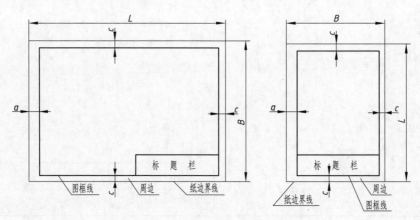

图 3-1-2 留装订边的图框格式

不留装订边的图样，其图框格式如图 3-1-3 所示，周边尺寸见表 3-1-1。

3. 标题栏

为了学习方便，在学校的制图作业中，建议采用如图 3-1-4 所示的推荐格式。

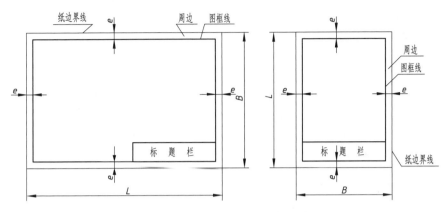

图 3-1-3　不留装订边的图框格式

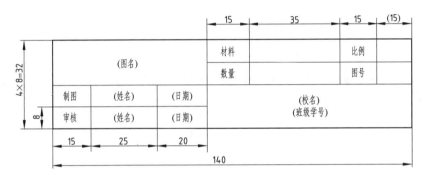

图 3-1-4　学校作业中的标题栏

二、创建工程图模板

1. 新建一个名为 A4_format 的格式文件

选择主菜单"文件"→"管理会话（M）"→"选择工作目录（W）"，打开【选择工作目录】对话框。选取工作目录"D：/Creo9"，在工作目录区单击鼠标右键，弹出快捷菜单，选取"新建文件夹"命令，在弹出的【新建文件夹】对话框中输入"GC03"，单击【新建文件夹】对话框中的"确定"按钮；再在工作目录区单击鼠标右键，弹出快捷菜单，选取"新建文件夹"命令，在弹出的【新建文件夹】对话框中输入"01"，再单击【选择工作目录】对话框中的"确定"按钮，即可完成当前工作目录的设定，即"D：/Creo9/GC03/01"。

选择主菜单"文件"→"新建"，或单击"新建"按钮 ，打开【新建】对话框，类型选取"格式"，输入名称"A4_format"，如图 3-1-5 所示，单击按钮 确定 ，弹出【新格式】对话框，如图 3-1-6 所示；在新格式中的"指定模板"栏中单击"空"单选框，图纸的方向选择"横向"，标准大小选择"A4"，然后单击对话框中的按钮 确定(O) ，进入 Creo 的格式界面，在格式界面中首先加载 1 个 A4 图框，如图 3-1-7 所示。

图 3-1-5 【新建】对话框　　　　　　　　图 3-1-6 【新格式】对话框

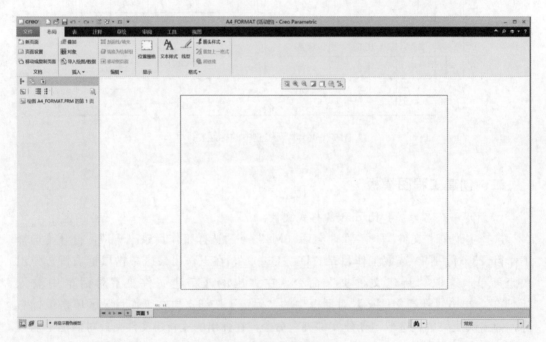

图 3-1-7　格式设计界面

2. 修改系统绘图参数的配置文件

选择主菜单"文件"→"准备"→"绘图属性"，打开【格式属性】对话框，如图 3-1-8 所示。单击"细节选项"右侧的"更改"，弹出【选项】对话框，如图 3-1-9 所示，选中"活动绘图"下面"以下选项控制与其他选项无关的文本"→"text _ height"，则将其添加至"选项"文本框，将"值"输入框中的默认值"0.15625"更改为"3.5"，再单击文本框右侧的"添加/更改"按钮，完成文本高度的修改。

按照上述方法完成其他参数的修改，需要修改的参数见表 3-1-2。

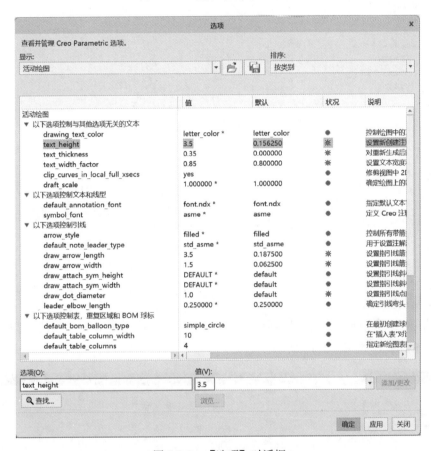

图 3-1-8　【格式属性】对话框

图 3-1-9　【选项】对话框

表 3-1-2　　　　　　　　　　　　　　需要修改的参数

参数名	说明	默认值	修改值
text_height	文字高度	0.15625	3.5
text_thickness	设置缺省文本粗细	0	0.35
text_width_factor	设置文本宽度和文本高度间的缺省比值	0.8	0.85
draw_arrow_length	尺寸箭头的长度	0.1875	3
draw_arrow_width	尺寸箭头的宽度	0.0625	1
draw_dot_diameter	设置导引线的直径	default	1
leader_elbow_length	确定导引弯肘的长度	0.25	6.0

修改完成后，单击【选项】对话框的"保存"按钮，系统弹出如图 3-1-10 所示的【另存为】对话框，保存路径"D：/Creo9/GC03/01"，输入文件名"China-std. dt1"，单击按钮 确定 ，再单击【选项】对话框中的按钮 确定 ，最后单击【绘图属性】对话框的按钮 关闭 。

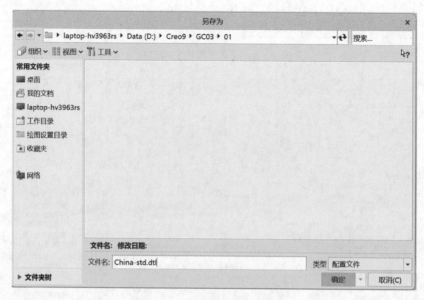

图 3-1-10 【另存为】对话框

3. 绘制图框

（1）复制左边框。

1）切换工具栏到"草绘"选项卡，单击 编辑▾ 功能区"编辑"右侧的下拉按钮▾，打开下拉工具条，如图 3-1-11 所示。

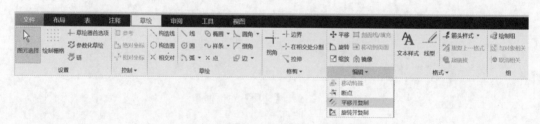

图 3-1-11 "草绘"选项卡"编辑"功能区

2）在"编辑"下拉工具栏中单击"平移并复制"按钮 平移并复制 ，弹出【选择】对话框，如图 3-1-12 所示。信息提示区显示"选择图元"，再用鼠标左键单击绘图区中图框的左边框，这时左边框红色加亮显示，如图 3-1-13 所示，再单击图 3-1-12【选择】对话框中的按钮 确定 ，弹出【选择点】对话框和"得到矢量"菜单管理器，如图 3-1-14 所示。在"得到矢量"菜单管理器中选择"水平"命令，在接下来弹出的【输入值】对话框中输入数值"10"，如图 3-1-15 所示，单击输入框的"接受值"按钮✓，系统再次弹出【输入副本数】对话框，输入数值"1"，如图 3-1-16 所示，再单击输入框的"接受值"按钮 ✓，这时绘图区中的左边框向右复制出 1 条直线，如图 3-1-17 所示。

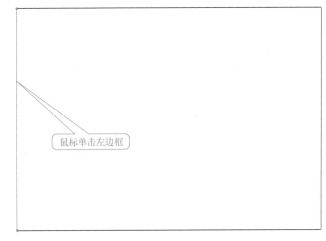

图 3-1-12 【选择】对话框　　　　　　　　图 3-1-13 选择左边框

图 3-1-14 【选择点】文本框和"得到矢量"菜单管理器

图 3-1-15 【输入值】对话框

图 3-1-16 【输入副本数】对话框

（2）复制右边框。在"编辑"下拉工具栏中单击"平移并复制"按钮 ⤢ 平移并复制，弹出【选择】对话框（见图 3-1-12）。用鼠标左键单击绘图区中图框的右边框，这时右边框红色加亮显示，如图 3-1-18 所示，单击【选择】对话框中的按钮 确定，弹出【选择点】对话框和"得到矢量"菜单管理器，选择"水平"（见图 3-1-14）。在接下来弹出的【输入值】对话框中输入数值"－10"，如图 3-1-19 所示，单击对话框的"接受值"按钮 ✓，系统再次弹出【输入副本数】对话框，输入数值"1"，如图 3-1-20 所示，再单击

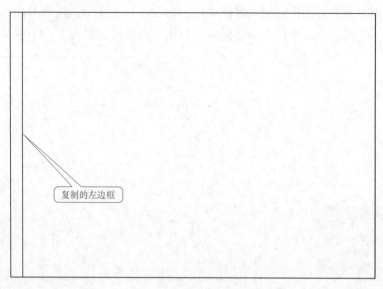

图 3-1-17　复制的左边框

输入框的"接受值"按钮✓。这时绘图区中的右边框向左复制出 1 条直线，如图 3-1-21 所示。

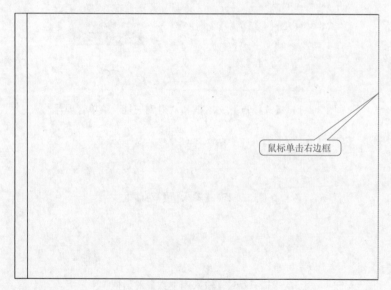

图 3-1-18　选择右边框

图 3-1-19　【输入值】对话框　　　　　图 3-1-20　【输入副本数】对话框

（3）复制上边框。在"编辑"下拉工具栏中单击"平移并复制"按钮，弹出【选择】对话框（见图 3-1-12）。用鼠标左键单击绘图区中图框的上边框，这时上

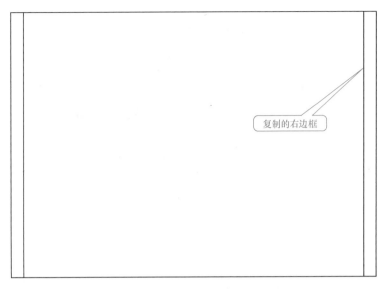

图 3-1-21　复制的右边框

边框红色加亮显示，如图 3-1-22 所示，单击【选择】对话框中的按钮 确定 ，弹出【选择点】对话框和"得到矢量"菜单管理器，如图 3-1-23 所示。选择"垂直"命令，在弹出的【输入值】对话框中输入数值"−10"，单击输入框的"接受值"按钮✓，系统再次弹出【输入副本数】对话框，输入数值"1"，再单击输入框的"接受值"按钮✓。这时绘图区中的上边框向下复制出 1 条直线，如图 3-1-24 所示。

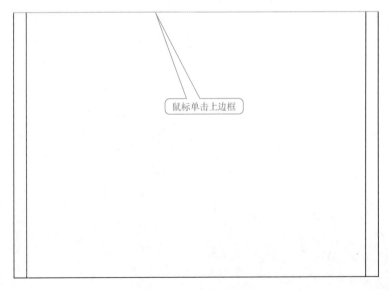

图 3-1-22　选择上边框

（4）复制下边框。在"编辑"下拉工具栏中单击"平移并复制"按钮 ╱ 平移并复制 ，弹出【选择】对话框（见图 3-1-12）。用鼠标左键单击绘图区中图框的下边框，这时下边框红色加亮显示，如图 3-1-25 所示，单击【选择】对话框中的按钮 确定 ，弹出【选择

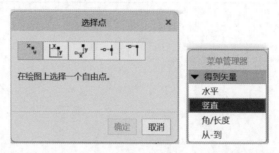

图 3-1-23 【选择点】文本框和"得到矢量"菜单管理器

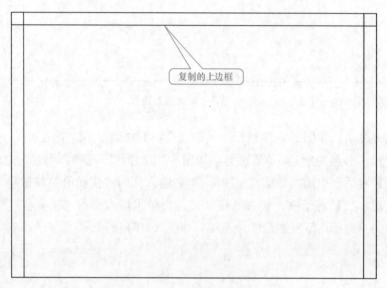

图 3-1-24 复制的上边框

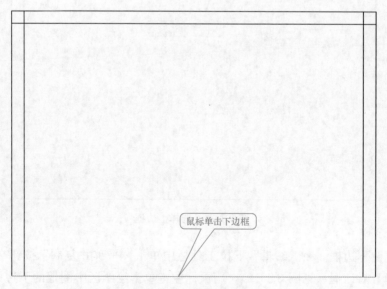

图 3-1-25 选择下边框

点】对话框和"得到矢量"菜单管理器，选择"垂直"命令（见图3-1-23）。在接下来弹出的【输入值】对话框中输入数值"10"，单击输入框的"接受值"按钮 ✓ ，系统再次弹出【输入副本数】对话框，输入数值"1"，单击输入框的"接受值"按钮 ✓ 。这时绘图区中的下边框向上复制出1条直线，如图3-1-26所示。

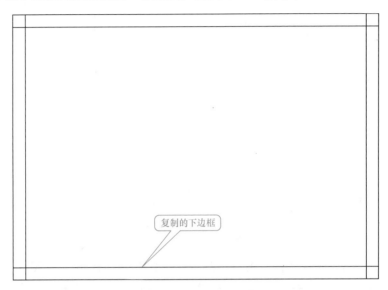

图 3-1-26　复制的下边框

（5）修剪拐角。

1）在"草绘"选项卡单击 修剪 ▾ 功能区的"拐角"按钮 ，弹出【选择】对话框，提示"选择2个项"，如图3-1-27所示。单击复制的左边框（在交点下方单击），同时按住Ctrl键，选择复制的上边框（在交点右方单击），如图3-1-28所示，完成左上角的拐

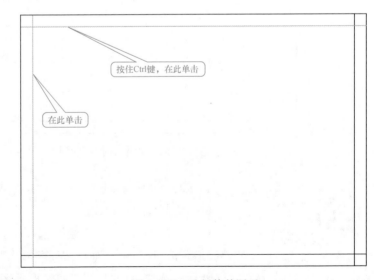

图 3-1-27　【选择】对话框　　　　　图 3-1-28　选择修剪图元

角修剪如图 3-1-29 所示。

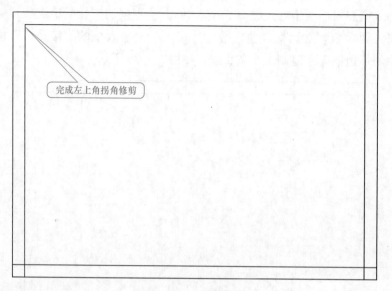
完成左上角拐角修剪

图 3-1-29　拐角修剪

2）同理，完成其他拐角的修剪。至此，完成 A4 图框的创建，如图 3-1-30 所示。

图 3-1-30　完成 A4 图框的创建

4. 标题栏的创建

（1）绘制标题栏边线。

1）切换工具栏到"草绘"选项卡，再单击 草绘 功能区 "偏移边"按钮 ⌐边▼，弹出"偏移操作"菜单管理器，如图 3-1-31 所示。选"单一图元"，信息提示区显示"选择图元"，鼠

图 3-1-31　菜单管理器

标单击复制的下边框，这时下边框红色加亮显示。在弹出的【于箭头方向输入偏移】对话框中输入"－32"，如图 3-1-32 所示，单击输入框的"接受值"按钮 ✓，复制出标题栏的上边线，如图 3-1-33 所示。

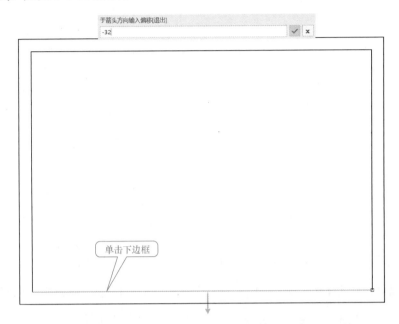

图 3-1-32 【于箭头方向输入偏移】对话框

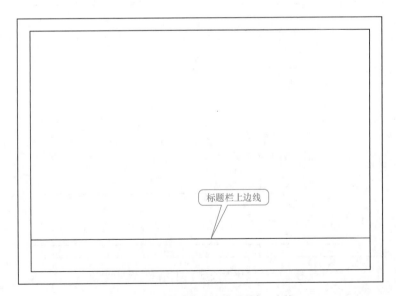

图 3-1-33 偏移复制的标题栏上边线

2）同理，选择复制的右边框，向左偏移"－140"，使用"拐角"按钮 修剪，如图 3-1-34 所示。

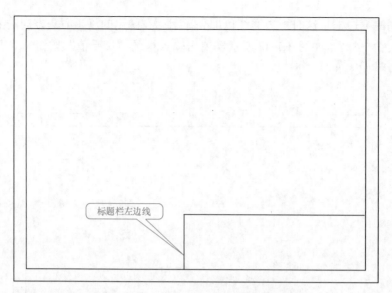

图 3-1-34　绘制标题栏左边线并修剪

（2）加粗图框线和标题栏边线。"草绘"选项卡 格式▼ 功能区，单击"线型"按钮 ，打开【修改线型】对话框，如图 3-1-35 所示，将图框边和标题栏边的宽度依次修改为"0.5"。全部修改完成后单击按钮 应用(A) 后，再单击按钮 关闭 。

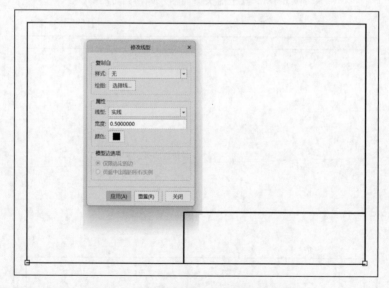

图 3-1-35　【修改线型】对话框及修改线宽

（3）切换工具栏到"表"选项卡，单击 表▼ 功能区的"表"按钮 的下拉按钮▼打开下拉菜单，如图 3-1-36 所示。

（4）单击下拉菜单中的"插入表"，弹出【插入表】对话框，如图 3-1-37 所示，方向选择"表的增长方向：向左且向上" ，输入列数"7"，行数"4"，行高度"8"，列

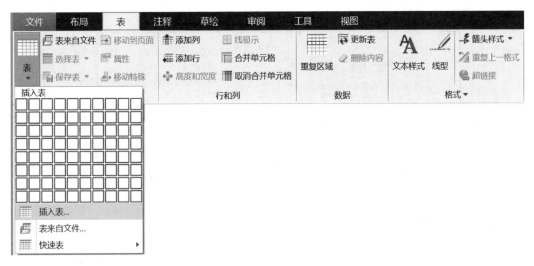

图 3-1-36 "表"选项卡

宽度"15",单击对话框的按钮 ✓ 确定。弹出如图 3-1-38 所示的【选择点】对话框,信息提示区显示"定位表的原点",用鼠标左键单击图框的右下角点。绘制完成的表格如图 3-1-39 所示。

图 3-1-37 【插入表】对话框

(5)增加列宽。鼠标左键在绘图区中框选第 2 列单元格,其红色加亮显示,然后单击"表"选项卡 行和列 功能区按钮 ⊕ 高度和宽度,打开【高度和宽度】对话框,输入列宽度"25",如图 3-1-40 所示,然后单击对话框的按钮 确定。这时,第 2 列加宽,如图 3-1-41 所示。

同理,将第 3 列宽度修改为"20",第 5 列宽度修改为"35",结果如图 3-1-42 所示。

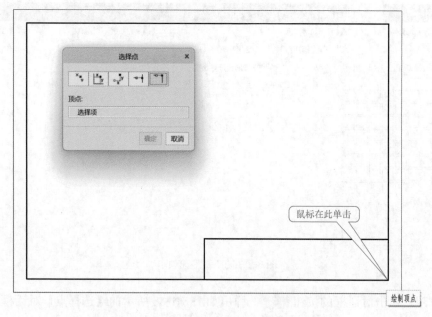

图 3-1-38 【选择点】对话框及选择图框右下角点

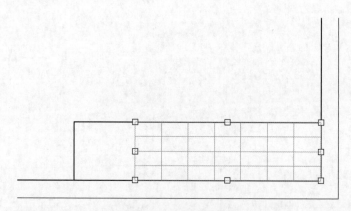

图 3-1-39 绘制的表格

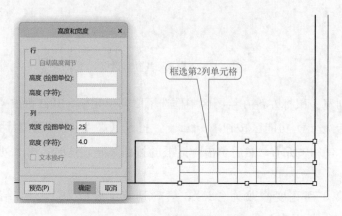

图 3-1-40 【高度和宽度】对话框

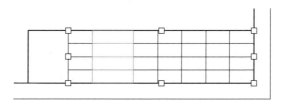

图 3-1-41 第 2 列加宽

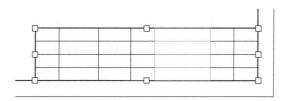

图 3-1-42 列加宽结果

（6）合并单元格。鼠标左键在绘图区中框选图 3-1-43 所示的单元格，其红色加亮显示，然后单击"表"选项卡 行和列 功能区"合并单元格"按钮 合并单元格，完成的单元格合并效果如图 3-1-44 所示。同理，框选图 3-1-45 所示的单元格，其红色加亮显示，单击"合并单元格"按钮 合并单元格，完成的单元格合并效果如图 3-1-46 所示。

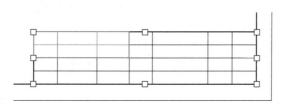

图 3-1-43 框选单元格Ⅰ

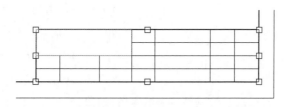

图 3-1-44 单元格合并Ⅰ

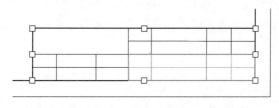

图 3-1-45 框选单元格Ⅱ

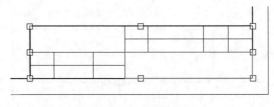

图 3-1-46　单元格合并 Ⅱ

5. 在标题栏中输入文本

（1）输入文字。鼠标左键双击图 3-1-47 所示加亮单元格，打开"格式"选项卡，在单元格中输入"制图"，然后依次双击单元格输入"审核""材料""数量""比例""图号"，如图 3-1-48 所示。输入完成后，单击鼠标左键退出"格式"选项卡。

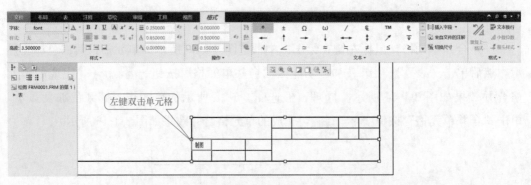

图 3-1-47　鼠标左键双击加亮单元格输入"制图"

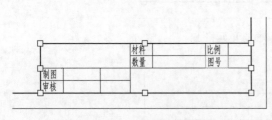

图 3-1-48　输入其他文本

（2）在"表"选项卡框选所有文字后，单击 格式▾ 功能区"文本样式"按钮 🄰 文本样式，打开【文本样式】对话框，如图 3-1-49 所示。将"注解/尺寸"栏中的"水平"更改为"中心"，"竖直"更改为"中间"，单击按钮 应用(A)，最后单击对话框的按钮 关闭(C) 。至此，完成学校标题栏的创建。

6. 完成 A4 图框及标题栏的创建

单击快速访问工具栏中的"保存"按钮 🖫，以备下次调用。至此，全部完成 A4 图框及标题栏的创建，如图 3-1-1 所示。同理可完成 A0、A1、A2、A3 等图框及其他标题栏的创建。

三、考核评价

独立完成如图 3-1-50 所示的 A4 图框竖放，学校标题栏的制作。

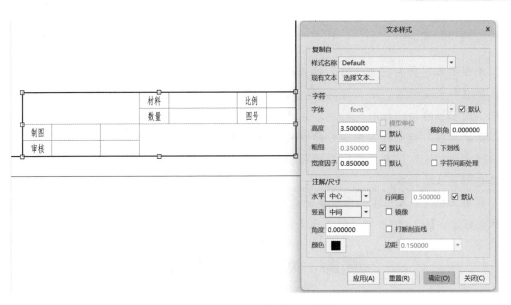

图 3-1-49 【文本样式】对话框

图 3-1-50 A4 图框竖放

知识拓展 ------------►

工程图绘制需要贯彻标准。按照标准的适用范围，我国分为国家标准、行业标准、地方标准和企业标准。国家标准在全国范围内适用，其他各级别标准不得与国家标准相抵触。国家标准按照标准化对象，分为技术标准、管理标准和工作标准三大类。

国家标准、行业标准和地方标准又分强制性标准（代号为"GB"）和推荐性国家标准（代号为"GB/T"）两类。对于强制性标准，国家要求必须执行；对于推荐性标准，国家鼓励企业自愿采用。

作为工程技术人员在工作中要注意贯彻各类的标准和规范，如贯彻 ISO 9000 质量管理体系标准、ISO 14000 环境管理体系标准和 OHSAS18000 职业健康安全管理体系规范。

任务二　底板普通视图的制作

☼ 任　务

创建如图 3-2-1 所示的底板工程图。

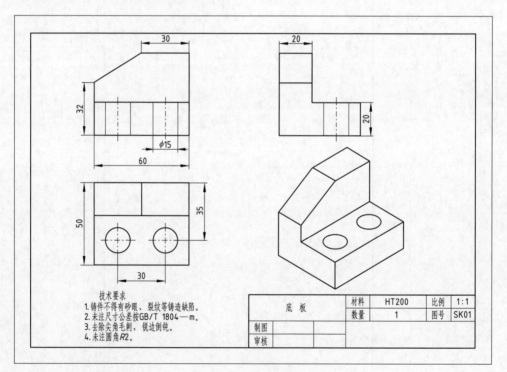

图 3-2-1　底板工程图

👤 分　析

本任务是创建二维工程图的普通视图，尽管三维实体造型已经包含了产品的所有信息，但是在实际生产中，二维工程图纸却起着不可替代的作用，因此使用三维实体模型转换成二维图纸来适应企业的生产活动。

知识目标

（1）掌握绘图文件调入图框模板的方法。
（2）掌握一般视图、投影视图的创建方法、尺寸及技术要求标注的方法。

技能目标

（1）能熟练调入图框，熟练运用一般视图、投影视图及尺寸标注命令。
（2）能正确制作底板的三视图和轴测图，并合理布局。

素质目标

（1）养成责任担当的品质。
（2）培养一丝不苟的敬业精神。

一、绘图准备

1. 修改尺寸公差为国际标准

选择主菜单"文件"→"准备"→"绘图属性"，打开【绘图属性】对话框，如图 3-2-2 所示，单击"公差标准"右侧的"更改"按钮，弹出"公差设置"菜单管理器，选择"ISO/DIN"，弹出"是否重新生成"【确认】对话框，如图 3-2-3 所示，单击对话框的按钮 是(Y) ，再单击菜单管理器上的"完成/返回"。

图 3-2-2 【绘图属性】对话框

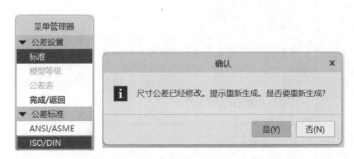

图 3-2-3 菜单管理器及【确认】对话框

2. 修改系统绘图参数的配置文件

单击【绘图属性】对话框中"细节选项"右侧的"更改"按钮（见图 3-2-2），弹出【选项】对话框，依次修改"活动绘图"下面的各项参数，见表 3-2-1。

表 3-2-1　　　　　　　　　　　　　　需要修改的参数

参数名	说明	默认值	修改值
text_height	文本高度	0.15625	3.5
text_thickness	设置缺省文本粗细	0	0.35
text_width_factor	设置文本宽度和文本高度间的缺省比值	0.8	0.85
broken_view_offset	断裂视图偏移距离	1	5
def_view_text_height	视图注释文字高度	0	5
default_view_ label_placement	设置视图标签的默认位置和对齐方式	bottom_left	top_center
half_view_line	确定对称线的显示	solid	symmetry_iso
projection_type	投影视角	third_angle	first_angle
view_note	创建为一个与视图相关的注解，且省略 "section" "detail" 和 "see detail" 等词	std_ansi	std_din
view_scale_denominator	添加模型第一个视图，选定视图比例的采用形式	0	1
view_scale_format	以比例形式显示视图比例	deciamal	ratio_colon
crossec_arrow_length	横截面切割平面箭头的长度	0.187500	5
crossec_arrow_width	横截面切割平面箭头的宽度	0.062500	2
cutting_line	控制切割线的显示	std_ansi	std_gb
half_section_line	剖切区域设置为"一半"时，显示剖切区域与未剖切区域分开的线	solid	centerline
show_total_unfold_seam	确定全部展开横截面接缝是否显示	yes	no
datum_point_size	控制基准点的显示	0.312500	8
hidden_tangent_edges	控制隐藏相切边的显示	default	erased
thread_standard	有轴的螺纹孔	std_ansi	std_iso
allow_3d_dimensions	确定是否在 3D 视图中显示尺寸标注	no	yes
default_angdim_ text_orientation	角度尺寸的默认文本方向	horizontal	parallel_above
default_lindim_ text_orientation	尺寸文本放置方式	horizontal	parallel_to_and_ above_leader

续表

参数名	说明	默认值	修改值
default_diadim_ text_orientation	直径尺寸的默认文本方向	next_to_and_ centered_about_elbow	above_extended_ elbow
default_raddim_ text_orientation	半径尺寸的默认文本方向	next_to_and_ centered_about_elbow	parallel_to_and_ above_leader
diam_leader_length	尺寸引线长度	0.5	5
witness_line_delta	设置尺寸界线在尺寸引线箭头上的延伸量	0.125	2
witness_line_offset	设置尺寸线与标注尺寸的对象之间的偏移量	0.0625	0.5
draw_arrow_length	设置指引线箭头的长度	0.1875	3
draw_arrow_width	设置指引线箭头的宽度	0.0625	1
leader_elbow_length	引线弯曲的长度	0.25	6
axis_line_offset	设置直轴线延伸超出其关联特征的默认距离	0.1	3
circle_axis_offset	设置圆十字叉丝轴延伸超出圆边的默认距离	0.1	3
drawing_units	绘图单位	inch	mm
max_balloon_radius	球标的最大允许半径	0	3
min_balloon_radius	球标的最小允许半径	0	2

修改完成后，单击【选项】对话框上部的"保存"按钮 ⊞ ，系统弹出【另存为】对话框，保存路径"D：/Creo9/GC03/02"，输入文件名"China-std-2.dt1"，单击按钮 确定 ，再单击【选项】对话框中的按钮 确定 ，最后单击【绘图属性】对话框的按钮 关闭 。

二、创建普通工程图简介

1. 创建一般视图

在创建工程图时，首先要创建的就是一般视图，它是所有其他视图的基础。创建一般视图的方法如下：

（1）单击工具栏"布局"选项卡 模型视图▼ 功能区中的"普通视图"按钮 ⬛ 普通视图 ，或单击鼠标右键，在弹出的快捷菜单中选择"普通视图"命令，如图 3-2-4 所示。

（2）接下来系统弹出【选择组合状态】对话框，如图 3-2-5 所示。接受默认"无组合状态"，信息提示区显示"选择绘制视图的中心点"，在绘图区的适当位置单击鼠标左键，出现零件的三维模型，并且弹出【绘图视图】对话框，如图 3-2-6 所示。在该对话框中可以定义视图类型、比例、视图显示等项。

223

（3）在【绘图视图】对话框中"视图方向"栏中，选择定向方法有三项："查看来自模型的名称"，使用来自模型的已保存的视图定向；"几何参考"，通过选取几何参照定向视图；"角度"，通过选取旋转参照和旋转角度定向视图。

图 3-2-4　快捷菜单　　　图 3-2-5　【选择组合状态】对话框

图 3-2-6　【绘图视图】对话框

2. 创建投影视图

投影视图是已有视图在水平或垂直方向的正交投影。创建投影视图时需要指定一个视图作为父视图，通常在创建投影视图前已经创建好了一个普通视图。投影视图的创建方法如下：

（1）单击"布局"选项卡 模型视图▼ 功能区中的"投影视图"按钮 ██ 投影视图。

（2）选取投影视图的父视图，出现黄色的线框，将黄色线框拖到合适位置，单击鼠标左键完成投影视图的创建。双击投影视图，或选取投影视图后，单击鼠标左键弹出快捷工具条，如图 3-2-7 所示，选择"属性"按钮 ✍，则打开【绘图视图】对话框，可以修改投影视图的属性。

（3）若删除投影视图的父视图，则所有与该父视图相关的投影图都会被删除。

图 3-2-7　快捷工具条

三、底板普通视图的创建

1. 新建一个名为"diban. drw"的绘图文件

设置工作目录为"D：/Creo9/GC03/02"。选择主菜单"文件"→"新建"，或单击"新建"按钮 🗋，打开【新建】对话框，类型选取"绘图"，输入名称"diban"，取消勾选"使用默认模板"复选框，如图 3-2-8 所示，单击按钮 确定 。弹出【新建绘图】对话框，如图 3-2-9 所示，单击"默认模型"右侧的按钮 浏览... ，弹出【打开】对话框，如图 3-2-10 所示。选择"D：/Creo9/GC03/02"中的"diban. prt"，单击【打开】对话框中的按钮 打开 ，这时【新建绘图】对话框中的"默认模板"栏中显示"diban. prt"，再选择【新建绘图】对话框"指定模板"为"格式为空"，如图 3-2-11 所示。单击"格式"右侧的按钮 浏览... ，在弹出的【打开】对话框中选择"D：/Creo9/GC03/01"中的"A4_format. frm"，如图 3-2-12 所示，然后单击对话框中的按钮 打开 ，这时【新建绘图】对话框如图 3-2-13 所示，再单击对话框中的按钮 确定(O) ，进入 Creo 的绘图界面。在绘图界面中首先加载 1 个 A4 图框及标题栏，如图3-2-14 所示。

图 3-2-8　【新建】绘图文件对话框

图 3-2-9　【新建绘图】对话框Ⅰ

2. 创建底板主视图

（1）单击视图控制工具条"基准显示过滤器"按钮 ，关闭所有基准的显示。单击工具栏"布局"选项卡 模型视图 ▼ 功能区中的"普通视图"按钮 （见图 3-2-14），

图 3-2-10 【打开】对话框中打开"diban.prt"　　图 3-2-11 【新建绘图】
对话框Ⅱ

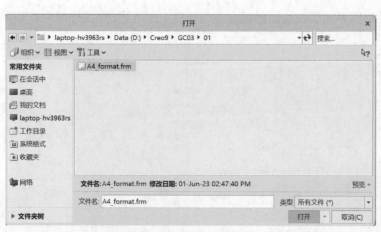

图 3-2-12 【打开】对话框中打开"A4_format.frm"模板　　图 3-2-13 【新建绘图】
对话框Ⅲ

弹出【选择组合状态】对话框，接受默认"无组合状态"（见图 3-2-5），单击对话框中的按钮 确定(O)。信息提示区显示"选择绘制视图的中心点"，在图纸左上部的合适位置单击鼠标左键，则在绘图区出现零件的三维视图，并弹出【绘图视图】对话框，如图 3-2-15 所示。

（2）在"模型视图名"栏中选择"RIGHT"，再单击对话框下面的按钮 应用 。

（3）单击对话框左侧"类别"中的"比例"选项，弹出"比例和透视图选项"属性页，如图 3-2-16 所示，使用"页面的默认比例（1.000）"，在此页也可以"自定义比例"。

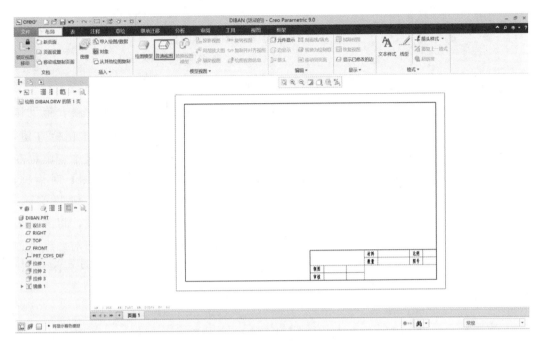

图 3-2-14 Creo 的绘图界面

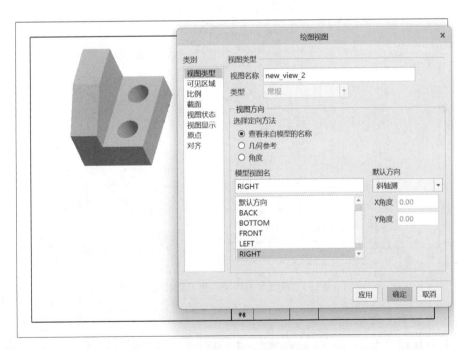

图 3-2-15 【绘图视图】对话框

（4）单击对话框左侧"类别"中的"视图显示"选项，弹出"视图显示"属性页，如图 3-2-17 所示，将"显示样式"设置为"隐藏线"，单击按钮 应用 ，完成主视图的绘制。

图 3-2-16 "比例和透视图选项"属性页

最后，单击对话框中的按钮 确定 。

（5）单击对话框中的按钮 确定 ，关闭【绘图视图】对话框。

3. 创建底板俯视图

单击工具栏"布局"选项卡 模型视图▾ 功能区中的"投影视图"按钮 投影视图，拖动鼠标在图纸左下部合适的位置单击鼠标左键，创建俯视图。俯视图"着色"显示，鼠标左键双击俯视图，弹出【绘图视图】对话框，单击对话框左侧"类别"中的"视图显示"选项，弹出"视图显示"属性页，将"显示样式"设置为"隐藏线"，再单击对话框下面的按钮 应用 ，完成的俯视图如图 3-2-18 所示。

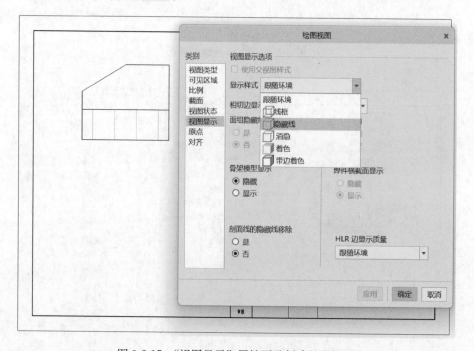

图 3-2-17 "视图显示"属性页及创建的主视图

4. 创建底板左视图

单击工具栏"布局"选项卡 模型视图▾ 功能区中的"投影视图"按钮 投影视图，这时，主视图和俯视图同时加亮显示，用鼠标左键单击选择主视图，以创建主视图的投影视图，拖动鼠标在图纸右边合适的位置单击鼠标左键，创建左视图，并将"显示样式"设置为"隐藏线"，再单击对话框下面的按钮 应用 ，完成的左视图如图 3-2-19 所示。最后，单击对话框中的按钮 确定 。

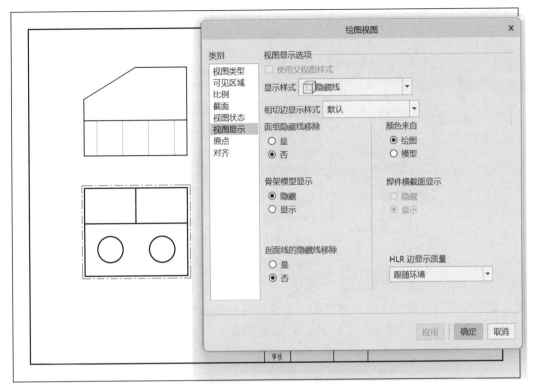

图 3-2-18 创建的俯视图

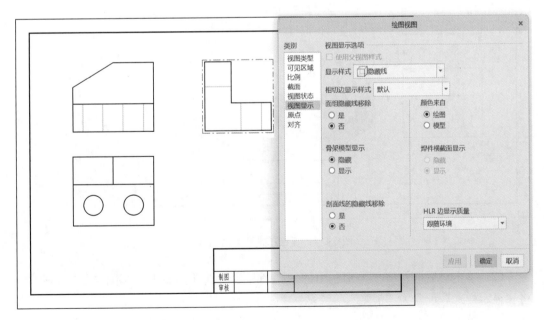

图 3-2-19 创建的左视图

图 3-2-20　快捷菜单

5. 调整视图位置

单击工具栏"布局"选项卡文档功能区的"锁定视图移动"按钮（默认锁定，不允许视图移动），或在绘图区选中需要移动位置的视图，再单击鼠标的右键，弹出快捷菜单，如图 3-2-20 所示，选择"锁定视图移动"命令，将其设置为解锁状态。这时通过移动各视图调整视图在图纸中的相对位置。

6. 创建三维轴测图

（1）单击工具栏"布局"选项卡模型视图▼功能区中的"普通视图"按钮普通视图，弹出【选择组合状态】对话框，接受默认"无组合状态"，单击对话框中的按钮确定(O)。信息提示区显示"选择绘制视图的中心点"，在图纸右下部的合适位置单击鼠标左键，则在绘图区出现零件的三维视图，并弹出【绘图视图】对话框，接受"默认方向"栏中的"等轴测"，如图 3-2-21 所示，单击按钮应用。

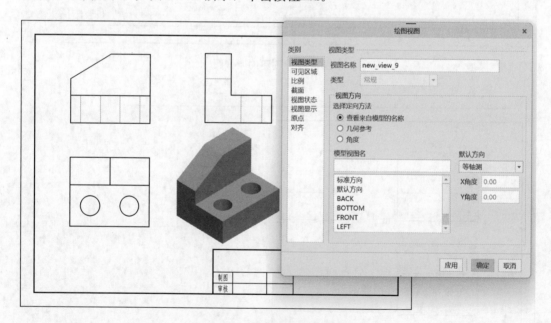

图 3-2-21　【绘图视图】对话框

（2）单击对话框左侧"类别"中的"视图显示"选项，弹出"视图显示"属性页，将"显示样式"设置为"消隐"。

（3）单击对话框中的按钮确定，完成三维轴测图的绘制，如图 3-2-22 所示。

7. 自动添加尺寸及中心轴

（1）自动添加尺寸。将工具栏切换到"注释"选项卡，如图 3-2-23 所示。在绘图区

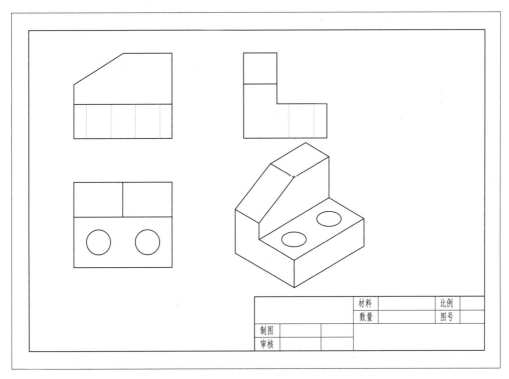

图 3-2-22　创建的轴测图

选中主视图，单击 注释▼ 功能区"显示模型注释"按钮，打开【显示模型注释】对话框，默认为尺寸 选项卡，如图 3-2-24 所示。主视图同时显示 5 个尺寸值，这时选中 60、32 和 ϕ15 尺寸，在主视图中显示，即在对话框中单击相应尺寸前的复选框，也可直接在主视图中单击需要留下的尺寸。

图 3-2-23　注释选项卡

（2）自动添加中心轴线。尺寸添加完毕，将【显示模型注释】对话框切换到创建轴选项卡，如图 3-2-25 所示，这时主视图中两个孔的轴线 A ＿ 1 和 A ＿ 2 显示出来，再单击选中对话框中两条轴线前的复选框。

（3）单击对话框中的按钮 确定，完成主视图中尺寸和轴线的自动添加。

（4）同理，在俯视图和左视图中添加尺寸和轴线，结果如图 3-2-26 所示。

8. 标注其余尺寸

（1）标注直线尺寸。单击工具栏"注释"选项卡 注释▼ 功能区"尺寸"按钮，弹出【选择参考】工具条，如图 3-2-27 所示，接受默认"选择图元"命令，鼠标左键

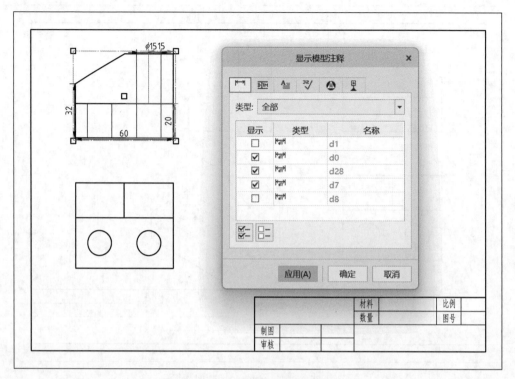

图 3-2-24　添加主视图尺寸

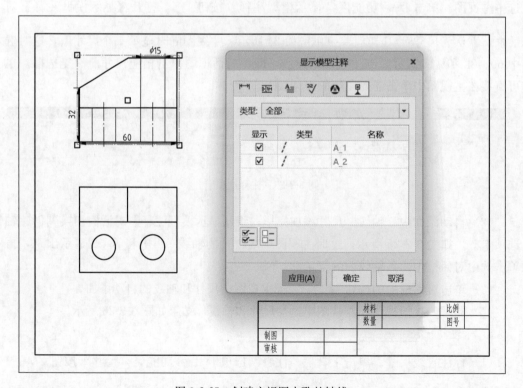

图 3-2-25　创建主视图中孔的轴线

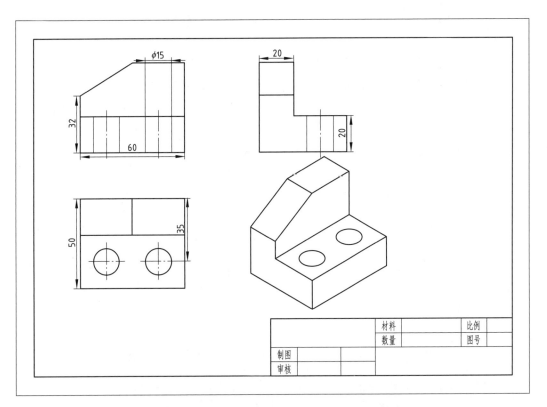

图 3-2-26　自动添加俯视图和左视图的尺寸及轴线

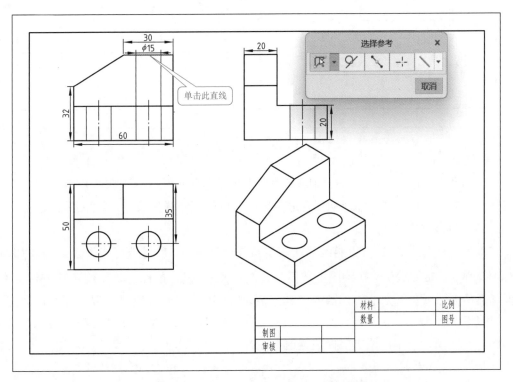

图 3-2-27　【选择参考】工具条和直线标注

233

单击主视图上部的直线，选中后直线红色加亮显示，这时鼠标呈铅笔形状，在适当位置单击鼠标中键，完成尺寸 30 的标注。

（2）标注圆心距尺寸。在【选择参考】工具条中接受默认"选择图元"命令 ，按住 Ctrl 键，在绘图区中依次选中俯视图中左、右两个圆弧，这时两个圆弧红色加亮显示，如图 3-2-28 所示；在适当的位置单击鼠标中键，即可完成 2 小圆圆心距的尺寸标注。

（3）标注完成后，单击【选择参考】工具条的按钮 取消 。

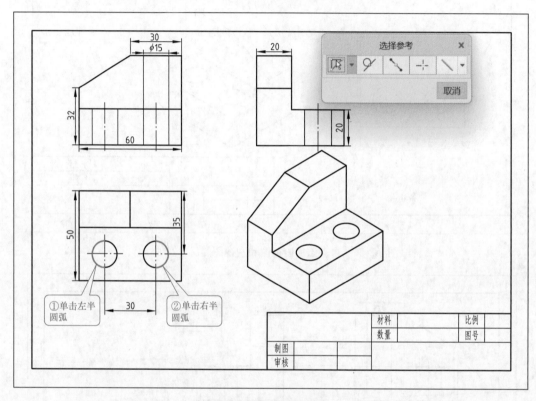

图 3-2-28　标注圆心距

（4）合理安排尺寸位置。在绘图区中选中需调整的尺寸，这时尺寸红色加亮显示，光标十字显示，将选中尺寸拖动到合适位置，完成的尺寸调整如图 3-2-29 所示。

9. 添加技术要求

单击注释选项卡 注释▾ 功能区"注解"按钮 注解▾ ，弹出【选择点】工具条，如图 3-2-30 所示，接受默认"在绘图上选择一个自由点" ，鼠标上显示红色长方形文本框，然后在图纸左下方单击，输入"技术要求 1. 铸件不得有砂眼、裂纹等铸造缺陷。2. 去除尖角毛刺，锐边倒钝。3. 未注尺寸公差按 GB/T 1804—m。4. 未注圆角 $R2$。"，如图 3-2-31 所示。单击两次鼠标左键退出注解。

10. 填写标题栏

双击要填写的单元格，在其中输入文本，并修改文本的高度与位置，最后完成的底

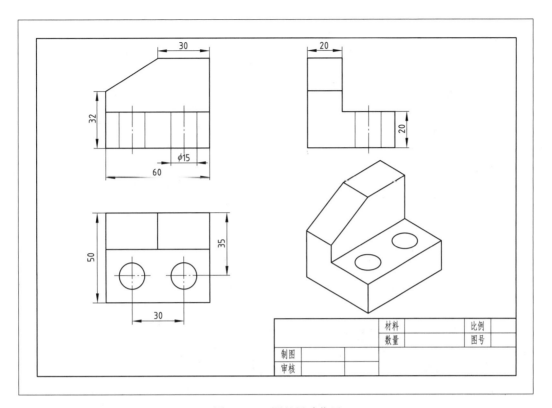

图 3-2-29 调整尺寸位置

图 3-2-30 【选择点】工具条

板工程图，如图 3-2-1 所示。

11. 保存文件

单击快速访问工具栏中的"保存"按钮，保存当前文件。

四、考核评价

（1）根据图 3-2-32 所示的图纸，绘制摇臂座三维模型。

（2）根据创建的三维模型，生成零件的工程图纸，尺寸标注齐全。

（3）零件材料 HT200，绘制图框，填写标题栏。

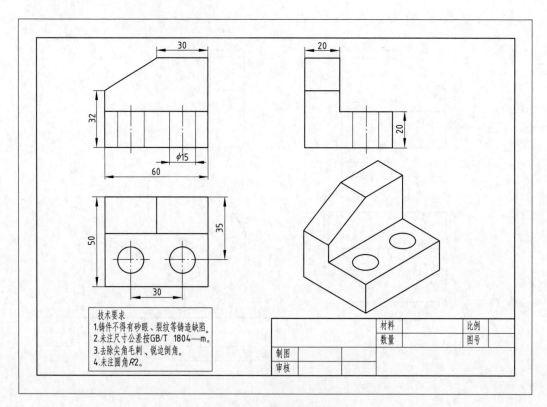

图 3-2-31　添加技术要求

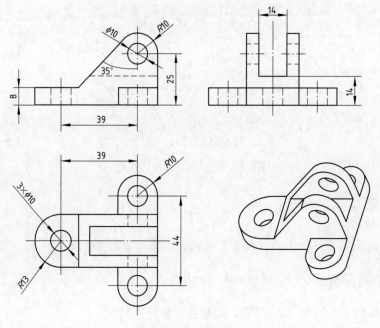

图 3-2-32　摇臂座

各类零件具有不同的材料，工程材料按化学成分分为金属材料、非金属材料、高分子材料和复合材料四大类。不同材料的性能不一样，适用范围也不相同，工程技术人员要能根据零件的应用场合准确地研判应该采用哪类材料和应该采用的加工工艺。作为新时代的大学生，也应该根据自己的特长准确定位，发挥自身优势，逐步提升，成为国家栋梁之材。

任务三 轴承座全剖与局部剖视图的制作

任务

创建如图 3-3-1 所示的轴承座工程图。

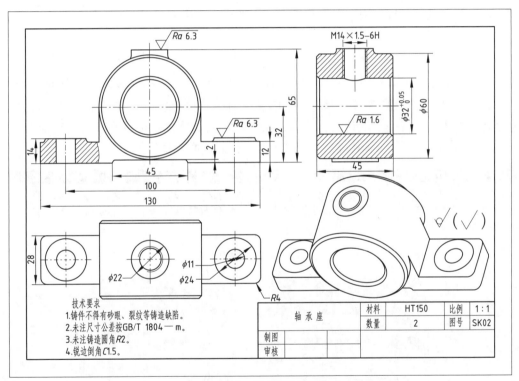

图 3-3-1 轴承座工程图

分 析

该工程图的主视图采用了局部剖视图、左视图采用了全剖视图。全剖视图和局部剖视图是零件视图的重要表达方法。

知识目标

（1）掌握全剖视图和局部剖视图的制作方法。

（2）掌握尺寸公差、表面粗糙度和添加后缀的标注方法。

技能目标

（1）能完成轴承座全剖与局部剖视图工程图纸的制作。
（2）能将 Creo 工程图转换为 AutoCAD 的 DWG 格式，并能在 AutoCAD 环境进行编辑。
（3）能分析全剖视图与局部剖视图制作失败的原因，并找到解决方案。

素质目标

（1）培养端正的学习态度。
（2）培养积极奉献、乐于助人的精神。

一、全剖视图创建方法简介

欲创建剖视图时，可先在三维零件中产生剖截面（需赋予剖面名称），然后在工程图中调出该剖截面生成剖视图，或直接在工程图产生剖截面，然后制作剖面图。

1. 在三维模型中创建剖截面

（1）切换工具栏至"视图"选项卡，如图 3-3-2 所示，单击 模型显示▾功能区"管理视图"按钮 ，打开【视图管理器】对话框，如图 3-3-3 所示，切换到"截面"选项卡，单击标签中"新建"按钮 新建 ▾，打开下拉列表，在列表中选择"平面"后，"名称"列表框中会出现一个默认名称为"Xsec0001"的文本框，可以修改该剖截面名称，如图 3-3-4 所示。输入剖面名称，按 Enter 键，打开截面操控板。

图 3-3-2　视图选项卡

图 3-3-3　【视图管理器】对话框

图 3-3-4　修改截面名称

（2）系统提示"放置截面。可以选择平面、平面曲面、坐标系或坐标系轴"，若剖截面为平面，则选取一个"参考面"，或在"模型"选项卡 基准▼ 功能区单击"平面"按钮 绘制一个基准平面。单击选择 RIGHT 基准面作为剖截面，出现剖截预览，如图 3-3-5 所示。

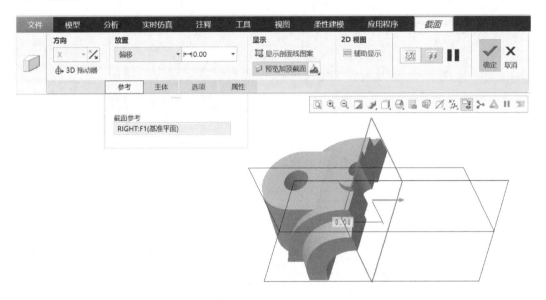

图 3-3-5　选 RIGHT 基准面作为剖截面

（3）在"截面"操控板选择"显示"功能区 显示剖面线图案 和"预览而不修剪" ，则效果如图 3-3-6 所示。单击"确定"按钮，完成截面制作。

2. 进入工程图

（1）鼠标左键双击要创建剖视图的视图，打开【绘图视图】对话框，在"类别"中选择"截面"，在"截面选项"栏中选择"2D 横截面"，单击"添加"按钮 （将剖面添加到视图中），如图 3-3-7 所示。选择已创建好的剖面名称（A）、剖切区域接受默认"完整"，单击按钮 应用 ，完成的剖视图如图 3-3-8 所示。

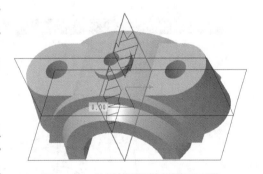

图 3-3-6　显示剖面图案预览而不剪

（2）当完成剖视图后，可在剖视图中双击剖面线，打开"编辑剖面线"操控板，如图 3-3-9 所示，可修改剖面线的间距、角度、线型及颜色等。编辑完成后单击鼠标左键退出操控板。

3. 用户也可在工程图模块中新建剖视图

（1）在创建工程图时，在【绘图视图】对话框中，"类别"选择"截面"，在"截面选项"栏中选择"2D 横截面"，单击"添加"按钮 ，从"名称"列表选择"新建"

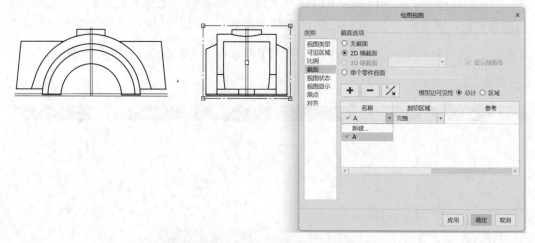

图 3-3-7　全剖视图的创建方法

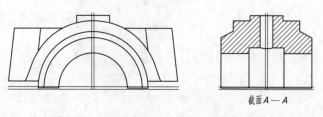

图 3-3-8　完成的 *A—A* 剖视图

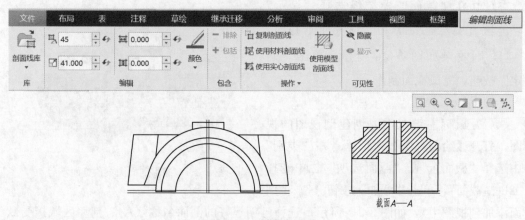

图 3-3-9　编辑剖面线

截面选项，如图 3-3-10 所示，同时弹出"横截面创建"菜单。

（2）在"横截面创建"菜单中选择"平面"→"单一"→"完成"命令，弹出【输入横截面名称】对话框，输入名称"B"，弹出"设置平面"菜单管理器。信息提示区显示"选择平面曲面或基准平面"，选择主视图中的 RIGHT 基准面（蓝色加亮显示）作为剖截面，如图 3-3-11 所示。单击【绘图视图】对话框的按钮 应用 ，即可完成剖视图的创建，如图 3-3-12 所示。

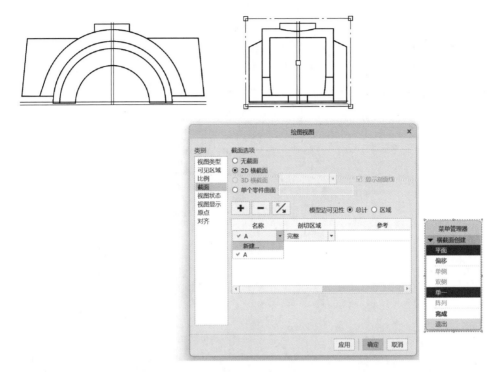

图 3-3-10 "新建截面"及"横截面创建"菜单管理器

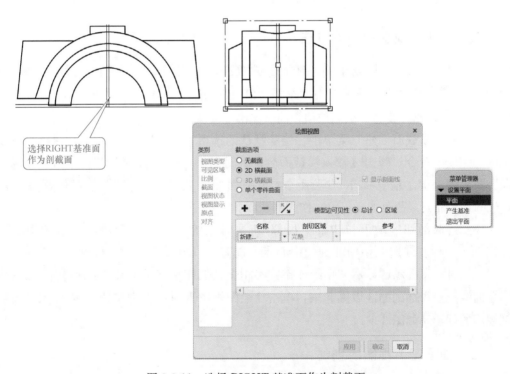

图 3-3-11 选择 RIGHT 基准面作为剖截面

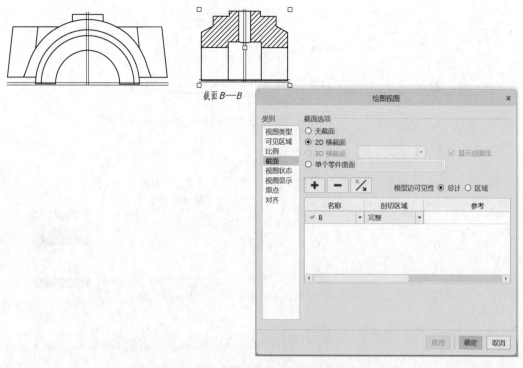

图 3-3-12　创建 *B*—*B* 全剖视图

二、局部剖视图的创建方法

（1）鼠标左键双击要创建局部剖视图的主视图，打开【绘图视图】对话框，选择类别为"截面"，在"截面选项"中，选择"2D 横截面"，再单击"添加"按钮 **＋** ，从"名称"列表选择"新建"截面选项，同时弹出"横截面创建"菜单。

（2）在"横截面创建"菜单中，接受默认的选项"平面"→"单一"，再单击菜单中的"完成"命令，弹出【输入横截面名称】对话框，输入名称"C"，弹出"设置平面"菜单管理器。信息提示区显示"选择平面曲面或基准平面"，选择俯视图中的FRONT 基准面（蓝色加亮显示）作为剖截面。

（3）选取剖切区域下拉中的"局部"，这时系统提示"选择截面间断的中心点＜C＞"，鼠标左键选取要局部剖的中心点，选完后，出现一"×"形点，如图 3-3-13所示，这时信息提示区显示"草绘样条，不相交其他样条，来定义一轮廓线"，然后用样条曲线把要局部剖的区域圈起来，单击【绘图视图】对话框中按钮 确定 ，完成局部剖视图的创建，如图 3-3-14 所示。

三、轴承座工程图的创建

1. 新建一个名为"zhouchz. drw"的绘图文件

设置工作目录为"D：/Creo9/GC03/03"。选择主菜单"文件"→"新建"，或单击

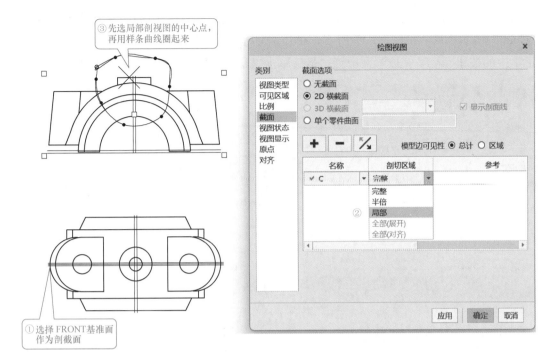

③先选局部剖视图的中心点，再用样条曲线圈起来

①选择FRONT基准面作为剖截面

图 3-3-13 局部剖视图设置

"新建"按钮🗋，打开【新建】对话框，类型选取"绘图"，输入名称"zhuochz"，取消勾选"使用默认模板"复选框，单击按钮 确定 。弹出【新建绘图】对话框，单击"默认模板"右侧的按钮 浏览... ，弹出【打开】对话框。选择"D：/Creo9/GC03/03"中的"zhouchz. prt"，单击【打开】对话框中的按钮 打开 ，这时【新建绘图】对话框中的"默认模板"栏中显示"zhouchz. prt"。再选择【新建绘图】对话框

图 3-3-14 完成的局部剖视图

"指定模板"为"格式为空"，单击"格式"右侧的按钮 浏览... ，在弹出的【打开】对话框中选择"D：/Creo9/GC03/01"中的"A4_format. frm"，然后单击对话框中的按钮 打开 ，再单击对话框中的按钮 确定(O) 。进入 Creo 的绘图界面，在绘图界面中首先加载 1 个 A4 图框及标题栏。

2. 绘图准备

（1）修改尺寸公差为国际标准。选择主菜单"文件"→"准备"→"绘图属性"，打开【绘图属性】对话框，单击"公差标准"右侧的"更改"按钮，弹出"公差设置"菜单管理器，选择"ISO/DIN"，弹出"是否重新生成"【确认】对话框，单击对话框的按钮 是(Y) ，再单击菜单管理器上的"完成/返回"。

（2）修改系统绘图参数的配置文件。单击【绘图属性】对话框中"细节选项"右侧的"更改"按钮，弹出【选项】对话框；单击"活动绘图"右侧的"打开"按钮 🗁，

弹出【打开】对话框，选择文件目录"D：/Creo9/GC03/02"中的国家标准配置文件"China-std-2.dtl"，如图 3-3-15 所示；单击对话框中的按钮 打开 ，再单击【选项】对话框中的按钮 确定 ，完成参数配置；最后单击【绘图属性】对话框的按钮 关闭 。

图 3-3-15 【选项】和【打开】对话框

3. 创建轴承座主视图

（1）单击视图控制工具条基准显示过滤器按钮 ，关闭 □ 轴显示、□ 点显示、□ 坐标系显示 的显示。

（2）单击工具栏"布局"选项卡 模型视图 功能区中的"普通视图"按钮 普通视图 ，弹出【选择组合状态】对话框，接受默认"无组合状态"，单击对话框中的按钮 确定(O) 。信息提示区显示"选择绘制视图的中心点"，在图纸左上部的合适位置单击鼠标左键，则在绘图区出现零件的三维视图，并弹出【绘图视图】对话框。

（3）在"模型视图名"中选择"FRONT"，再单击对话框下面的按钮 应用 。

（4）单击对话框左侧"类别"中的"比例"选项，弹出"比例和透视图选项"属性页，"自定义比例"为 1，再单击对话框下面的按钮 应用 ，如图 3-3-16 所示。

（5）单击对话框左侧"类别"中的"视图显示"选项，弹出"视图显示"属性页，将"显示样式"设置为"消隐"，将"相切边显示样式"设置为"无"，再单击对话框下面的按钮 应用 ，完成主视图的绘制，最后单击【绘图视图】对话框中的按钮 确定 。

4. 创建轴承座俯视图

单击工具栏"布局"选项卡 模型视图 功能区中的"投影视图"按钮 投影视图 ，拖动鼠标在图纸左下部合适的位置单击鼠标左键，创建俯视图。俯视图"着色"显示，鼠标左键双击俯视图，弹出【绘图视图】对话框，单击对话框左侧"类别"中的"视图显示"选项，弹出"视图显示"属性页，将"显示样式"设置为"消隐"，将"相切边显

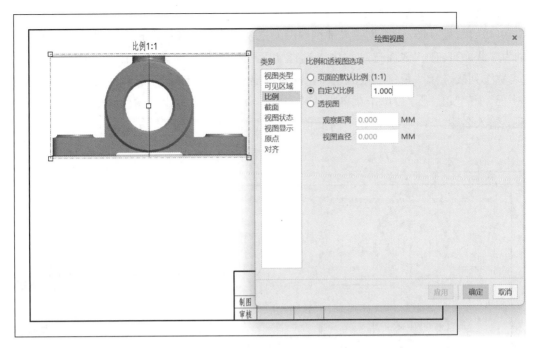

图 3-3-16   创建的主视图

示样式"设置为"无",再单击对话框下面的按钮 应用 ,完成的俯视图如图 3-3-17 所示。
最后,单击对话框中的按钮 确定 。

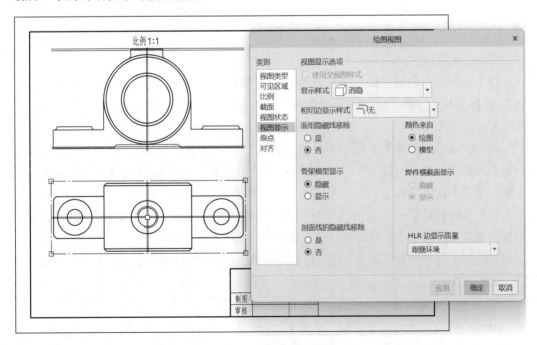

图 3-3-17   创建的俯视图

5. 主视图修改为局部剖视

（1）鼠标左键双击要创建局部剖视图的主视图，打开【绘图视图】对话框，选择类别为"截面"，在"截面选项"中，选择"2D 横截面"，再单击"添加"按钮 ➕，从"名称"列表选择"新建"截面选项，同时弹出"横截面创建"菜单，接受默认的选项"平面"→"单一"，再单击菜单中的"完成"命令，然后弹出【输入横截面名称】对话框，输入名称"A"后，单击"接受值"按钮 ✓，如图 3-3-18 所示。

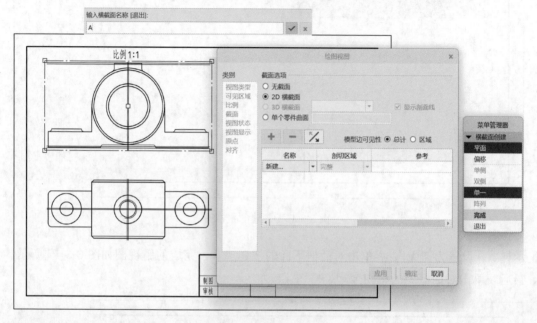

图 3-3-18　新建剖截面 A

接下来弹出"设置平面"菜单管理器。信息提示区显示"选择平面曲面或基准平面"，选择俯视图中的 FRONT 基准面（蓝色加亮显示）作为剖截面（具体依照零件创建时的参照面来选择）。

（2）在【绘图视图】对话框中，将"剖切区域"改为"局部"，信息提示显示"选择截面间断的中心点＜C＞"，在主视图需要局部剖的中间位置的几何图元上单击鼠标左键，在绘图区中出现一"×"形中心点，如图 3-3-19 所示。

（3）此时信息提示区显示"草绘样条，不相交其他样条，来定义一轮廓线"，然后用样条曲线把要局部剖的区域圈起来，如图 3-3-20（a）所示。

（4）单击【绘图视图】对话框中的按钮 确定 ，这时主视图已经修改成为局部剖视图，如图 3-3-20（b）所示。

6. 创建全剖左视图

（1）用鼠标左键选择主视图，单击工具栏"布局"选项卡 模型视图▾ 功能区中的"投影视图"按钮 🖳 投影视图 ，拖动鼠标在图纸右边合适的位置单击鼠标左键，创建左视图。

（2）鼠标双击刚创建的左视图，弹出【绘图视图】对话框，选择"类别"中的"视图显

246

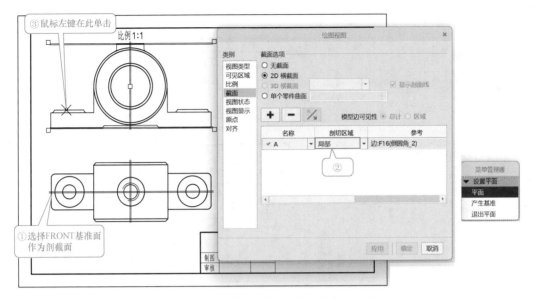

图 3-3-19　选择剖截面及绘制截面间断的中心点

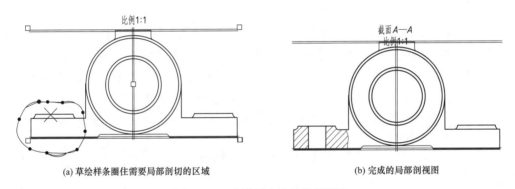

(a) 草绘样条圈住需要局部剖切的区域　　　　　(b) 完成的局部剖视图

图 3-3-20　主视图中的局部剖视图

示"，并将"显示样式"设置为"消隐"，将"相切边显示样式"设置为"无"，单击按钮 应用 。

（3）在【绘图视图】对话框中，"类别"选择"截面"，在"截面选项"栏中选择"2D 横截面"，单击"添加"按钮 ✚ ，从"名称"列表选择"新建"截面选项，弹出"横截面创建"菜单，接受默认的"平面"→"单一"，再选择菜单中的"完成"命令，接下来弹出【输入横截面名称】对话框，在其中输入"B"后单击"接受值"按钮 ✓ ，接下来弹出"设置平面"菜单管理器。信息提示区显示"选择平面曲面或基准平面"，在绘图区中选择主视图或俯视图中的 RIGHT 基准面，单击【绘图视图】对话框中的按钮 应用 ，完成的全剖左视图如图 3-3-21 所示。最后单击【绘图视图】对话框中的按钮 确定 。

7. 创建三维轴测图

（1）单击工具栏"布局"选项卡 模型视图▾ 功能区中的"普通视图"按钮 🗒 ，弹出【选择组合状态】对话框，接受默认"无组合状态"，单击对话框中的按钮 确定(O) 。信息提

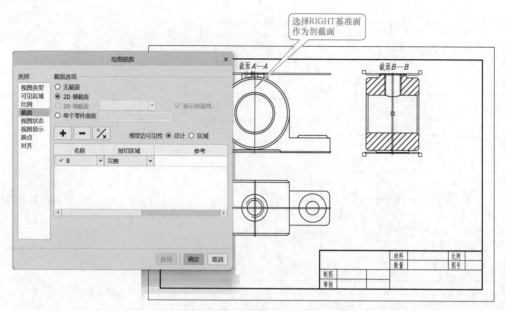

图 3-3-21　创建全剖的左视图

示区显示"选择绘制视图的中心点",在图纸右下部的合适位置单击鼠标左键,则在绘图区出现零件的三维视图,并弹出【绘图视图】对话框,接受"默认方向"栏中的"等轴测"。切换到"类别"中的"比例"选项,"定制比例"为"1",单击对话框下面的按钮应用;切换到"类别"中的"视图显示"选项,"显示样式"设置为"消隐",将"相切边显示样式"设置为"无",然后单击对话框中的按钮确定,完成三维轴测图的绘制。

(2) 单击工具栏"布局"选项卡 文档 功能区的"锁定视图移动"按钮 ,将其设置为解锁状态。单击视图控制工具条基准显示"过滤器"按钮 ,关闭所有基准显示。调整视图在图纸中的位置,完成的视图创建如图 3-3-22 所示。

8. 尺寸标注及添加中心轴线

(1) 将工具栏切换到"注释"选项卡,鼠标单击选中主视图上面的"截面 A—A,比例 1∶1",同时按住 Ctrl 键,选中左视图上面的"截面 B—B"和轴测图上的"比例 1∶1",(选中后,红色线框加亮显示),同时弹出快捷工具条,选择快捷工具条中的"拭除"命令 ,拭除选定绘图项,如图 3-3-23 所示,再在绘图区中单击鼠标左键,将文本显示擦除。

(2) 通过注释选项卡 注释 功能区"显示模型注释"按钮 ,打开【显示模型注释】对话框,进行自动添加尺寸和添加轴线,对于不合理的尺寸可以通过 注释 功能区"尺寸"按钮 进行尺寸标注。

(3) 对于不合理的尺寸界线,单击选中,出现蓝色的控制点,然后按下鼠标左键,将尺寸界线拖动到合理的位置,如图 3-3-24 所示。

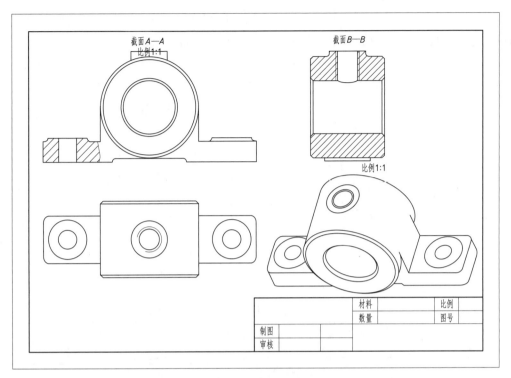

图 3-3-22　工程图创建结果

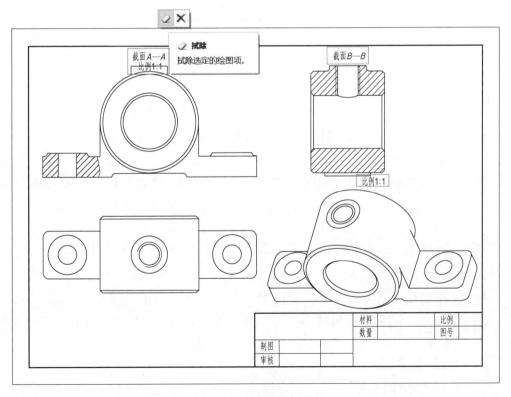

图 3-3-23　拭除文本显示

（4）对于自动添加的较短的中心线，也用鼠标左键单击选中，出现红色加亮显示控制点，按住鼠标左键拖动控制点，将中心线拖动到合适的长度。

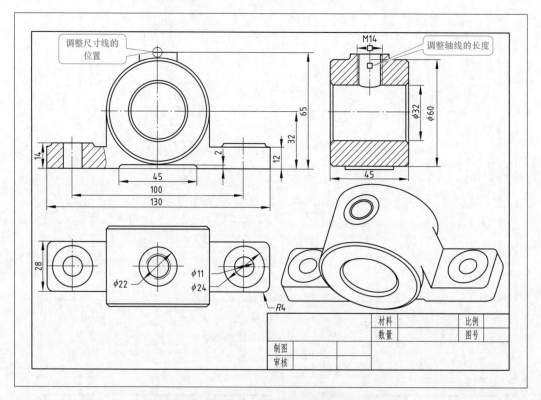

图 3-3-24　尺寸标注及合理调整尺寸线/轴线长度

9. 添加偏差

（1）添加偏差。选择主菜单"文件"→"准备"→"绘图属性"，打开【绘图属性】对话框，单击"细节选项"右侧的"更改"按钮，弹出【选项】对话框，将"tol_display"的值设置为"yes"。

鼠标单击左视图中的 φ32 尺寸，打开"尺寸"操控板，单击操控板上的"公差"按钮 公差▾，打开下拉工具条，选择 ^{+0.2}_{-0.1} 正负，如图 3-3-25 所示，输入"上偏差" ^{+0.2} 10.0 _{-0.1} "0.05"，"下偏差" ^{+0.2} 10.0 _{-0.1} "0"，这时尺寸上显示偏差信息。标注完成后，单击鼠标左键，退出"尺寸"操控板。

（2）添加后缀。单击左视图中 M14 的螺纹孔尺寸，打开"尺寸"操控板，单击"尺寸文本"按钮，打开"前缀/后缀"输入框，在"尺寸文本"栏@D 后面输入"×1.5-6H"，如图 3-3-26 所示。输入完成后，单击鼠标左键，退出"尺寸"操控板。

10. 添加粗糙度

（1）自定义粗糙度符号。

1）绘图区栅格显示。切换工具栏至"草绘"选项卡，单击 设置▾ 功能区的"绘制栅

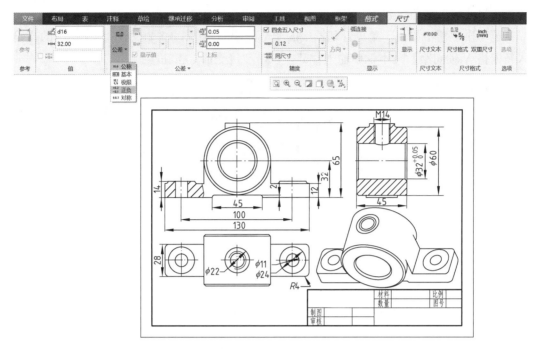

图 3-3-25　添加尺寸偏差

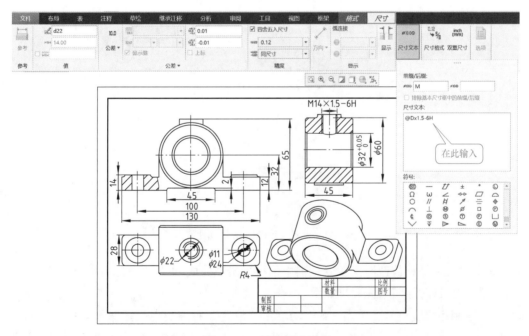

图 3-3-26　添加尺寸后缀

格"按钮，弹出"栅格修改"菜单管理器，如图 3-3-27 所示，依次选择"栅格参数"→"X 间距"，在【输入新栅格 X 轴间距】文本框中输入"5"，如图 3-3-28 所示，单击"接受值"按钮 ✓ 。

再单击"栅格修改"菜单管理器中的"Y间距",如图 3-3-29 所示,在弹出的【输入新栅格 Y 轴间距】文本框中输入"5",单击"接受值"按钮 ✓ 。

图 3-3-27 "栅格修改"菜单管理器

图 3-3-28 【输入新栅格 X 轴间距】文本框

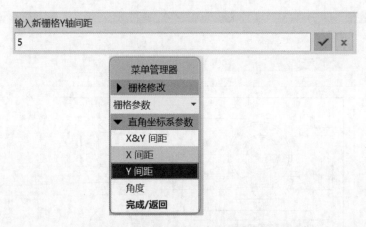

图 3-3-29 设置"新栅格 Y 轴间距"为 5

最后,在"栅格修改"菜单管理器中依次单击"完成/返回"→"显示栅格",如图 3-3-30 所示。这时绘图平面栅格显示。

2)绘制粗糙度符号。单击 设置▾ 功能区"设置"右侧的下拉按钮 ▾ ,打开下拉工具条,如图 3-3-31 所示,选择"捕捉设置",在下级工具条中,选中"捕捉到栅格"复选框。

在 A4 图框外,利用 草绘▾ 功能区"线"按钮 ︿线 , 编辑▾ 功能区的"旋转"按钮 旋转,修剪▾ 功能区的下拉工具条"增量"按钮 ✂ 增量,如图 3-3-32 所示;修剪▾ 功能

图 3-3-30 "栅格修改"菜单管理器

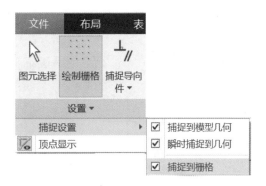

图 3-3-31 打开"捕捉到栅格"

区的"边界"按钮 ┼边界 可以裁剪直线的长度。绘制粗糙度符号如图 3-3-33 所示（正三角形高 5，长横线高 10.5）。单击 设置▼ 功能区"绘制栅格"按钮 ，弹出"栅格修改"菜单管理器，单击"隐藏栅格"，关闭栅格显示。

图 3-3-32 "修剪"下拉工具条

3) 添加可变文本。切换工具栏至"注释"选项卡。单击 注释▼ 功能区"注解"按钮 注解 ▼，输入可变文本"\ Ra6.3 \"，如图 3-3-34 所示。输入完毕，单击两次鼠标左键退出注解。

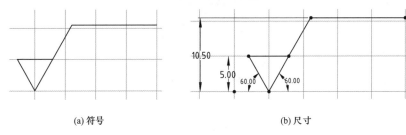

(a) 符号　　　　　　　　　　　　　(b) 尺寸

图 3-3-33 粗糙度符号

图 3-3-34 输入可变文本
"\ Ra6.3 \"

4) 定义符号。单击 注释▼，在其下拉工具条中单击"定义符号"，如图 3-3-35 所示，弹出"符号定义"菜单管理器，单击"定义"，在"输入符号名［退出］"文本框中输入"surf-machined-gb2006"，如图 3-3-36 所示，单击"接受值"按钮 。

系统进入符号绘制界面，同时弹出"符号定义"下级菜单，在菜单中单击"绘图复制"后，系统返回绘图区，同时弹出【选择】对话框，如图 3-3-37 所示，按住鼠标左键，框选粗糙度符号及可变文本，选中后红色加亮显示。单击【选择】对话框中的"确定"按钮，再单击"符号定义"菜单管理器中的"属性"，弹出【符号定义属性】对话框，如图 3-3-38 所示，在"常规"选项卡中"允许放置类型"下，选中"自由"复选框，弹出【选择点】对话框，单击【选择点】对话框的"在

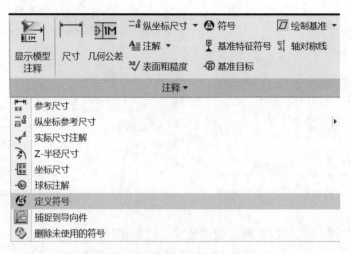

图 3-3-35 "注释"下拉工具条

图 3-3-36 "符号定义"菜单管理器

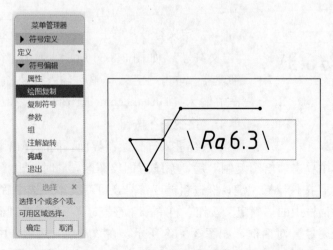

图 3-3-37 "符号定义"菜单及框选粗糙度符号和可变文本

绘图对象或图元上选择一个点"按钮 ，然后用鼠标单击符号下面三角形的顶点，最后单击按钮 确定 。同理，依次选中"图元上""垂直于图元""左引线""右引线"的复选框，再单击三角形下面顶点。

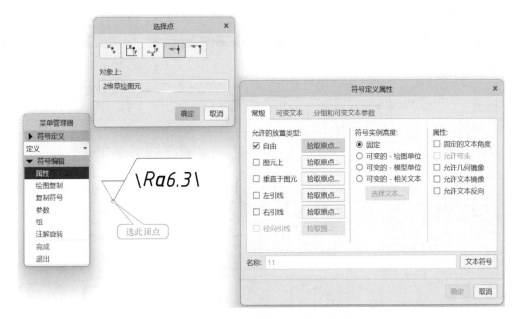

图 3-3-38 【符号定义属性】对话框

在【符号定义属性】对话框"常规"选项卡"符号实例高度"栏中选中"可变的-相关文本"，如图 3-3-39 所示，再单击选中"\ $Ra6.3$ \"。单击 确定 ，关闭对话框，再依次单击图 3-3-38 和图 3-3-36 所示"符号定义"菜单管理器中的"完成"（见图 3-3-36）。

图 3-3-39 选中"可变的-相关文本"

（2）标注标准粗糙度。

1）标注自定义粗糙度。单击"注释"选项卡 注释▾ 功能区"符号"按钮 ⒶΑ符号，打开"符号"操控板，单击"符号库"，在"所有符号"中单击选择"surf-machined-gb2006"，如图3-3-40所示。

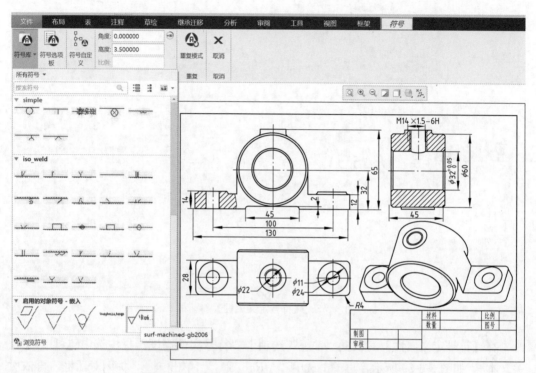

图3-3-40　符号库中选择"surf-machined-gb2006"

在绘图区单击鼠标右键，在弹出的快捷菜单中选择"图元上"命令，再用鼠标单击主视图底板凸台上表面的投影线（投影线蓝色加亮显示），如图3-3-41所示，单击鼠标左键退出"符号"操控板。同理完成油杯孔凸台和轴承孔粗糙度的标注。

鼠标左键双击轴承孔表面粗糙度可变文本"\Ra6.3\"，打开"格式"操控板，在【输入Ra6.3的文本】对话框中输入"Ra1.6"，如图3-3-42所示，单击"接受值"按钮✓。

2）标注符号库粗糙度。单击"注释"选项卡 注释▾ 功能区"表面粗糙度"按钮 ³²√表面粗糙度，打开"表面粗糙度"操控板，单击操控板上的"符号库"按钮 符号库▾，打开下拉列表，选"unmachined"符号 ∀，然后在标题栏附近单击鼠标左键；同理选"generic"符号 √后在标题栏附近单击鼠标左键，完成粗糙度的标注，如图3-3-43所示。最后单击鼠标左键退出"表面粗糙度"操控板。

11. 添加技术要求

单击注释选项卡 注释▾ 功能区"注解"按钮 注释▾ 创建技术要求，输入"技术要求1. 铸件不得有砂眼、裂纹等铸造缺陷。2. 未注尺寸公差按GB/T 1804—m。3. 未注铸造圆角

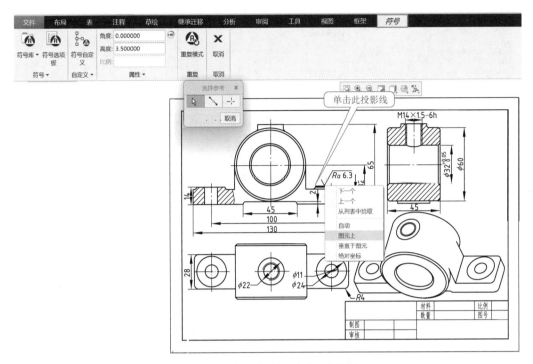

图 3-3-41　标注底板凸台表面粗糙度

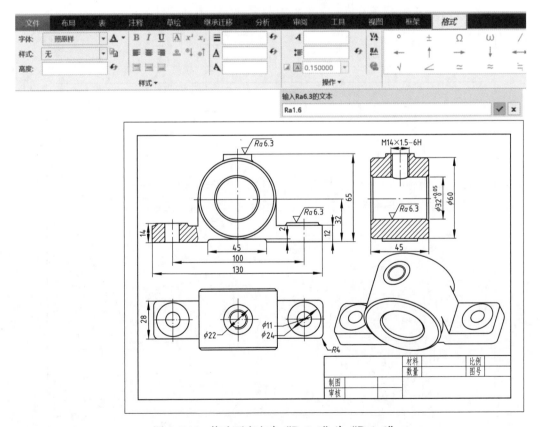

图 3-3-42　修改可变文本"Ra6.3"为"Ra1.6"

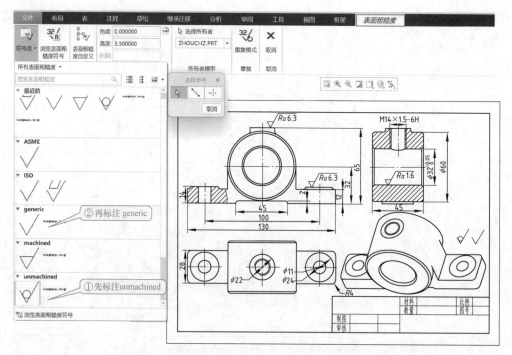

图 3-3-43　"unmachined"和"generic"粗糙度标注

$R2$。4. 锐边倒角 $C1.5$。",如图 3-3-44 所示,单击两次鼠标左键退出注解。同理完成标题栏上方"()"的注写。

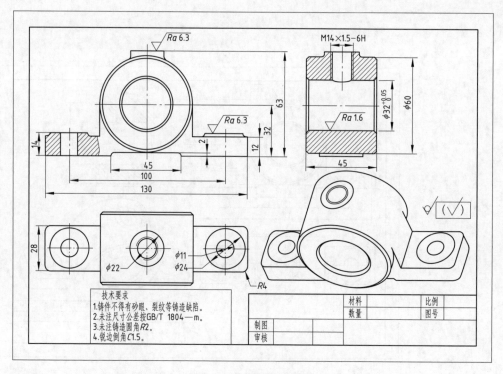

图 3-3-44　添加技术要求

注 意

注写"（）"需要切换至英文输入法。

12. 填写标题栏

双击要填写的单元格，在其中输入文本，并修改文本的高度与位置，最后完成的轴承座工程图，如图 3-3-1 所示。

13. 保存文件

单击快速访问工具栏中的"保存"按钮 🔲，保存当前文件。

14. 将工程图文件输出为 AutoCAD 图形文件 DWG 格式

选择主菜单"文件"→"另存为（A）"→"保存副本（A）"，在弹出的【保存副本】对话框中"新名称"栏中输入"zhouchengz"，在"类型"栏中选择"DWG（*.dwg)"格式，如图 3-3-45 所示，然后单击【保存副本】对话框中的按钮 确定，在接下来弹出的【DWG 的导出环境】对话框中单击按钮 确定，如图 3-3-46 所示。这时可在 AutoCAD 软件环境中打开"zhouchengz.dwg"，继续进行编辑。

图 3-3-45　保存文件为 DWG 格式

图 3-3-46　【DWG 的导出环境】对话框

四、考核评价

（1）绘制图 3-3-47 所示的支座类零件的三维模型。

（2）根据创建的三维模型，生成零件的工程图纸：主视图采用局部剖视，左视图采用全剖视图，并进行尺寸标注。

（3）零件材料 HT250，配合面粗糙度 $Ra1.6$，安装面粗糙度 $Ra6.3$。

（4）绘制图框，填写标题栏。

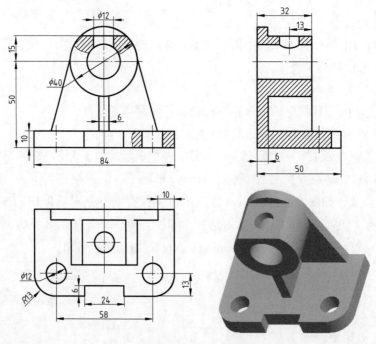

图 3-3-47　支座

知识拓展

灰铸铁是铸铁的一种，碳以片状石墨形式存在于铸铁中。断口呈灰色。有良好的铸造、切削性能，减振性、耐磨性好，用于制造机架、箱体等零件。铸造性能好是指材料的流动性能和收缩性能好。工程建筑施工人员工作的流动性较大，哪里施工哪里就是工作场所，适应环境的能力极强，为祖国建设奉献了青春和年华！

任务四　支座半剖视图的制作

任务

创建如图 3-4-1 所示的支座工程图。

分析

该支座的主视图采用半剖视图，左视图采用全剖视图。半剖视图适用于内、外形都需要表达，而形状又对称的零件，它也是零件视图的重要表达方法。

知识目标

（1）掌握半剖视图的制作方法。

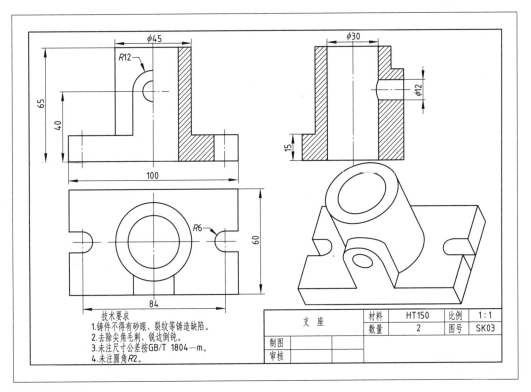

技术要求
1.铸件不得有砂眼、裂纹等铸造缺陷。
2.去除尖角毛刺、锐边倒钝。
3.未注尺寸公差按GB/T 1804—m。
4.未注圆角R2。

支　座		材料	HT150	比例	1：1
		数量	2	图号	SK03
制图					
审核					

图 3-4-1　支座工程图

（2）掌握半剖视图切换剖切方向的方法。

🛠 技能目标

（1）能完成支座半剖视图的制作。

（2）能分析半剖视图制作失败的原因，并找到解决方案。

🗂 素质目标

（1）培养乐观向上的品质。

（2）树立创新精神。

一、半剖视图的创建方法

（1）双击要创建半剖视图的主视图，打开【绘图视图】对话框。在"类别"中选择"截面"，截面选项中选择"2D 横截面"。

（2）单击"添加"按钮 ✛，从"名称"列表选择"新建"截面选项，同时弹出"横截面创建"菜单。在菜单中选择"平面"→"单一"→"完成"命令，弹出【输入横截面名称】对话框，输入完毕，单击对话框中的"接受值"按钮✓，弹出"设置平面"菜单管理器。信息提示区显示"选择平面曲面或基准平面"，选择俯视图中的FRONT 基准面作为剖截面。

（3）在【绘图视图】对话框中的"剖切区域"选择"半倍"，这时信息提示区显示"为半截面创建选择参考平面"，单击主视图中的 RIGHT 基准面，这时主视图右侧出现箭头，表示右边为剖视图（鼠标在主视图左半部分单击，箭头就会切换到左侧，则主视图左侧为剖视图），如图 3-4-2 所示。再单击【绘图视图】对话框中的按钮 应用 ，完成半剖视图的创建。半剖视图的结果如图 3-4-3 所示。

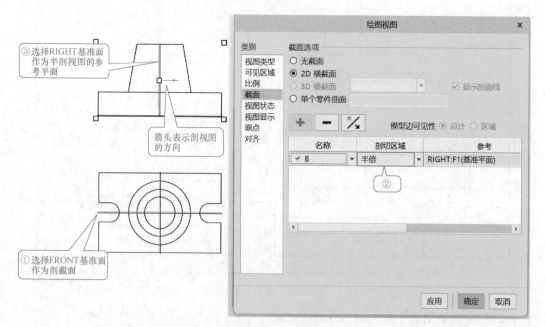

图 3-4-2　半剖视图的设置

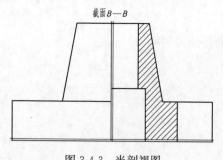

图 3-4-3　半剖视图

二、支座零件工程图的创建

1. 新建一个名为"zhizuo. drw"的绘图文件

设置工作目录为"D：/Creo9/GC03/04"。选择主菜单"文件"→"新建"，或单击"新建"按钮 ，打开【新建】对话框，类型选取"绘图"，输入名称"zhizuo"，取消勾选"使用默认模板"复选框，单击按钮 确定 。弹出【新建绘图】对话框，单击"默认模板"右侧的按钮 浏览... ，弹出【打开】对话框。选择"D：/Creo9/GC03/04"中的"zhizuo. prt"，单击【打开】对话框中的按钮 打开 ，这时【新建绘图】对话框中的"默认模板"栏中显示"zhizuo. prt"。再选择【新建绘图】对话框"指定模板"为"格式为空"，单击"格式"右侧的按钮 浏览... ，在弹出的【打开】对话框中选择"D：/Creo9/GC03/01"中的"A4_format. frm"，然后单击对话框中的按钮 打开 ，再单击对话框中的按钮 确定(O) 。进入 Creo 的绘图界面，在绘图界面中首先加载1 个 A4 图框及标题栏。

2. 绘图准备

（1）修改尺寸公差为国际标准。选择主菜单"文件"→"准备"→"绘图属性"，打开【绘图属性】对话框，单击"公差标准"右侧的"更改"按钮，弹出"公差设置"菜单管理器，选择"ISO/DIN"，接下来弹出"是否重新生成"【确认】对话框，单击对话框的按钮 是(Y)，再单击菜单管理器上的"完成/返回"。

（2）修改系统绘图参数的配置文件。单击【绘图属性】对话框中"细节选项"右侧的"更改"按钮，弹出【选项】对话框，单击"活动绘图"右侧的"打开"按钮，弹出【打开】对话框，选择文件目录"D：/Creo9/GC03/02"中的国家标准配置文件"China-std-2.dtl"，完成参数配置。最后单击【绘图属性】对话框的按钮 关闭 。

3. 创建支座主视图

（1）单击视图控制工具条"基准显示过滤器"按钮，关闭 □ 轴显示、□ 点显示 、 □ 坐标系显示 的显示。

（2）单击工具栏"布局"选项卡 模型视图 功能区中的"普通视图"按钮，弹出【选择组合状态】对话框，接受默认"无组合状态"，单击对话框中的按钮 确定(O)。信息提示区显示"选择绘制视图的中心点"，在图纸左上部的合适位置单击鼠标左键，则在绘图区出现零件的三维视图，并弹出【绘图视图】对话框。

（3）在"模型视图名"中选择"FRONT"，再单击对话框下面的按钮 应用 ，如图 3-4-4 所示。

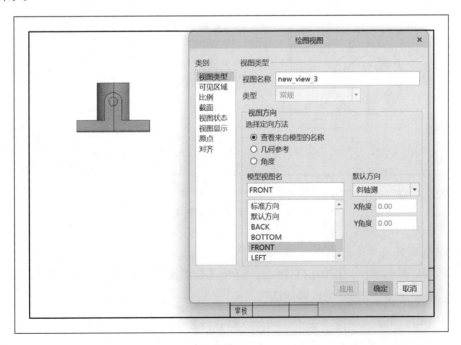

图 3-4-4 模型视图名选"FRONT"

（4）单击对话框左侧"类别"中的"比例"选项，弹出"比例和透视图选项"属性

263

页，"自定义比例"为1，再单击对话框下面的按钮 应用 。

（5）单击对话框左侧"类别"中的"视图显示"选项，弹出"视图显示"属性页，将"显示样式"设置为"消隐"，将"相切边显示样式"设置为"无"，再单击对话框下面的按钮 应用 ，完成主视图的绘制，最后单击【绘图视图】对话框中的按钮 确定 。

4. 创建支座俯视图

单击工具栏"布局"选项卡 模型视图▾ 功能区中的"投影视图"按钮 品 投影视图 ，拖动鼠标在图纸左下部合适的位置单击鼠标左键，创建俯视图。俯视图"着色"显示，鼠标左键双击俯视图，弹出【绘图视图】对话框，单击对话框左侧"类别"中的"视图显示"选项，弹出"视图显示"属性页，将"显示样式"设置为"消隐"，将"相切边显示样式"设置为"无"，再单击对话框下面的按钮 应用 ，完成的俯视图如图 3-4-5 所示。最后，单击对话框中的按钮 确定 。

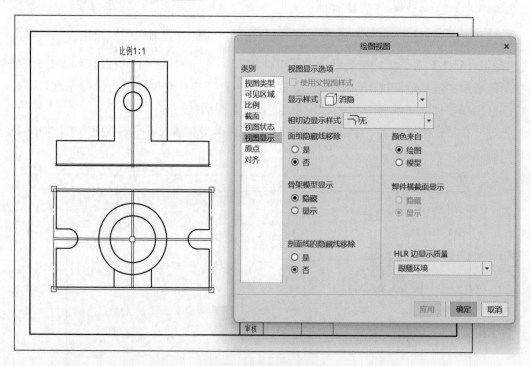

图 3-4-5 绘制的俯视图

5. 主视图修改为半剖视图

（1）双击要创建半剖视图的主视图，打开【绘图视图】对话框。在"类别"中选择"截面"，截面选项中选择"2D横截面"。

（2）单击"添加"按钮 ＋ ，从"名称"列表选择"新建"截面选项，同时弹出"横截面创建"菜单。在菜单中选择"平面"→"单一"→"完成"命令，如图 3-4-6 所示，弹出【输入横截面名称】对话框，在对话框中输入"A"，单击对话框中的"接受值"按钮 ✓ 。

（3）弹出"设置平面"菜单管理器。信息提示区显示"选择平面曲面或基准平面"，

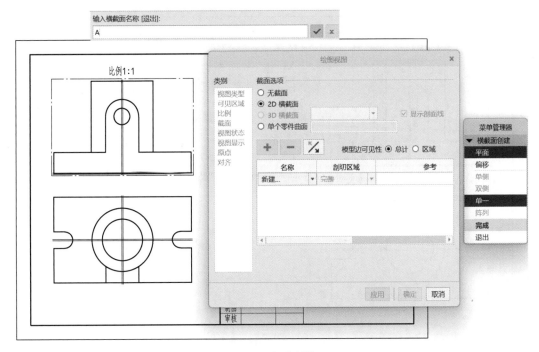

图 3-4-6　新建剖截面

选择俯视图中的 FRONT 基准面作为剖截面。

（4）在【绘图视图】对话框中的"剖切区域"选择"半倍"，这时信息提示区显示"为半截面创建选择参考平面"，单击主视图中的 RIGHT 基准面，这时主视图右侧出现箭头，接受右侧作为剖切区域，如图 3-4-7 所示，再单击【绘图视图】对话框中的按钮 应用 。完成半剖视图的创建如图 3-4-8 所示，再单击【绘图视图】对话框中的按钮 确定 。

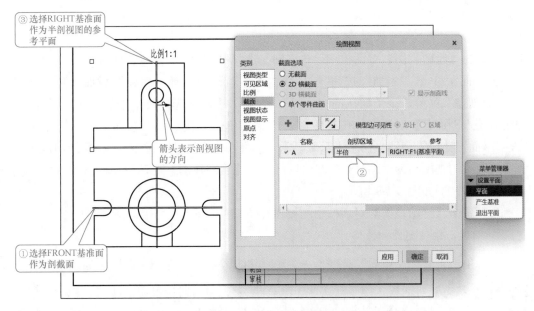

图 3-4-7　半剖视图设置

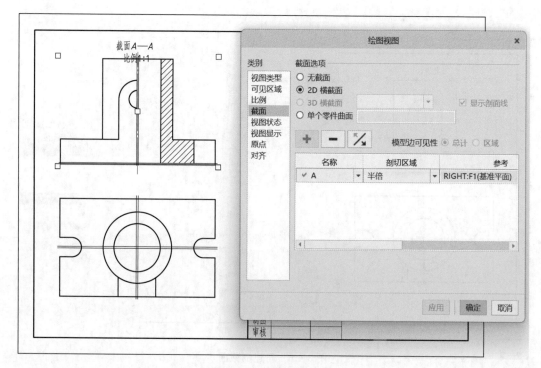

图 3-4-8　半剖的主视图

6. 创建全剖左视图

（1）用鼠标左键选择主视图，单击工具栏"布局"选项卡 模型视图▾功能区中的"投影视图"按钮 投影视图，拖动鼠标在图纸右边合适的位置单击鼠标左键，创建左视图。

（2）鼠标双击刚创建的左视图，弹出【绘图视图】对话框，选择"类别"中的"视图显示"，并将"显示样式"设置为"消隐"，将"相切边显示样式"设置为"无"，单击按钮 应用。

（3）在【绘图视图】对话框中，"类别"选择"截面"，在"截面选项"栏中选择"2D 横截面"，单击"添加"按钮 ，从"名称"列表选择"新建"截面选项，弹出"横截面创建"菜单，接受默认的"平面"→"单一"，再选择菜单中的"完成"命令，弹出【输入剖面名】对话框，在其中输入"B"，单击"接受值"按钮 ，接下来弹出"设置平面"菜单管理器。信息提示区显示"选择平面曲面或基准平面"，在绘图区中选择主视图或俯视图中的 RIGHT 基准面，再单击【绘图视图】对话框中的按钮 应用，完成的全剖左视图如图 3-4-9 所示。

（4）单击【绘图视图】对话框中的按钮 确定。

7. 创建三维轴测图

（1）单击工具栏"布局"选项卡 模型视图▾功能区中的"普通视图"按钮 普通视图，弹出【选择组合状态】对话框，接受默认"无组合状态"，单击对话框中的按钮 确定(O)。信息提示区显示"选择绘制视图的中心点"，在图纸右下部的合适位置单击鼠标左键，则在

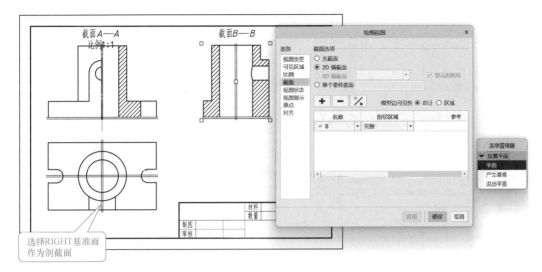

图 3-4-9　创建全剖的左视图

绘图区出现零件的三维视图，并弹出【绘图视图】对话框，接受"默认方向"栏中的"等轴测"。切换到"类别"中的"比例"选项，"定制比例"为 1，再单击对话框下面的按钮 应用 。

（2）切换到"类别"中的"视图显示"选项，"显示样式"设置为"消隐"，将"相切边显示样式"设置为"无"，然后单击对话框中的按钮 确定 ，完成三维轴测图的绘制。

（3）单击工具栏"布局"选项卡 文档 功能区的"锁定视图移动"按钮 ，将其设置为解锁状态。单击视图控制工具条"基准显示过滤器"按钮 ，关闭所有基准显示。调整视图在图纸中的位置，完成的视图创建如图 3-4-10 所示。

8. 尺寸标注及添加中心轴线

（1）将工具栏切换到"注释"选项卡，鼠标单击选中主视图上面的"截面 $A—A$，比例 1∶1"，同时按住 Ctrl 键，选中左视图上面的"截面 $B—B$"和轴测图上的"比例 1∶1"，（选中后，红色线框加亮显示），同时弹出快捷工具条，选择快捷工具条中的"拭除"命令 ，拭除选定绘图项，如图 3-4-11 所示，再在绘图区中单击鼠标左键，将文本显示擦除。

（2）通过注释选项卡 注释▾ 功能区"显示模型注释"按钮 ，打开【显示模型注释】对话框，进行自动添加尺寸和添加轴线，对于不合理的尺寸可以通过 注释▾ 功能区"尺寸"按钮 进行尺寸标注。调整不合理的尺寸界线和较短的轴线，结果如图 3-4-12 所示。

（3）单击注释选项卡 注释▾ 功能区"注解"按钮 创建技术要求，输入"技术要求 1. 铸件不得有砂眼、裂纹等铸造缺陷。2. 去除尖角毛刺，锐边倒钝。3. 未注尺寸公差按 GB/T 1804—m。4. 未注圆角 $R2$。"，如图 3-4-12 所示，单击两次鼠标左键退出注解。

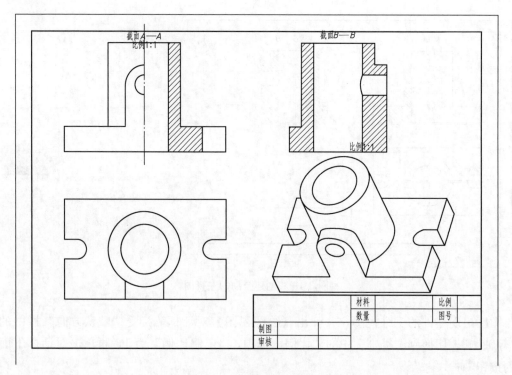

图 3-4-10　轴承座工程图

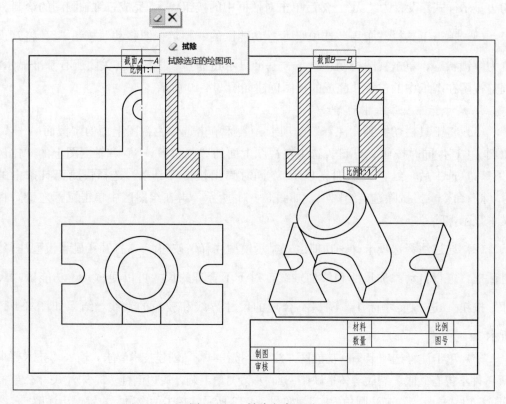

图 3-4-11　拭除文本显示

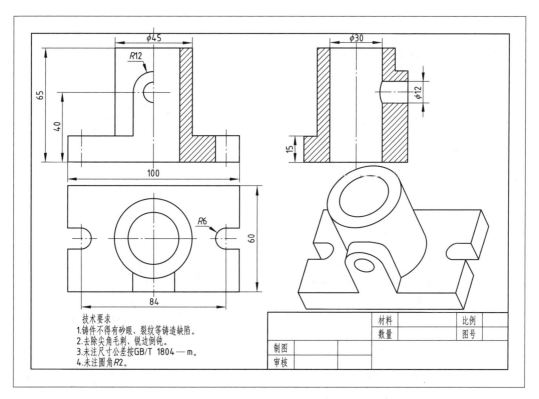

图 3-4-12　完成尺寸标注和注写技术要求

9. 填写标题栏

双击要填写的单元格，在其中输入文本，并修改文本的高度与位置，最后完成的支座工程图，如图 3-4-1 所示。

10. 保存文件

单击快速访问工具栏中的"保存"按钮 🔲，保存当前文件。

11. 将工程图文件输出为 AutoCAD 图形文件 DWG 格式

选择主菜单"文件"→"另存为（A）"→"保存副本（A）"，在弹出的【保存副本】对话框"新名称"栏中输入"zhizuo"，在"类型"栏中选择"DWG（＊.dwg)"格式，然后单击【保存副本】对话框中的按钮 确定 ，在接下来弹出的【DWG 的导出环境】对话框中单击按钮 确定 。这时可在 AutoCAD 软件环境中打开"zhizuo.dwg"，进行继续编辑。

三、考核评价

（1）根据图 3-4-13 所示绘制底座零件的三维模型。

（2）根据创建的三维模型，生成零件的工程图纸，主视图全剖视，左视图采用半剖视图，俯视图局部剖视。

（3）零件材料 HT200，配合面粗糙度 $Ra1.6$，安装面粗糙度 $Ra6.3$。

（4）绘制图框，填写标题栏。

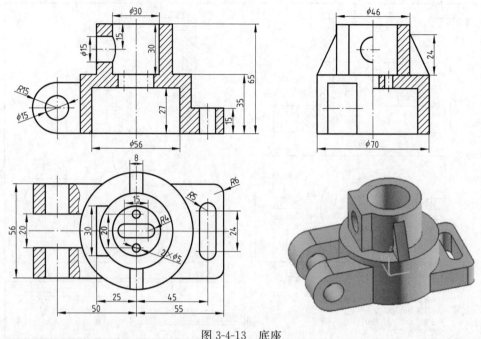

图 3-4-13　底座

通常情况，需要绘制主、俯、左三个视图来表达零件，这三个视图之间是互补的关系，各有表达重点但又彼此相互联系，组成一个有机的整体，共同表达物体的形状；作为工程技术人员看图的要领就是"将几个视图联系起来看"，也就是无论在学习还是工作中都要从联系、变化、发展的角度分析问题，培养自己的辩证思维能力。

任务五　支架斜视图与局部视图的制作

任务

创建如图 3-5-1 所示的支架工程图。

分析

支架的工程图中采用了斜视图和局部视图。斜视图用来表达机件上倾斜结构的真实形状，机件的其余正投影部分可用波浪线断开。

知识目标

（1）掌握斜视图的制作方法。
（2）掌握局部视图的制作方法。

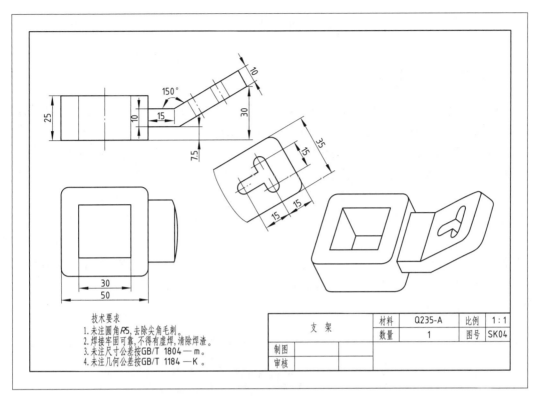

图 3-5-1　支架工程图

技能目标

（1）能完成支架斜视图和局部视图的制作。

（2）能分析斜视图和局部视图制作失败的原因，并找到解决方案。

素质目标

（1）培养学生将所学知识与实际结合起来的应用技能。

（2）培养学生独立思考的能力。

一、斜视图创建方法简介

斜视图在 Creo 中被称为辅助视图，当几何模型有斜面时，使用正投影法无法表达其真实的形状，这时可选择一个与机件倾斜部分相平行，并垂直于一个基本投影面的辅助投影面，将倾斜部分的结构形状向辅助投影面投影，即采用辅助视图来表达其真实的几何形状。

辅助视图的创建方法如下：

（1）在绘图区单击鼠标的右键，在弹出的快捷菜单中选择"辅助视图（A）"命令，如图 3-5-2 所示，或在工具栏"布局"选项卡中 模型视图▼ 功能区单击"辅助视图"按钮 ⬦辅助视图 ，这时系统提示"在主视图上选择穿过前侧曲面的轴或作为基准曲面的前侧曲面的基准平面"。

271

（2）在要创建斜视图的视图中选择基准面、轴、边，拖动鼠标把辅助视图放在图纸的合适部位，单击鼠标左键即完成斜视图的创建。

二、创建局部视图

局部视图表示将物体的某一局部区域向基本投影面投射所得到的视图，适用于当物体的形状已由基本视图表达清楚，只有局部形状需进一步表达的情况。

创建局部视图的方法：首先创建基本视图，然后鼠标左键双击要创建局部视图的某一视图，打开【绘图视图】对话框，在【绘图视图】对话框中左侧"类别"中选择"可见区域"选项，切换到可见区域属性页，将"可见区域选项"的视图可见性切换为"局部视图"，如图3-5-3所示，信息提示区显示"选择新的参考点"，鼠标左键在视图上单击选择一参考点（×形蓝色加亮显示），信息提示区显示"在当前视图上草绘样条来定义外部边界"，然后用鼠标左键单击点选样条曲线经过的点，把要显示的部分圈起来（×形蓝色参考点要圈在样条曲线内），再单击【绘图视图】对话框中的按钮 确定 ，完成局部视图的创建。

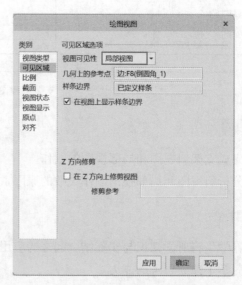

图 3-5-2　快捷菜单　　　　图 3-5-3　局部视图的设置

三、支架零件工程图的创建

1. 新建一个名为"zhijia. drw"的绘图文件

设置工作目录为"D：/Creo9/GC03/05"。选择主菜单"文件"→"新建"，或单击"新建"按钮 ，打开【新建】对话框，类型选取"绘图"，输入名称"zhijia"，取消勾选"使用默认模板"复选框，单击按钮 确定 ，弹出【新建绘图】对话框，单击"默认模板"右侧的按钮 浏览... ，弹出【打开】对话框。选择"D：/Creo9/GC03/05"中的"zhijia. prt"，单击【打开】对话框中的按钮 打开 ，这时【新建绘图】对话框中的"默认模板"栏中显示"zhijia. prt"。再选择【新建绘图】对话框"指定模板"为"格式为空",单击"格式"右侧的按钮 浏览…,在弹出的【打开】对话框中选择"D:/Creo9/GC03/01"中的"A4_format. frm",然后单击对话框中的按钮 打开,再单击对话框中的按钮 确定(O)。进入 Creo 的绘图界面,在绘图界面中首先加载 1 个 A4 图框及标题栏。

2. 绘图准备

(1) 修改尺寸公差为国际标准。选择主菜单"文件"→"准备"→"绘图属性",打开【绘图属性】对话框,单击"公差标准"右侧的"更改"按钮,弹出"公差设置"菜单管理器,选择"ISO/DIN",弹出"是否重新生成"【确认】对话框,单击对话框的按钮 是(Y),再单击菜单管理器上的"完成/返回"。

(2) 修改系统绘图参数的配置文件。单击【绘图属性】对话框中"细节选项"右侧的"更改"按钮,弹出【选项】对话框;单击"活动绘图"右侧的"打开"按钮 ,弹出【打开】对话框,选择文件目录"D:/Creo9/GC03/02"中的国家标准配置文件"China-std-2. dtl",完成参数配置。最后单击【绘图属性】对话框的按钮 关闭。

3. 创建支架主视图

(1) 单击视图控制工具条"基准显示过滤器"按钮 ,关闭所有基准的显示。

(2) 单击工具栏"布局"选项卡 模型视图▼功能区中的"普通视图"按钮 普通视图,弹出【选择组合状态】对话框,接受默认"无组合状态",单击对话框中的按钮 确定(O)。信息提示区显示"选择绘制视图的中心点",在图纸左上部的合适位置单击鼠标左键,则在绘图区出现零件的三维视图,并弹出【绘图视图】对话框。

(3) 在"模型视图名"中选择"FRONT",再单击对话框下面的按钮 应用。

(4) 单击对话框左侧"类别"中的"比例"选项,弹出"比例和透视图选项"属性页,"自定义比例"为 1,再单击对话框下面的按钮 应用,如图 3-5-4 所示。

(5) 单击对话框左侧"类别"中的"视图显示"选项,弹出"视图显示"属性页,将"显示样式"设置为"隐藏线",将"相切边显示样式"设置为"无",再单击对话框下面的按钮 应用,完成主视图的创建,最后单击【绘图视图】对话框中的按钮 确定。

4. 创建支架局部俯视图

(1) 创建俯视图。单击工具栏"布局"选项卡 模型视图▼功能区中的"投影视图"按钮 投影视图,拖动鼠标在图纸左下部合适的位置单击鼠标左键,创建俯视图。俯视图"着色"显示,鼠标左键双击俯视图,弹出【绘图视图】对话框,单击对话框左侧"类别"中的"视图显示"选项,弹出"视图显示"属性页,将"显示样式"设置为"隐藏线",将"相切边显示样式"设置为"无",再单击对话框下面的按钮 应用,完成的俯视图如图 3-5-5 所示。最后,单击对话框中的按钮 确定。

(2) 将俯视图修改为局部视图。在【绘图视图】对话框中左侧"类别"中选择"可见区域",切换到可见区域属性页,将"可见区域选项"的视图可见性切换为"局部视图",信息提示区显示"选择新的参考点",鼠标左键在视图的投影线上单击选择一参考点(×形蓝色加亮显示),信息提示区显示"在当前视图上草绘样条来定义外部边界",

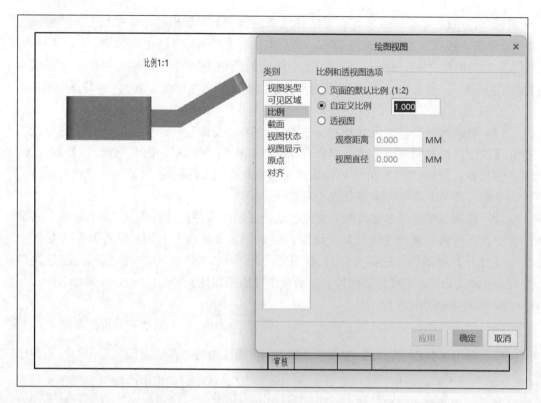

图 3-5-4　定制比例 1∶1

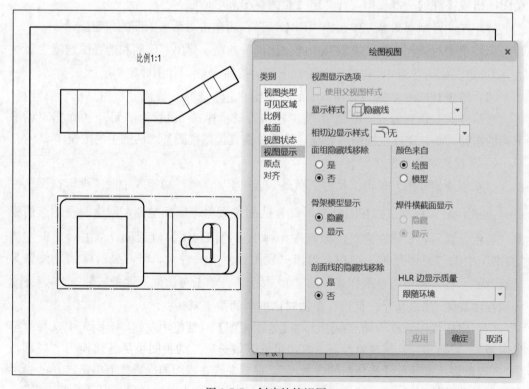

图 3-5-5　创建的俯视图

274

在俯视图中鼠标左键单击点选样条曲线经过的点，把要显示的部分圈起来，如图 3-5-6 所示。单击【绘图视图】对话框中的按钮 确定 ，完成的俯视图的局部视图如图 3-5-7 所示。

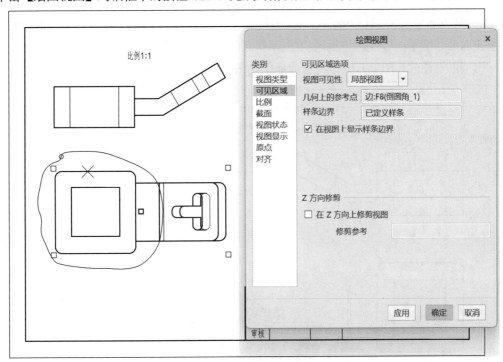

图 3-5-6　局部视图的设置

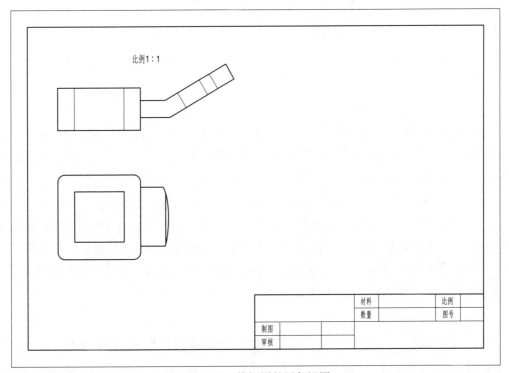

图 3-5-7　俯视图的局部视图

5. 创建斜视图

（1）创建辅助斜视图。单击工具栏"布局"选项卡 模型视图 ▾ 功能区中的"辅助视图"按钮 ◇ 辅助视图 ，信息提示区显示"在主视图上选择穿过前侧曲面的轴或作为基准曲面的前侧曲面的基准平面"，在主视图中单击倾斜面的上面投影线（蓝色加亮显示），然后拖动鼠标把辅助视图放在图纸右下角的合适部位，完成斜视图的创建，如图 3-5-8 所示。

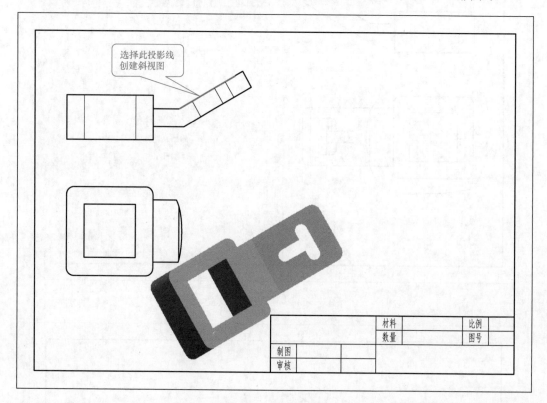

图 3-5-8　创建斜视图

（2）将斜视图修改为局部视图。鼠标左键双击斜视图，打开【绘图视图】对话框，单击对话框左侧"类别"中的"视图显示"选项，弹出"视图显示"属性页，将"显示样式"设置为"隐藏线"，将"相切边显示样式"设置为"无"，再单击对话框下面的按钮 应用 。切换"类别"为"可见区域"，打开可见区域属性页，将"可见区域选项"的视图可见性切换为"局部视图"，信息提示区显示"选择新的参考点"，鼠标左键在斜视图的投影线上单击选择一参考点（×形蓝色加亮显示），信息提示区显示"在当前视图上草绘样条来定义外部边界"，在俯视图中鼠标左键单击点选样条曲线经过的点，把要显示的部分圈起来，单击【绘图视图】对话框中的按钮 确定 ，完成的俯视图的局部视图如图 3-5-9 所示。

6. 创建三维轴测图

（1）单击工具栏"布局"选项卡 模型视图 ▾ 功能区中的"普通视图"按钮 🖵 普通视图 ，弹出【选择组合状态】对话框，接受默认"无组合状态"，单击对话框中的按钮 确定(O) 。信息

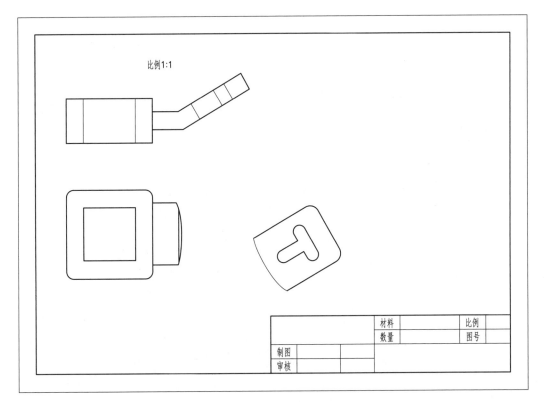

图 3-5-9　斜视图的局部视图

提示区显示"选择绘制视图的中心点",在图纸右下部的合适位置单击鼠标左键,则在绘图区出现零件的三维视图,并弹出【绘图视图】对话框,接受"默认方向"栏中的"等轴测"。切换到"类别"中的"比例"选项,"定制比例"为"1",单击对话框下面的按钮 应用 。

(2)切换到"类别"中的"视图显示"选项,"显示样式"设置为"消隐",将"相切边显示样式"设置为"无",单击对话框中的按钮 确定 ,完成三维轴测图的绘制。

(3)单击工具栏"布局"选项卡 文档 功能区的"锁定视图移动"按钮 ,将其设置为解锁状态。调整视图在图纸中的相对位置,完成的视图创建如图 3-5-10 所示。

7. 尺寸标注、中心轴线及技术要求

(1)将工具栏切换到"注释"选项卡,鼠标单击选中主视图上面的"比例 1∶1",同时按住 Ctrl 键,选中轴测图上的"比例 1∶1"(选中后,红色线框加亮显示),同时弹出快捷工具条,选择快捷工具条中的"拭除"命令 ,再在绘图区中单击鼠标左键,将文本显示擦除。

(2)通过注释选项卡 注释▼ 功能区"显示模型注释"按钮 ,打开【显示模型注释】对话框,进行自动添加尺寸,对于不合理的尺寸可以通过 注释▼ 功能区"尺寸"按钮

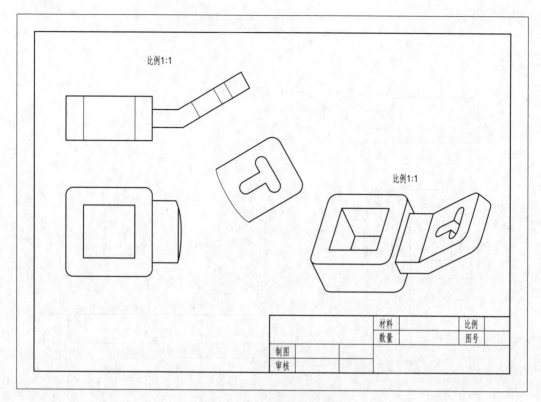

图 3-5-10　工程图创建结果

进行尺寸标注。

（3）对于支架工程图中的轴线，可通过先在"zhijia. prt"的零件图中创建出来，再通过"显示模型注释"按钮，在【显示模型注释】对话框中切换到"创建轴"选项卡，进行自动添加。

（4）对于不合理的尺寸线，单击选中，出现蓝色的控制点，然后按住鼠标左键，将尺寸线控制点拖动到合理的位置，对于自动添加的较短的中心线，也用鼠标左键单击选中，出现红色加亮显示控制点，按住鼠标左键将其拖动到合适的长度。

（5）单击注释选项卡 注释▼ 功能区"注解"按钮 创建技术要求，输入"技术要求 1. 未注圆角 $R5$，去除尖角毛刺。2. 焊接牢固可靠，不得有虚焊，清除焊渣。3. 未注尺寸公差按 GB/T 1804—m。4. 未注几何公差按 GB/T 1184—K"。

（6）完成尺寸标注、轴线添加及技术要求的支架零件图，如图 3-5-11 所示。

8. 填写标题栏

双击要填写的单元格，在其中输入文本，并修改文本的高度与位置，最后完成的支架工程图，如图 3-5-1 所示。

9. 保存文件

单击快速访问工具栏中的"保存"按钮，保存当前文件。

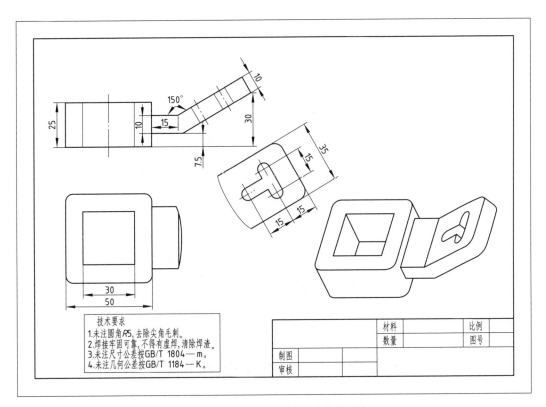

图 3-5-11　尺寸标注轴线及技术要求

10. 将工程图文件输出为 AutoCAD 图形文件 DWG 格式

选择主菜单"文件"→"另存为（A）"→"保存副本（A）"，在弹出的【保存副本】对话框中"新名称"栏中输入"zhijia"，在"类型"栏中选择"DWG（∗.dwg）"格式，然后单击【保存副本】对话框中的按钮 确定，在接下来弹出的【DWG 的导出环境】对话框中单击按钮 确定。这时可在 AutoCAD 软件环境中打开"zhijia.dwg"，进行继续编辑。

四、考核评价

（1）根据图 3-5-12 绘制叉架零件的三维模型。

（2）根据创建的三维模型，生成零件的工程图纸，并进行尺寸标注。

（3）零件材料 HT200，配合面粗糙度 $Ra1.6$，安装面粗糙度 $Ra6.3$。

（4）绘制图框，填写标题栏。

知识拓展

斜视图和局部视图的采用方便了机加工操作人员看图，如果零件表达不清晰，轻则影响加工人员的工作效率，重则影响整个项目的进度，给企业带来损失，所以工程设计人员要求树立团队协作意识，本着服务他人、方便他人的思想，不断提升专业素质，清晰简洁地将零件表达清楚。

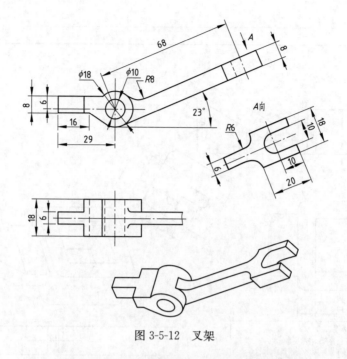

图 3-5-12　叉架

任务六　泵盖旋转剖视图的制作

任　务

创建如图 3-6-1 所示的泵盖零件的工程图。

分　析

泵盖零件的工程图中主视图采用了旋转剖视图，旋转剖可用于表达轮、盘类机件上的孔、槽结构，以及具有公共轴线的非回转体机件。

知识目标

（1）掌握旋转剖视图的制作方法。
（2）掌握几何基准和几何公差标注方法。

技能目标

（1）能完成泵盖旋转剖视图的制作。
（2）能分析旋转剖视图制作失败的原因，并找到解决方案。

素质目标

（1）培养学生推理判断的能力。
（2）帮助学生领悟熟能生巧的道理。

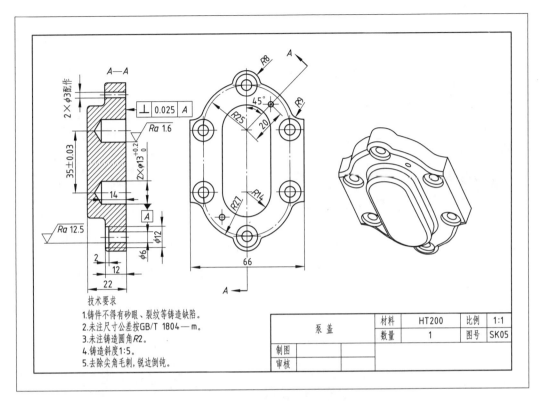

图 3-6-1　泵盖零件的工程图

一、旋转剖视图的创建方法

剖截面可以先在三维零件中创建（需赋予剖面名称），然后在工程图中，调出该剖面图，或直接在工程图中产生剖截面，制作旋转剖视图。在工程图中创建旋转剖视图的方法如下：

（1）双击要创建旋转剖视图的主视图，打开【绘图视图】对话框。在"类别"中选择"截面"，截面选项中选择"2D横截面"。

（2）单击"添加"按钮 ✚，从"名称"列表选择"新建"截面选项，同时弹出"横截面创建"菜单。在菜单中选择"偏移"→"双侧"→"单一"→"完成"，如图 3-6-2 所示，这时弹出【输入横截面名称】对话框，输入完毕，单击对话框中的"接受值"按钮 ✓，弹出"设置草绘平面"菜单，如图 3-6-3 所示。选择零件的前面作为草绘平面，如图 3-6-4 所示，再选择"设置草绘平面"方向菜单中的"确定"命令，如图 3-6-5 所示，最后选择"设置草绘平面"草绘视图参照菜单中的"默认"命令，如图 3-6-6 所示，系统进入二维草绘模式。

（3）在草绘模式下绘制如图 3-6-7 所示的 2 条直线，单击草绘选项卡上的"确定"按钮。在【绘图视图】对话框中的剖切区域中选择"全部（对齐）"，这时系统提示"选取轴"，选择主视图中的 A_1 轴线，再单击对话框中的按钮 应用，完成的旋转剖视图如图 3-6-8 所示。

图 3-6-2　横截面　　　图 3-6-3　选择草绘平面　　　图 3-6-4　选择零件的前面作为草绘平面
　　　　　创建菜单

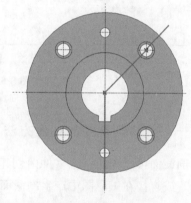

图 3-6-5　设置草绘平面　　　图 3-6-6　设置草绘平面　　　图 3-6-7　草绘 2 条直线
　　　　　方向菜单　　　　　　　　　视图参照菜单

（4）添加箭头。向右拖动【绘图视图】对话框中的"滑块"至最右端"箭头显示"栏中，鼠标左键在栏中单击，系统提示"给箭头选出一个截面在其处垂直的视图。中键取消"，鼠标左键单击左视图，再单击对话框中的按钮 应用 ，添加的箭头如图 3-6-9 所示。至此完成旋转剖视图的创建。

二、泵盖工程图的创建

1. 新建一个名为"benggai. drw"的绘图文件

设置工作目录为"D：/Creo9/GC03/06"。选择主菜单"文件"→"新建"，或单击"新建"按钮□，打开【新建】对话框，类型选取"绘图"，输入名称"benggai"，取消勾选"使用默认模板"复选框，单击按钮 确定 。弹出【新建绘图】对话框，单击"默认

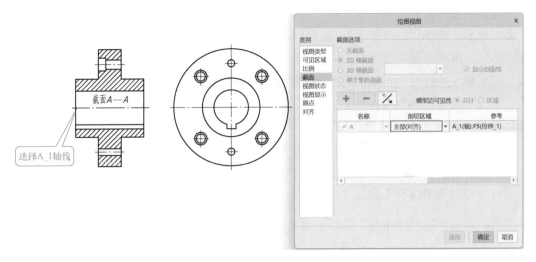

图 3-6-8　创建旋转剖视图

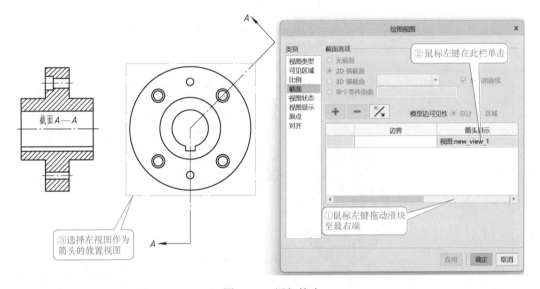

图 3-6-9　添加箭头

模板"右侧的按钮 浏览... ，弹出【打开】对话框。选择"D：/Creo9/GC03/06"中的"benggai. prt"，单击【打开】对话框中的按钮 打开 ，这时【新建绘图】对话框中的"默认模板"栏中显示"benggai. prt"。再选择【新建绘图】对话框"指定模板"为"格式为空"，单击"格式"右侧的按钮 浏览... ，在弹出的【打开】对话框中选择"D：/Creo9/GC03/01"中的 A4_format. frm，然后单击对话框中的按钮 打开 ，再单击对话框中的按钮 确定(O) 。进入 Creo 的绘图界面，在绘图界面中首先加载 1 个 A4 图框及标题栏。

2. 绘图准备

（1）修改尺寸公差为国际标准。选择主菜单"文件"→"准备"→"绘图属性"，打开【绘图属性】对话框，单击"公差标准"右侧的"更改"按钮，弹出"公差设置"菜单管理器，选择"ISO/DIN"，弹出"是否重新生成"【确认】对话框，单击对话框的按钮是(Y)，再单击菜单管理器上的"完成/返回"。

(2) 修改系统绘图参数的配置文件。单击【绘图属性】对话框中"细节选项"右侧的"更改"按钮，弹出【选项】对话框；单击"活动绘图"右侧的"打开"按钮 📂，弹出【打开】对话框，选择文件目录"D：/Creo9/GC03/02"中的国家标准配置文件"China-std-2.dtl"，完成参数配置。最后单击【绘图属性】对话框的按钮 关闭。

3. 创建泵盖左视图

(1) 单击视图控制工具条"基准显示过滤器"按钮 🔧，关闭所有基准的显示。

(2) 单击工具栏"布局"选项卡 模型视图▾ 功能区中的"普通视图"按钮 普通视图，弹出【选择组合状态】对话框，接受默认"无组合状态"，单击对话框中的按钮 确定(O)。信息提示区显示"选择绘制视图的中心点"，在图纸中间的合适位置单击鼠标左键，则在绘图区出现零件的三维视图，并弹出【绘图视图】对话框。

(3) 在"模型视图名"中选择"FRONT"，再单击对话框下面的按钮 应用，如图 3-6-10 所示。

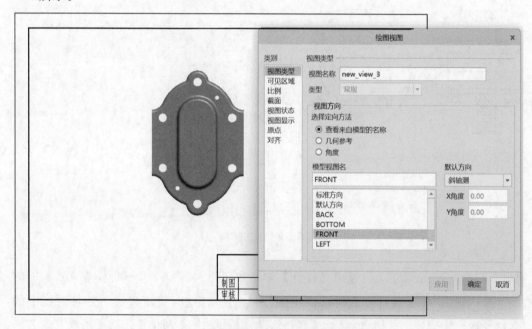

图 3-6-10　"模型视图名"选择"FRONT"

(4) 单击对话框左侧"类别"中的"比例"选项，弹出"比例和透视图选项"属性页，使用"页面的默认比例（1.000）"。

(5) 单击对话框左侧"类别"中的"视图显示"选项，弹出"视图显示"属性页，将"显示样式"设置为"消隐"，将"相切边显示样式"设置为"无"，再单击对话框下面的按钮 应用，完成左视图的创建，最后单击【绘图视图】对话框中的按钮 确定。

4. 创建泵盖主视图

单击工具栏"布局"选项卡 模型视图▾功能区中的"投影视图"按钮 投影视图，拖动鼠标在图纸左侧合适的位置单击鼠标左键，创建主视图。主视图"着色"显示，鼠标左键双击主视图，弹出【绘图视图】对话框，单击对话框左侧"类别"中的"视图显示"选项，弹出"视图显示"属性页，将"显示样式"设置为"消隐"，将"相切边显示样式"设置为"无"，再单击对话框下面的按钮 应用，完成的主视图如图 3-6-11 所示。最后，单击对话框中的按钮 确定 。

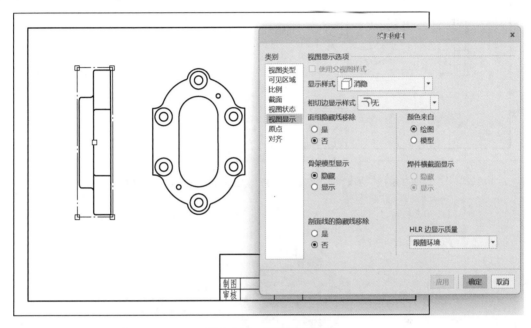

图 3-6-11　创建的主视图

5. 主视图修改为旋转剖视图

（1）双击要创建旋转剖视图的主视图，打开【绘图视图】对话框。在"类别"中选择"截面"，截面选项中选择"2D 横截面"。

（2）单击"添加"按钮 ＋，从"名称"列表选择"新建"截面选项，同时弹出"横截面创建"菜单。在菜单中选择"偏移"→"双侧"→"单一"→"完成"，这时弹出【输入横截面名称】对话框，输入"A"，单击对话框中的"接受值"按钮 ✓，如图 3-6-12 所示。系统切换至三维模型状态，弹出"设置草绘平面"菜单，这时选择零件的前面作为草绘平面，如图 3-6-13 所示。

零件上显示向后的红色箭头，单击"设置草绘平面"方向菜单中的"确定"命令，最后选择"设置草绘平面"草绘视图参照菜单中的"默认"命令，如图 3-6-14 所示，系统进入二维草绘模式。

（3）在草绘模式下绘制如图 3-6-15 所示的 2 条直线（两条直线相交，并通过圆弧的圆心），单击草绘选项卡上的"确定"按钮，返回工程图模式。单击视图控制工具条

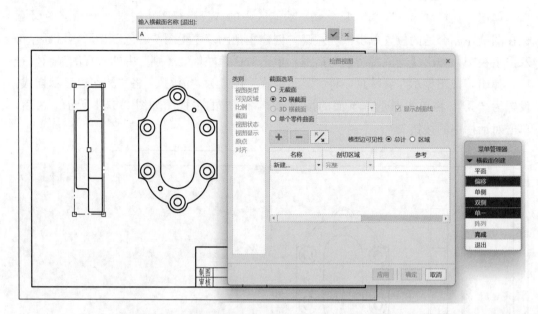

图 3-6-12　横截面创建菜单管理器及输入横截面名称对话框

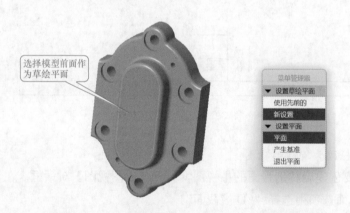

图 3-6-13　菜单管理器及选模型前面作为草绘平面

"基准显示过滤器"按钮 ，打开 ☑ 轴显示 显示。

　　在【绘图视图】对话框中的剖切区域中选择"全部（对齐）"，这时系统提示"选择轴"，选择主视图中的 A_1 轴线，再单击对话框中的按钮 应用 。完成的旋转剖视图如图 3-6-16 所示。

　　（4）添加箭头。选中旋转剖视的主视图，单击鼠标右键，在弹出的快捷菜单中选择"添加箭头"命令，如图 3-6-17 所示，信息提示区显示"给箭头选出一个截面在其处垂直的视图。中键取消"，在绘图区单击鼠标左键选择左视图，完成箭头的添加，如图 3-6-18 所示。

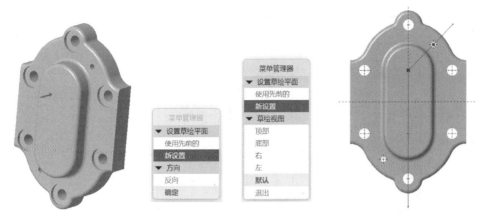

图 3-6-14　设置投影方向及投影参照　　　　　　图 3-6-15　草绘 2 条直线

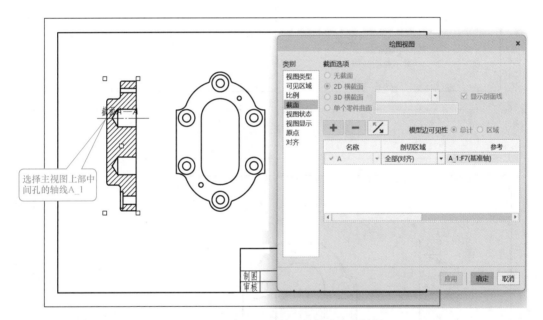

图 3-6-16　选择大圆柱体的轴线作为回转轴

6. 创建三维轴测图

（1）单击工具栏"布局"选项卡 模型视图▾ 功能区中的"普通视图"按钮 ，弹出
【选择组合状态】对话框，接受默认"无组合状态"，单击对话框中的按钮 确定(O)。信息
提示区显示"选择绘制视图的中心点"，在图纸右部的合适位置单击鼠标左键，则在绘
图区出现零件的三维视图，并弹出【绘图视图】对话框，接受默认方向"斜轴测"，单
击对话框下面的按钮 应用 。

（2）切换到"类别"中的"视图显示"选项，将"显示样式"设置为"消隐"，将
"相切边显示样式"设置为"默认"，然后单击对话框中的按钮 确定 ，完成三维轴测图的
绘制，如图 3-6-19 所示。

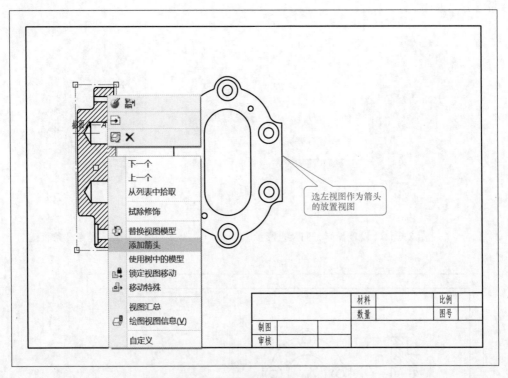

图 3-6-17　用快捷菜单添加箭头

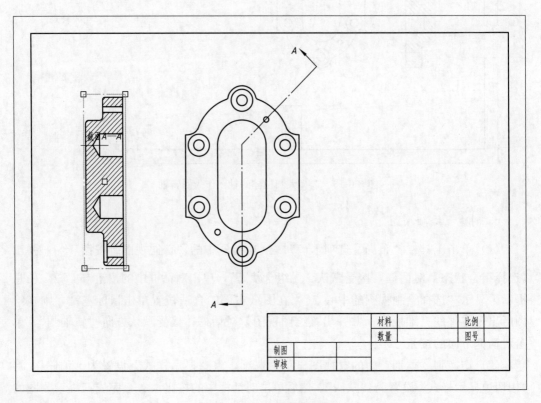

图 3-6-18　完成箭头添加

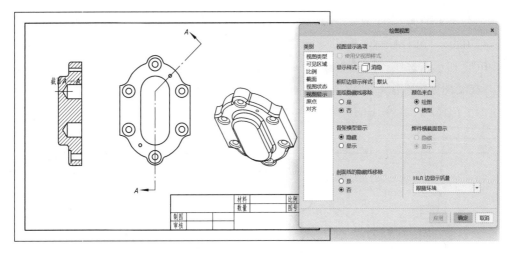

图 3-6-19 创建轴测图

（3）将工具栏切换到"注释"选项卡，鼠标单击选中主视图中的"截面 *A*—*A*"（选中后，红色线框加亮显示），这时鼠标"十"字显示，按住鼠标左键将其拖动到主视图的上方，同时打开"格式"操控板，单击操控板 注解工具 功能区的"文本编辑器"按钮 ４文本编辑器 ，打开【文本编辑器】对话框，把"截面"两个字删除，如图 3-6-20 所示，然后单击对话框中的按钮 确定(O) ，再次单击鼠标左键退出"格式"操控板。

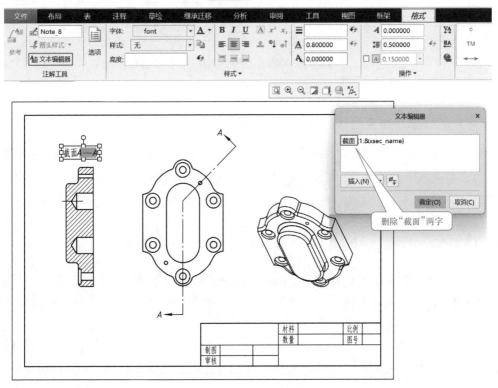

图 3-6-20 剖截面标注修改

（4）删除轴测图有多余的相切线条。将工具栏切换到"布局"选项卡，单击 编辑▼功能区"元件显示"按钮 📄元件显示，弹出"边显示"菜单和【选择】对话框，如图 3-6-21 所示。选择"拭除直线"→"切线默认"→"任意视图"，系统提示"选择边"，在绘图区中按住 Ctrl 键选择轴测图上的相切的直线（选中后的线红色加亮显示），再单击"边显示"菜单中的"完成"命令。

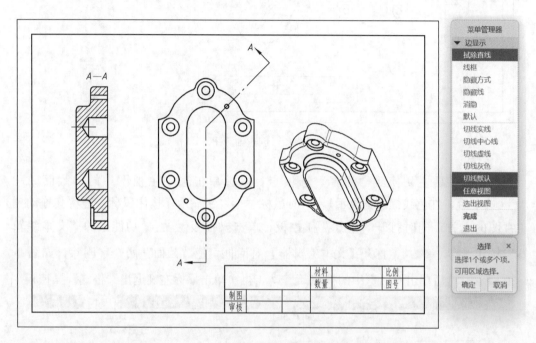

图 3-6-21 "边显示"菜单和选择轴测图上要拭除的相切边线

7. 尺寸标注、添加中心轴线、粗糙度及偏差

（1）草绘标注参照曲线。将工具栏切换到"草绘"选项卡，单击 草绘▼功能区"3 点/相切端圆弧"按钮 ⌒，这时光标显示 X、Y 坐标（默认以图纸的左下角作为坐标原点），先在左边小圆圆心上单击鼠标左键，再在右边小圆圆心上单击，最后在上面小圆圆心单击鼠标左键，如图 3-6-22 所示，完成圆弧的绘制。同理，绘制另一端圆弧，再用"线/弧链"按钮 线 绘制 2 条直线。绘制完成后单击鼠标左键退出。

（2）修改线型。按住 Ctrl 键，依次选择刚刚绘制的 2 个圆弧和 2 条直线，再单击鼠标的右键，在快捷菜单中选择"构造"命令，如图 3-6-23 所示，将线型修改为"点划线"。

（3）选择主菜单"文件"→"准备"→"绘图属性"，打开【绘图属性】对话框，单击"细节选项"右侧的"更改"按钮，弹出【选项】对话框，将"tol_display"的值设置为"yes"。

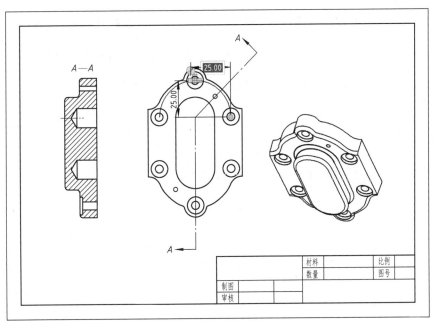

图 3-6-22 草绘圆弧

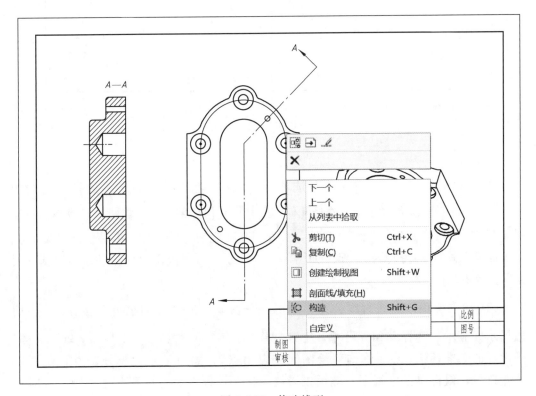

图 3-6-23 修改线型

将工具栏切换到"注释"选项卡，通过注释选项卡 注释▼ 功能区"显示模型注释"

按钮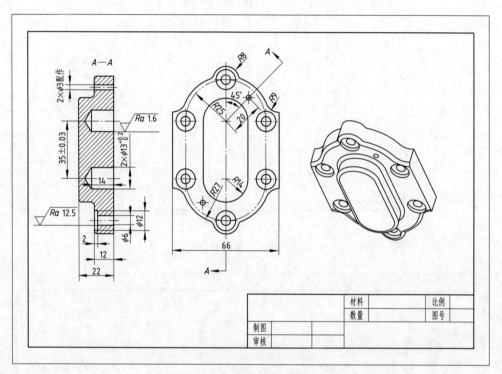（此处为小图标），打开【显示模型注释】对话框，进行自动添加尺寸和添加轴线。对于不合理的尺寸可以通过 注释▾ 功能区"尺寸"按钮 进行尺寸标注。调整不合理的尺寸界线、较短的轴线和剖切符号，再添加粗糙度及偏差，结果如图3-6-24所示。

图3-6-24　完成尺寸标注等

8. 添加几何公差

（1）添加基准。单击"注释"选项卡 注释▾ 功能区的"基准特征符号"按钮 基准特征符号，信息提示区显示"选择几何，尺寸，几何公差，尺寸界线，点或修饰草绘图元"，选择"$2\times\phi13^{+0.2}_{0}$"尺寸界线，打开"基准要素"操控板，接受名称"A"，拖动鼠标至合适的位置按鼠标中键，如图3-6-25所示。再次单击鼠标左键退出"基准要素"操控板。

（2）给右端面添加垂直度公差。单击 注释▾ 功能区的"几何公差"按钮 几何公差，信息提示区显示"选择几何，尺寸，几何公差，注解，尺寸界线，坐标系，轴，基准，已设置的基准标记，点、修饰草绘图元或自由点"，同时显示光标拖动红色位置度公差符号，鼠标单击主视图右侧面投影线，拖动鼠标至合适位置单击中键，这时打开"几何公差"操控板，如图3-6-26所示，符号选择 ⊥ 垂直度，输入公差"0.025"，第一基准输入"A"，完成的垂直度公差如图3-6-27所示。再次单击鼠标左键退出"几何公差"操控板。

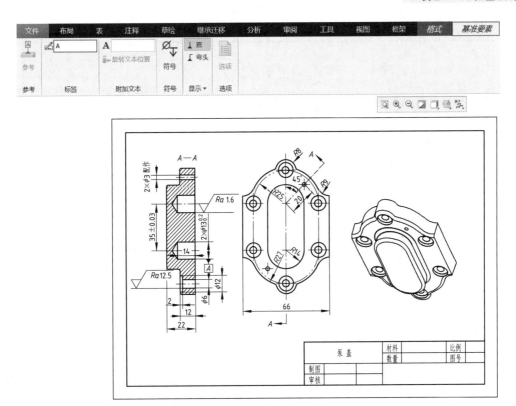

图 3-6-25　添加基准要素 A

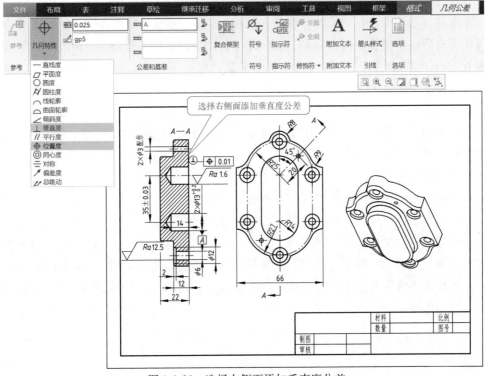

图 3-6-26　选择右侧面添加垂直度公差

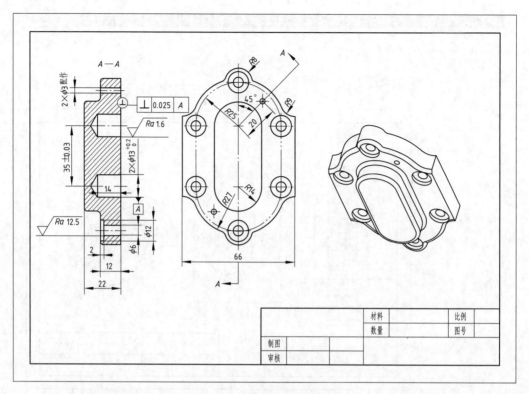

图 3-6-27　垂直度公差标注

9. 添加技术要求

单击注释选项卡 注释▾ 功能区 "注解" 按钮 注解▾ 创建技术要求，输入 "技术要求 1. 铸件不得有砂眼、裂纹等铸造缺陷。2. 未注尺寸公差按 GB/T 1804—m。3. 未注铸造圆角 R2。4. 铸造斜度 1∶5。5. 去除尖角毛刺，锐边倒钝。"，如图 3-6-28 所示，单击两次鼠标左键退出注解。

10. 填写标题栏

双击要填写的单元格，在其中输入文本，并修改文本的高度与位置，最后完成的泵盖工程图，如图 3-6-1 所示。

11. 保存文件

单击快速访问工具栏中的 "保存" 按钮，保存当前文件。

12. 将工程图文件输出为 AutoCAD 图形文件 DWG 格式

选择主菜单 "文件" → "另存为（A）" → "保存副本（A）"，在弹出的【保存副本】对话框 "新名称" 栏中输入 "benggai"，在 "类型" 栏中选择 "DWG（∗.dwg）" 格式，然后单击【保存副本】对话框中的按钮 确定，在接下来弹出的【DWG 的导出环境】对话框中单击按钮 确定。这时可在 AutoCAD 软件环境中打开 "benggai.dwg"，进行继续编辑。

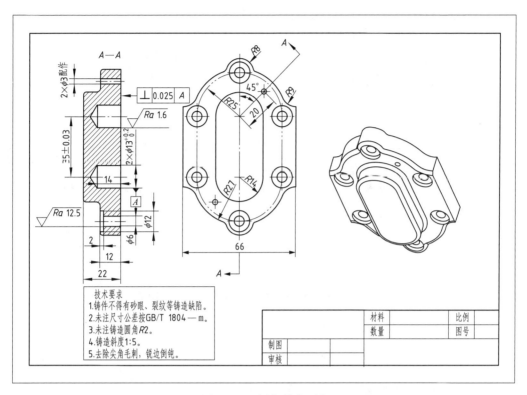

图 3-6-28　添加技术要求

三、考核评价

（1）绘制图 3-6-29 所示的张紧臂三维模型。

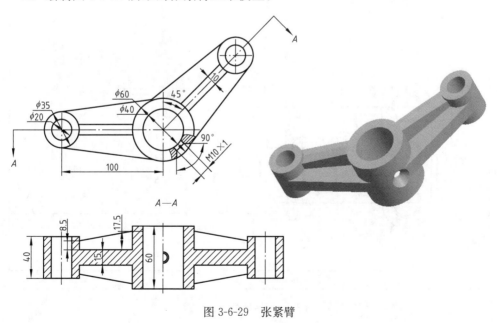

图 3-6-29　张紧臂

（2）根据创建的三维模型，生成零件的工程图纸：主视图采用局部剖视，俯视图采用旋转剖视图，并进行尺寸标注。

（3）零件材料 HT250，配合面粗糙度 $Ra1.6$，安装面粗糙度 $Ra6.3$。

（4）绘制图框，填写标题栏。

知识拓展 ------->

随着我国科学技术发展的突飞猛进，取得了一系列全球技术领先的重大科研成果，研制了一大批的大国重器，譬如墨子号卫星、中国高铁、C9飞机、盾构机、FAST望远镜、嫦娥系列月球探测器、蛟龙号潜水艇等，这些大国重器的基础就是先按技术标准和规范设计出图纸。优秀的图纸需要不断地修改和优化，图样绘制的规范性和严谨性对工程实践至关重要，需要工程技术人员养成规范、严谨、精益求精绘制工程图样的职业习惯。

任务七 钻模模板阶梯剖视图的制作

💡 **任 务**

创建如图 3-7-1 所示的钻模模板工程图。

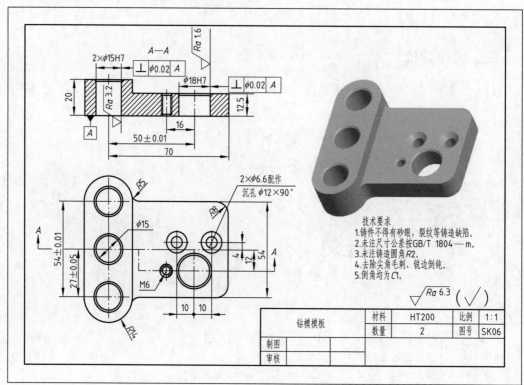

图 3-7-1　钻模模板工程图

分　析

本零件主视图采用了阶梯剖视图，阶梯剖是用几个平行的剖切平面剖开机件的方法。

知识目标

（1）掌握在三维零件中创建剖截面制作阶梯剖视图的方法。
（2）掌握为剖截面添加剖切方向箭头的方法。

技能目标

（1）能完成钻模模板阶梯剖视图的制作。
（2）能在视图管理器中制作剖截面，并显示剖截效果。

素质目标

（1）培养学生触类旁通的能力。
（2）培养学生感受任务完成的喜悦。

一、阶梯剖视图的创建方法

剖截面可以先在三维零件中创建（需赋予剖面名称），然后在工程图中调出该剖面图制作剖视图；也可以直接在工程图中通过"偏移"平面创建剖截面，方法与旋转剖视图创建方法一致。

1. 在三维模型中创建剖截面

（1）切换工具栏至"视图"选项卡，单击 模型显示▼ 功能区"管理视图"按钮，打开【视图管理器】对话框，切换到"截面"选项卡，单击标签中的"新建"按钮 新建 ▼ ，打开下拉列表，在列表中选择"偏移"，如图 3-7-2 所示，"名称"列表框中会出现一个默认名称为"Xsec0001"的文本框，如图 3-7-3 所示。修改剖截面名称，按 Enter 键，

图 3-7-2　新建偏移截面

图 3-7-3　默认剖截面名称

图 3-7-4　"截面"操控板

打开"截面"操控板，如图 3-7-4 所示。

（2）单击"草绘"滑面板上的按钮 <u>定义...</u> ，弹出【草绘】对话框，选择图 3-7-5 所示零件的顶面作为草绘平面，接受默认的投影方向参考，单击对话框中的按钮 <u>草绘</u> 进入草绘模式。在草绘模式下，绘制如图 3-7-6 所示的 3 条剖切线，单击"确定"按钮，退出草绘模式。创建的剖截面如图 3-7-7 所示，单击"截面"操控板上的"确定"按钮，完成截面创建。

图 3-7-5　【草绘】对话框及选零件顶面作为草绘平面

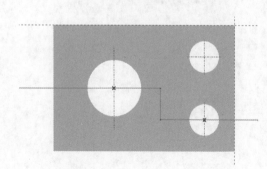

图 3-7-6　草绘 3 条剖切直线

（3）在【视图管理器】对话框"截面"选项卡中，单击建立的剖截面名称"A"，即可看到此剖截面的剖面线；双击建立的剖截面名称"A"，即可看到用此剖截面剖开实体的效果；双击"无横截面"，则恢复无剖面显示，如图 3-7-8 所示。

2. 进入工程图

（1）鼠标左键双击要创建剖视图的视图，打开【绘图视图】对话框，在"类别"中选择"截面"，在"截面选项"栏中选择"2D 横截面"，单击"添加"按钮 ✛（将剖截面添加到视图中），选择已创建好的剖截面名称"A"、剖切区域接受默认"完整"，

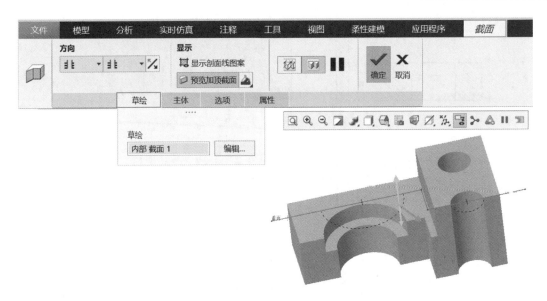

图 3-7-7　剖截面创建效果

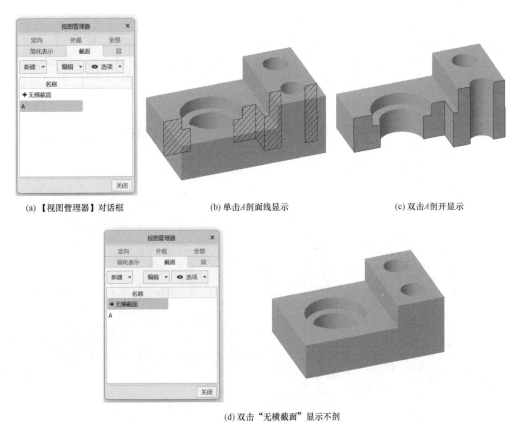

(a)【视图管理器】对话框　　　　(b) 单击A剖面线显示　　　　(c) 双击A剖开显示

(d) 双击"无横截面"显示不剖

图 3-7-8　视图管理

单击按钮 应用 即可，如图 3-7-9 所示。

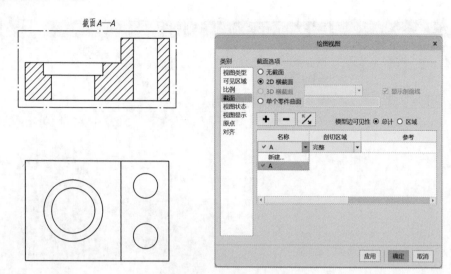

图 3-7-9　阶梯剖视图的设置

（2）添加箭头。拖动"滑块"到最右端"箭头显示"栏，鼠标左键先在栏中单击，信息提示区显示"给箭头选出一个截面在其处垂直的视图。中键取消"，鼠标左键选择"俯视图"为放置箭头的视图，再单击对话框中的按钮 应用 即可，结果如图 3-7-10 所示。

（3）当完成剖视图后，可在剖视图中双击剖面线，打开"编辑剖面线"操控板，可修改剖面线的间距、角度、线型及颜色等。

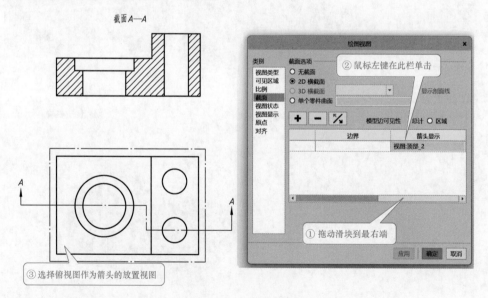

图 3-7-10　添加箭头

二、钻模模板工程图的创建

1. 新建一个名为"muban. drw"的绘图文件

设置工作目录为"D：/Creo9/GC03/05"。选择主菜单"文件"→"新建"，或单击

"新建"按钮 □，打开【新建】对话框，类型选取"绘图"，输入名称"muban"，取消勾选"使用默认模板"复选框，单击按钮 确定 。弹出【新建绘图】对话框，单击"默认模板"右侧的按钮 浏览...，弹出【打开】对话框。选择"D：/Creo9/GC03/07"中的"muban.prt"，单击【打开】对话框中的按钮 打开 ，这时【新建绘图】对话框中的"默认模板"栏中显示"muban.prt"。再选择【新建绘图】对话框"指定模板"为"格式为空"，单击"格式"右侧的按钮 浏览...，在弹出的【打开】对话框中选择"D：/Creo9/GC03/01"中的"A4_format.frm"，然后单击对话框中的按钮 打开 ，再单击对话框中的按钮 确定(O) 。进入 Creo 的绘图界面，在绘图界面中首先加载 1 个 A4 图框及标题栏。

2. 绘图准备

（1）修改尺寸公差为国际标准。选择主菜单"文件"→"准备"→"绘图属性"，打开【绘图属性】对话框，单击"公差标准"右侧的"更改"按钮，弹出"公差设置"菜单管理器，选择"ISO/DIN"，接下来弹出"是否重新生成"【确认】对话框，单击对话框的按钮 是(Y) ，再单击菜单管理器上的"完成/返回"。

（2）修改系统绘图参数的配置文件。单击【绘图属性】对话框中"细节选项"右侧的"更改"按钮，弹出【选项】对话框，单击"活动绘图"右侧的"打开"按钮 ，弹出【打开】对话框，选择文件目录"D：/Creo9/GC03/02"中的国家标准配置文件"China-std-2.dtl"，完成参数配置。最后单击【绘图属性】对话框的按钮 关闭 。

3. 创建模板主视图

（1）单击视图控制工具条"基准显示过滤器"按钮 ，关闭所有基准的显示。

（2）单击工具栏"布局"选项卡 模型视图▼ 功能区中的"普通视图"按钮 普通视图，弹出【选择组合状态】对话框，接受默认"无组合状态"，单击对话框中的按钮 确定(O) 。信息提示区显示"选择绘制视图的中心点"，在图纸左上部的合适位置单击鼠标左键，则在绘图区出现零件的三维视图，并弹出【绘图视图】对话框。

（3）在"模型视图名"中选择"FRONT"，如图 3-7-11 所示，再单击对话框下面的按钮 应用 。

（4）单击对话框左侧"类别"中的"比例"选项，弹出"比例和透视图选项"属性页，使用"页面的默认比例（1.000）"。

（5）单击对话框左侧"类别"中的"视图显示"选项，弹出"视图显示"属性页，将"显示样式"设置为"消隐"，将"相切边显示样式"设置为"无"，再单击对话框下面的按钮 应用 ，完成主视图的创建。最后单击【绘图视图】对话框中的按钮 确定 。

4. 创建模板俯视图

单击工具栏"布局"选项卡 模型视图▼ 功能区中的"投影视图"按钮 投影视图，拖动鼠标在图纸左下方合适的位置单击鼠标左键，创建俯视图。俯视图"着色"显示，鼠标左键双击俯视图，弹出【绘图视图】对话框，单击对话框左侧"类别"中的"视图显示"选项，弹出"视图显示"属性页，将"显示样式"设置为"消隐"，将"相切边显

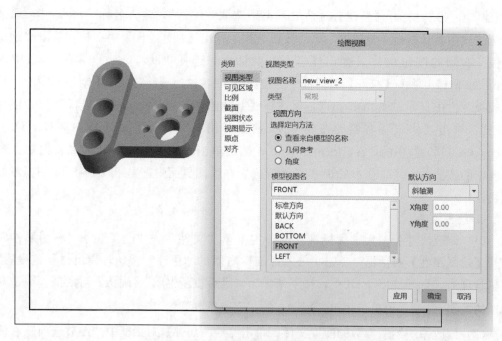

图 3-7-11　模型视图名中选 FRONT

示样式"设置为"无"，再单击对话框下面的按钮 应用 ，完成的俯视图如图 3-7-12 所示。
最后，单击对话框中的按钮 确定 。

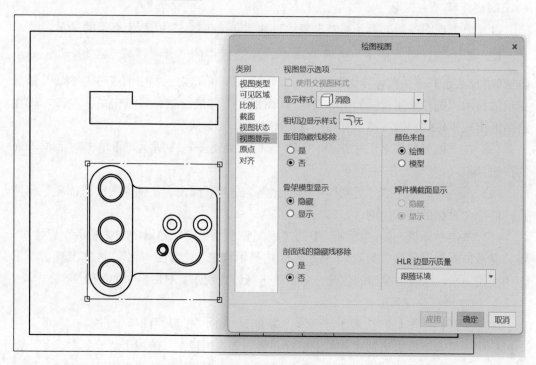

图 3-7-12　创建俯视图

5. 主视图修改为阶梯剖视图

（1）切换至"muban. prt"三维零件中创建剖截面。

1）切换工具栏至"视图"选项卡，单击 模型显示▼功能区"管理视图"按钮 ，打开【视图管理器】对话框，切换到"截面"选项卡。单击标签中"新建"按钮 新建 ▼，打开下拉列表，在列表中选择"偏移"（见图 3-7-2），"名称"列表框中会出现一个默认名称为"Xsec0001"的文本框，修改该剖截面名称为"A"，如图 3-7-13 所示。按 Enter 键，打开"截面"操控板。

图 3-7-13 【视图管理器】对话框

2）单击"截面"操控板"草绘"滑面板上的按钮 定义... ，弹出【草绘】对话框，选择图 3-7-14 所示零件的顶面作为草绘平面，接受默认的投影方向参考，单击对话框中的按钮 草绘 进入草绘模式。在草绘模式下，绘制如图 3-7-15 所示的 3 条直线，单击"确定"按钮，退出草绘模式。创建的剖截面如图 3-7-16 所示，单击"截面"操控板上的"确定"按钮，完成截面创建。

图 3-7-14 【草绘】对话框及选择零件的顶面作为草绘平面

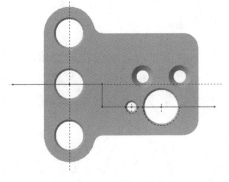

图 3-7-15 草绘 3 条直线

（2）切换至"muban. drw"工程图环境中。

1）鼠标左键双击主视图，打开【绘图视图】对话框，在"类别"中选择"截面"，截面选项中选择"2D 横截面"，单击"添加"按钮 ➕（将剖截面添加到视图中），选择已创建好的剖面名称"A"、剖切区域接受默认的"完整"，单击按钮 应用 即可，如图 3-7-17 所示。再单击按钮 确定 ，退出对话框。

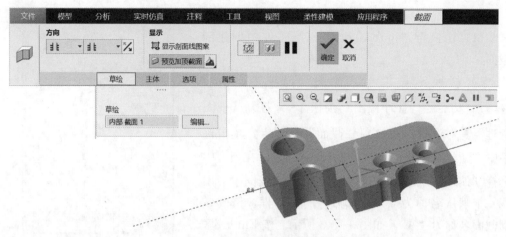

图 3-7-16 剖截面创建效果

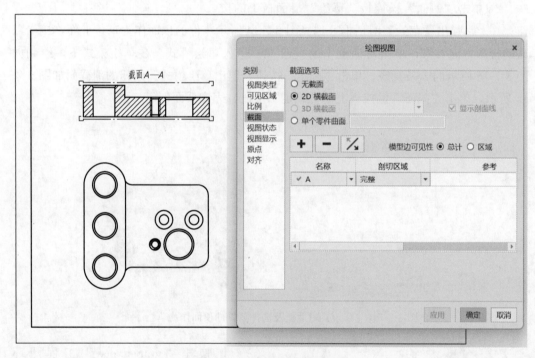

图 3-7-17 阶梯剖视图的设置

2）添加箭头。选中旋转剖视的主视图，单击鼠标右键，在弹出的快捷菜单中选择"添加箭头"命令，如图 3-7-18 所示，信息提示区显示"给箭头选出一个截面在其处垂直的视图。中键取消"，在绘图区鼠标左键选择俯视图，完成箭头的添加，如图 3-7-19 所示。

6. 创建三维轴测图

（1）单击工具栏"布局"选项卡 模型视图▾ 功能区中的"普通视图"按钮 ，弹出【选择组合状态】对话框，接受默认"无组合状态"，单击对话框中的按钮 确定(O)。信息

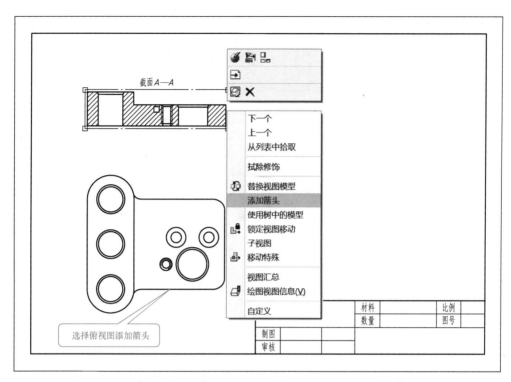

图 3-7-18   快捷菜单中选"添加箭头"

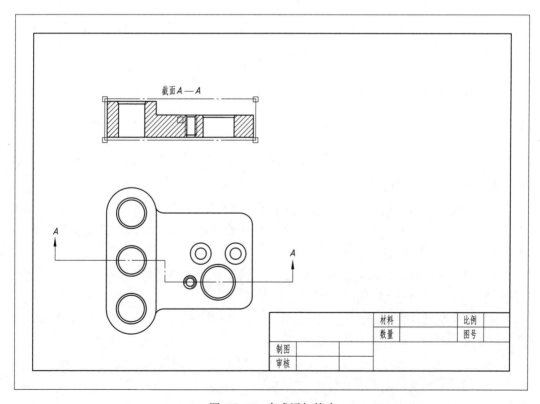

图 3-7-19   完成添加箭头

提示区显示"选择绘制视图的中心点",在右边的合适位置单击鼠标左键,则在绘图区出现零件的三维视图,并弹出【绘图视图】对话框,接受默认方向"斜轴测",如图 3-7-20 所示,单击按钮 确定 。

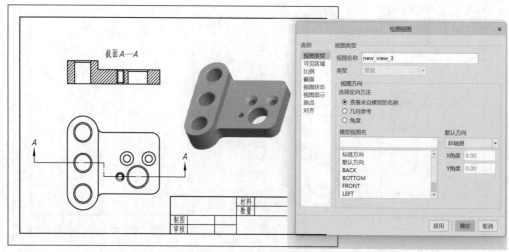

图 3-7-20　创建轴测图

(2) 将工具栏切换到"注释"选项卡,鼠标单击选中主视图中的"截面 A—A"(选中后,红色线框加亮显示),这时鼠标"十"字显示,按住鼠标左键将其拖动到主视图的上方,同时打开"格式"操控板,单击操控板 注解工具 功能区的"文本编辑器"按钮 文本编辑器 ,打开【文本编辑器】对话框,把"截面"两个字删除。

7. 尺寸标注、添加中心轴线

(1) 将工具栏切换到"注释"选项卡,通过注释选项卡 注释▼ 功能区"显示模型注释"按钮 ,打开【显示模型注释】对话框,进行自动添加尺寸和添加轴线。对于不合理的尺寸可以通过 注释▼ 功能区"尺寸"按钮 进行尺寸标注。调整不合理的尺寸界线、较短的轴线和剖切符号。

(2) 给尺寸添加偏差和后缀。选择主菜单"文件"→"准备"→"绘图属性",打开【绘图属性】对话框,单击"细节选项"右侧的"更改"按钮,弹出【选项】对话框,将"tol_display"的值设置为"yes"。

选中要添加偏差的尺寸 27、50 和 54 添加偏差,公差选择 ±0.1 对称 ;给尺寸"2×φ15"和"φ18"添加后缀,结果如图 3-7-21 所示。

(3) 编辑小尺寸标注。单击选中左边小尺寸"10",选中后尺寸"10"红色加亮显示,再在尺寸"10"的右箭头位置处单击鼠标右键,在弹出的快捷菜单中选择"箭头样式",拖动鼠标至下拉按钮 ▶ ,打开下拉菜单。在下拉菜单中选择"实心点"命令,如图 3-7-22 所示,将右"箭头"修改为"实心点"。同理完成右边小尺寸"10"左箭头的"圆点"修订,调整两个小尺寸的尺寸线对齐后,如图 3-7-23 所示。

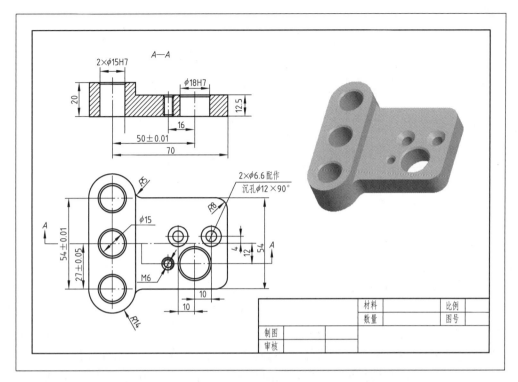

图 3-7-21　完成尺寸标注

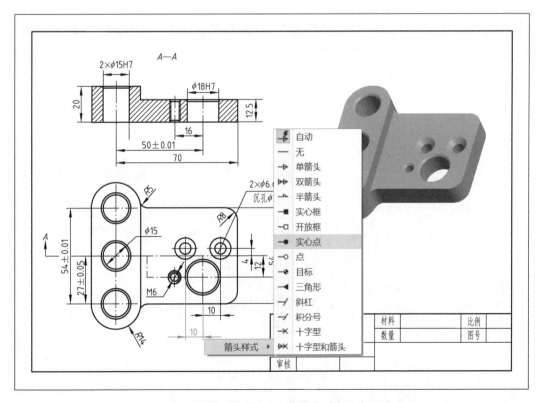

图 3-7-22　将"箭头"修改为"实心点"

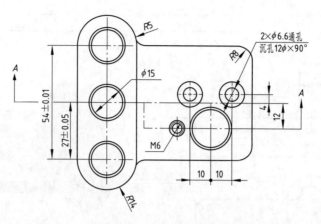

图 3-7-23   修改两个小尺寸间的箭头为"实心点"

8. 添加粗糙度及几何公差

单击"注释"选项卡 注释▾ 功能区"符号"按钮 △ 符号 ，打开"符号"操控板，单击"符号库"，在"所有符号"中单击选择"surf-machined-gb2006"，如图 3-7-24 所示，在绘图区单击鼠标右键，在弹出的快捷菜单中选择"垂直于图元"命令，再用鼠标单击主视图中右边孔的右投影线（投影线蓝色加亮显示），这时符号上会出现红色箭头表示垂直图元的方向，单击箭头会更改方向，如图 3-7-25 所示，单击鼠标中键确认，再将其拖动至合适的位置。单击鼠标左键退出"符号"操控板。同理完成其他粗糙度的标注。

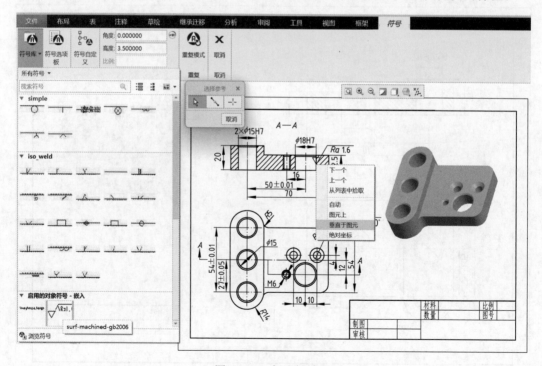

图 3-7-24   标注粗糙度

9. 添加几何公差

（1）添加底面基准。添加基准。单击"注释"选项卡 注释▾功能区的"基准特征符号"按钮 ⚓基准特征符号，单击主视图的底面投影线作为基准的放置平面，打开"基准要素"操控板，接受名称"A"，鼠标拖动至合适的位置按中键。再次单击左键退出"基准要素"操控板。

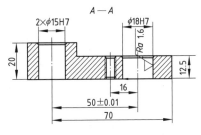

图 3-7-25　箭头表示垂直图元的方向

（2）给"2×φ15H7"孔轴线添加垂直度公差。单击 注释▾功能区的"几何公差"按钮 ，这时光标拖动红色位置度公差符号，鼠标单击尺寸界线，拖动鼠标至合适位置单击中键，这时打开"几何公差"操控板，符号选择 ⊥ 垂直度，输入公差"φ0.02"（单击操控板上的"符号"按钮 ，打开符号库调入φ），第一基准输入"A"。完成的垂直度公差如图 3-7-26 所示。

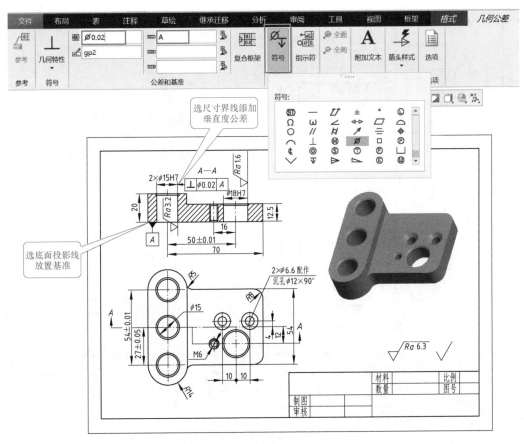

图 3-7-26　添加垂直度几何公差

同理完成"φ18H7"的垂直度公差的标注，并调整位置，结果如图 3-7-27 所示。

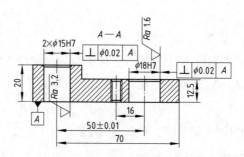

图 3-7-27　完成尺寸垂直度公差标注

10. 添加技术要求

单击注释选项卡 注释▼功能区"注解"按钮 ▲ 注解▼ 创建技术要求，输入"技术要求 1. 铸件不得有砂眼、裂纹等铸造缺陷。2. 未注尺寸公差按 GB/T 1804—m。3. 未注铸造圆角 R2。4. 去除尖角毛刺，锐边倒钝。5. 倒角均为 C1。"，再注写"（　）"，如图 3-7-28 所示，单击两次鼠标左键退出注解。

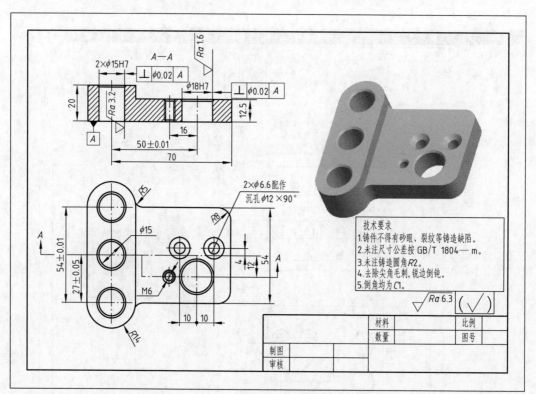

图 3-7-28　添加技术要求等注解

11. 填写标题栏

双击要填写的单元格，在其中输入文本，并修改文本的高度与位置，最后完成的钻模模板工程图，如图 3-7-1 所示。

12. 保存文件

单击快速访问工具栏中的"保存"按钮 ，保存当前文件。

13. 将工程图文件输出为 AutoCAD 图形文件 DWG 格式

选择主菜单"文件"→"另存为（A）"→"保存副本（A）"，在弹出的【保存副本】对话框中"新名称"栏中输入"muban"，在"类型"栏中选择"DWG（∗.dwg）"格式，然后单击【保存副本】对话框中的按钮 确定 ，在接下来弹出的【DWG 的导出环境】对话框中单击按钮 确定 。这时可在 AutoCAD 软件环境中打开"muban.dwg"，进行继续编辑。

三、考核评价

（1）绘制图 3-7-29 所示的模具型芯板的三维模型。

（2）根据创建的三维模型，生成零件的工程图纸：主视图采用阶梯剖视，并进行尺寸标注。

（3）零件材料 45 钢，绘制图框，填写标题栏。

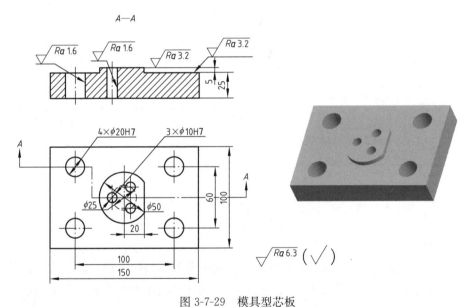

图 3-7-29　模具型芯板

知识拓展

　　零件图上的尺寸公差、粗糙度、几何公差是零件加工的重要技术参数，零件的表面质量要求越高，加工成本越高，工程技术人员要合理确定上述参数，既要满足使用要求，又要考虑成本控制。成本控制对企业的持续发展具有重要意义。

任务八 轴类零件断面图及局部放大图的制作

💡 **任 务**

创建如图 3-8-1 所示的轴零件工程图。

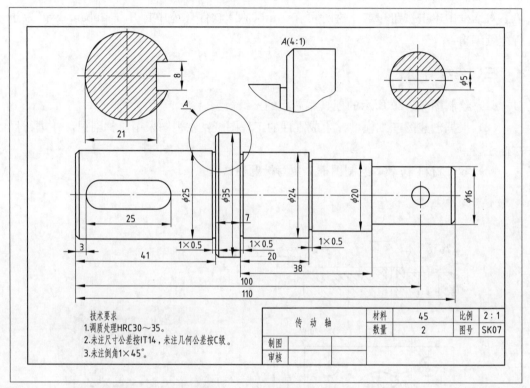

图 3-8-1 轴零件的工程图

🖥️ **分 析**

轴零件的工程图采用了断面图和局部放大图。断面图是用剖切平面将机件的某处切断，仅画出断面的图形；局部放大图是将机件上某些结构用大于原图形所采用的比例画出，从而使视图的表达更清晰明了。

👨‍🎓 **知识目标**

(1) 掌握断面图的制作方法。

(2) 掌握局部放大图的制作方法。

🔧 **技能目标**

(1) 能完成轴类零件断面图及局部放大图的制作。

（2）能分析断面图及局部放大图制作失败的原因，并找到解决问题的方案。

素质目标

（1）培养学生综合运用知识的能力，做到举一反三。

（2）帮助学生感受解决难题后的成就感。

一、断面图创建方法简介

（1）要创建断面图，首先创建剖视图，然后在【绘图视图】对话框中的"截面"属性页的"模型边的可见性"，由"总计"改为"区域"，如图 3-8-2 所示，单击对话框中的按钮 应用 。

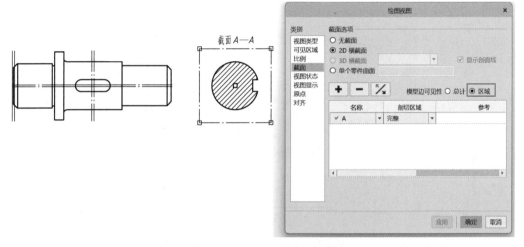

图 3-8-2　模型边可见性"区域"

（2）在【绘图视图】对话框中左边"类别"中选择"对齐"，切换至"对齐"属性页，将"视图对齐选项"中的"将此视图与其他视图对齐"前的复选框取消勾选，如图 3-8-3 所示，单击对话框中的按钮 应用 。

（3）在工具栏"布局"选项卡 文档 功能区单击"锁定视图移动"按钮 锁定视图 移动 ，将视图锁定解锁。选中剖视图，按住鼠标左键拖动到剖切位置处，即可创建断面图，如图 3-8-4 所示。

图 3-8-3　对齐属性页

二、局部放大图创建方法简介

单击工具栏"布局"选项卡 模型视图▾ 功能区的"局部放大图"按钮 局部放大图 ，或在绘图区单击鼠标右键，在弹出的快捷菜单中选择"局部放大图"命令，如图 3-8-5 所示，信息提示区显示"在一现有视图上选择要查看细节的中心点"，在要放大的区域单击鼠标左键，则出现一"✕"形点。这时信息提示区显示"草绘样条，不相交其他样条，来定义一轮廓线"。在"✕"形点周围单击鼠标左键，把需要放大的区域用样条曲线圈起来，如图 3-8-6 所示。封闭后，单击鼠标中键，信息提示区显示"选择绘制视图的中心点"，在合适的位置单击鼠标左键作为局部放大图的放置位置，完成的局部放大图如图 3-8-7 所示。

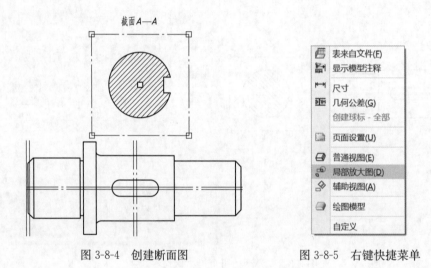

图 3-8-4　创建断面图　　　　　　　　图 3-8-5　右键快捷菜单

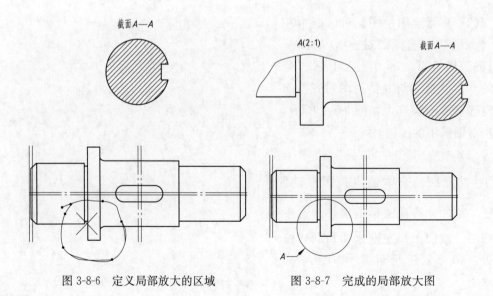

图 3-8-6　定义局部放大的区域　　　　　图 3-8-7　完成的局部放大图

三、轴零件工程图的创建

1. 新建一个名为"zhou.drw"的绘图文件

设置工作目录为"D：/Creo9/GC03/08"。选择主菜单"文件"→"新建"，或单击"新建"按钮 🗋，打开【新建】对话框，类型选取"绘图"，输入名称"zhou"，取消勾选"使用默认模板"复选框，单击按钮 确定，弹出【新建绘图】对话框，单击"默认模板"右侧的按钮 浏览...，弹出【打开】对话框。选择"D：/Creo9/GC03/08"中的"zhou.prt"，单击【打开】对话框中的按钮 打开，这时【新建绘图】对话框中的"默认模板"栏中显示"zhou.prt"。再选择【新建绘图】对话框"指定模板"为"格式为空"，单击"格式"右侧的按钮 浏览...，在弹出的【打开】对话框中选择"D：/Creo9/GC03/01"中的"A4_format.frm"，然后单击对话框中的按钮 打开，再单击对话框中的按钮 确定(O)。进入 Creo 的绘图界面，在绘图界面中首先加载 1 个 A4 图框及标题栏。

2. 绘图准备

（1）修改尺寸公差为国际标准。选择主菜单"文件"→"准备"→"绘图属性"，打开【绘图属性】对话框，单击"公差标准"右侧的"更改"按钮，弹出"公差设置"菜单管理器，选择"ISO/DIN"，接下来弹出"是否重新生成"【确认】对话框，单击对话框的按钮 是(Y)，再单击菜单管理器上的"完成/返回"。

（2）修改系统绘图参数的配置文件。单击【绘图属性】对话框中"细节选项"右侧的"更改"按钮，弹出【选项】对话框，单击"活动绘图"右侧的"打开"按钮 📂，弹出【打开】对话框，选择文件目录"D：/Creo9/GC03/02"中的国家标准配置文件"China-std-2.dtl"，完成参数配置。最后单击【绘图属性】对话框的按钮 关闭。

3. 创建主视图

（1）单击视图控制工具条"基准显示过滤器"按钮 🔀，关闭 □ ⚲ 轴显示、□ ⚙ 点显示 和□ 📐 坐标系显示。

（2）单击工具栏"布局"选项卡 模型视图▾ 功能区中的"普通视图"按钮 🖱，弹出【选择组合状态】对话框，接受默认"无组合状态"，单击对话框中的按钮 确定(O)。信息提示区显示"选择绘制视图的中心点"，在图纸中间的合适位置单击鼠标左键，则在绘图区出现零件的三维视图，并弹出【绘图视图】对话框。

（3）在"模型视图名"中选择"FRONT"，再单击对话框下面的按钮 应用。

（4）单击对话框左侧"类别"中的"比例和透视图选项"选项，选择"自定义比例"为"2.000"，单击对话框下面的按钮 应用，如图 3-8-8 所示。

（5）单击对话框左侧"类别"中的"视图显示"选项，弹出"视图显示"属性页，将"显示样式"设置为"消隐"，将"相切边显示样式"设置为"无"，再单击对话框下面的按钮 应用，完成主视图的创建，最后单击【绘图视图】对话框中的按钮 确定。

4. 创建键槽断面图

（1）将工具栏切换至"布局"选项卡，单击 模型视图▾ 功能区中的"投影视图"按钮

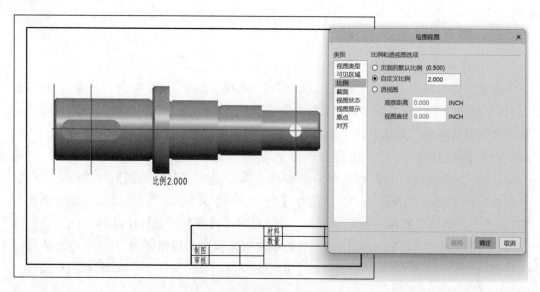

图 3-8-8　定制比例为 "2"

投影视图，拖动鼠标在图纸右边合适的位置单击鼠标左键，创建左视图。

（2）鼠标左键双击左视图，弹出【绘图视图】对话框，单击对话框左侧 "类别" 中的 "视图显示" 选项，弹出 "视图显示" 属性页，将 "显示样式" 设置为 "消隐"，将 "相切边显示样式" 设置为 "无"，再单击对话框下面的按钮 应用 。

（3）在【绘图视图】对话框左侧 "类别" 中选择 "截面"，截面选项中选择 "2D 横截面"。将模型边可见性由 "总计" 更改为 "区域"，如图 3-8-9 所示。单击 "添加" 按钮 ＋ ，从 "名称" 列表选择 "新建" 截面选项，同时弹出 "横截面创建" 菜单。接受默认的选项 "平面" → "单一"，再选择 "完成" 命令，弹出【输入剖面名】对话框，输入名称 "A" 后，单击对话框中的 "接受值" 按钮 ✓ 。信息提示区显示 "选择平面曲面或基准平面"，选择主视图中的 DTM2 基准面，单击对话框中的按钮 应用 ，完成剖视图的创建。

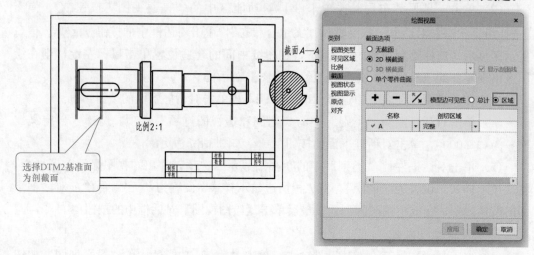

图 3-8-9　模型边可见性修改为 "区域"

316

（4）在【绘图视图】对话框左侧类型中选择"对齐"，打开对齐属性页，在"视图对齐选项"中取消勾选"将此视图与其他视图对齐"复选框，如图 3-8-10 所示，再单击对话框中的按钮 确定 。

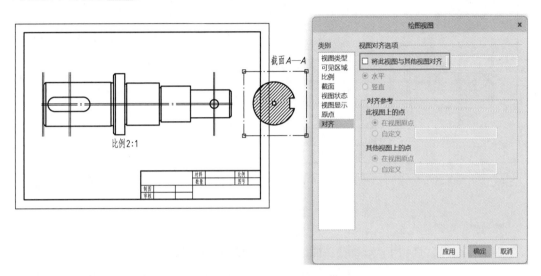

图 3-8-10　取消左视图与主视图的对齐

（5）在绘图区中单击鼠标右键，在弹出的快捷菜单中选择"锁定视图移动"命令，取消视图的锁定。选中剖视图将其移动到主视图中键槽上部的合适位置，结果如图 3-8-11 所示。同理，创建右侧孔的断面图（注意：模型边的可见性为"总计"），结果如图 3-8-12 所示。

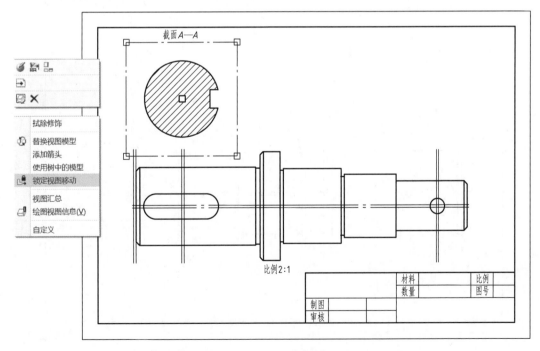

图 3-8-11　移动剖视图

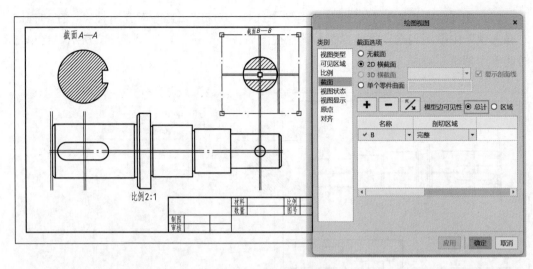

图 3-8-12　断面图创建结果

5. 创建局部放大图

单击"布局"选项卡 模型视图 ▾ 功能区的"局部放大图"按钮 ⚲ 局部放大图，信息提示区显示"在一现有视图上选择要查看细节的中心点"，在主视图需要放大的区域单击鼠标左键，则出现一"×"形点。这时信息提示区显示"草绘样条，不相交其他样条，来定义一轮廓线"。在"×"形点周围单击鼠标左键，用样条曲线圈起来要放大的部位，如图3-8-13 所示。封闭后，单击鼠标中键，信息提示区显示"选择绘制视图的中心点"，鼠

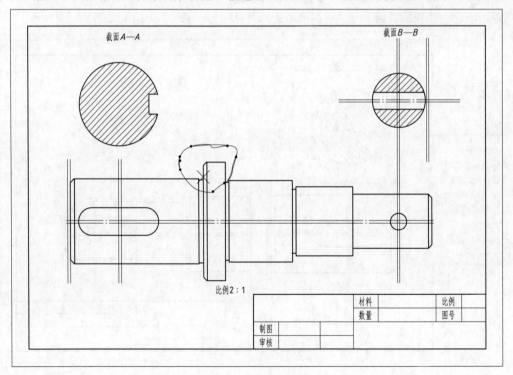

图 3-8-13　定位放大部位

标左键在图纸中合适的位置单击放置视图，完成的局部放大图如图 3-8-14 所示。

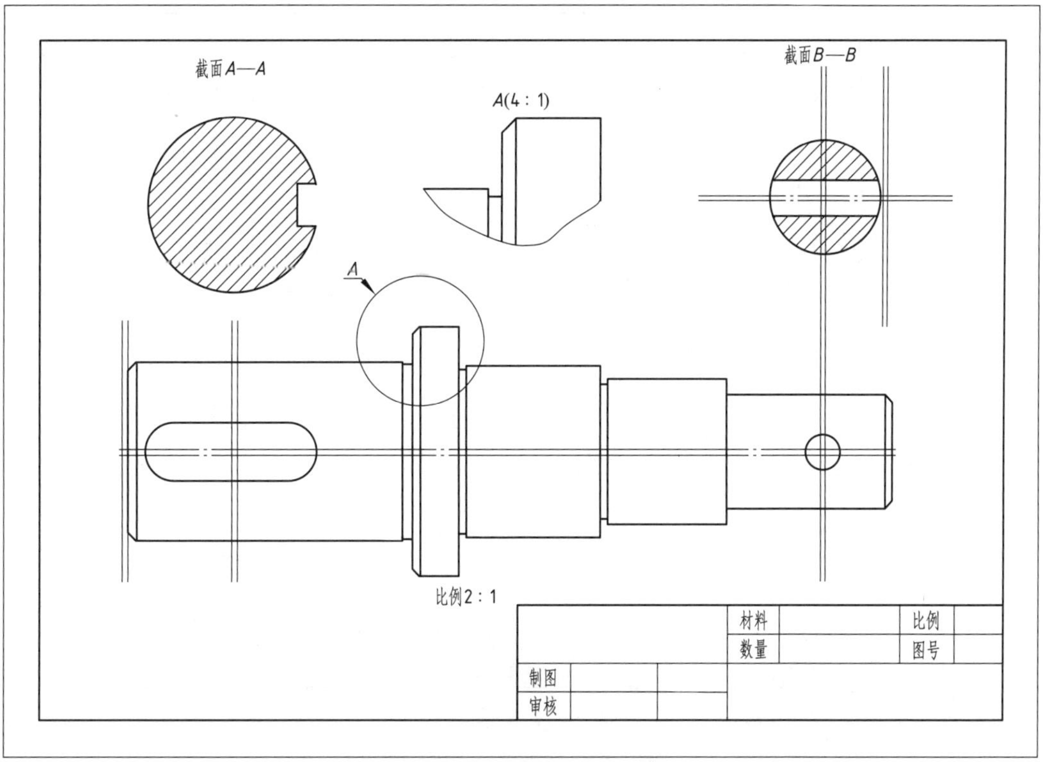

图 3-8-14　完成的局部放大图

6. 尺寸标注、添加中心轴线

单击视图控制工具条"基准显示过滤器"按钮 🔛，关闭所有基准的显示。

将工具栏切换到"注释"选项卡，通过注释选项卡 注释▾ 功能区"显示模型注释"按钮 🔛，打开【显示模型注释】对话框，进行自动添加尺寸和添加轴线，对于不合理的尺寸可以通过 注释▾ 功能区"尺寸"按钮 🔲 进行尺寸标注。删除"截面 A—A，截面 B—B，比例 2：1"；调整视图的位置，剖面线的间距，不合理的尺寸界线、轴线的长度等，结果如图 3-8-15 所示。

7. 添加技术要求

单击注释选项卡 注释▾ 功能区"注解"按钮 🄰注解▾ 创建技术要求，输入"技术要求 1. 调质处理 HRC30～35。2. 未注尺寸公差按 IT14，未注几何公差按 C 级。3. 未注倒角 1×45°。"，如图 3-8-16 所示，单击两次鼠标左键退出注解。

8. 填写标题栏

双击要填写的单元格，在其中输入文本，并修改文本的高度与位置，最后完成的支架工程图，如图 3-8-1 所示。

9. 保存文件

单击快速访问工具栏中的"保存"按钮 🔳，保存当前文件。

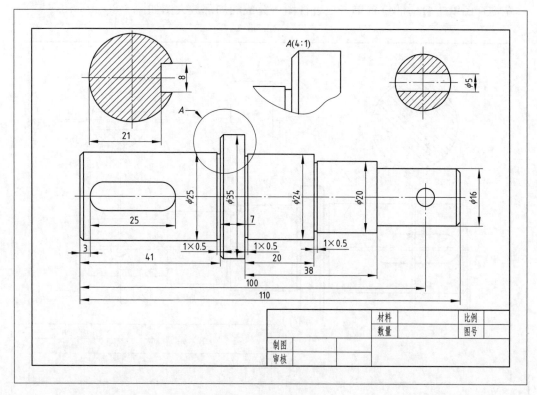

图 3-8-15　完成尺寸标注等

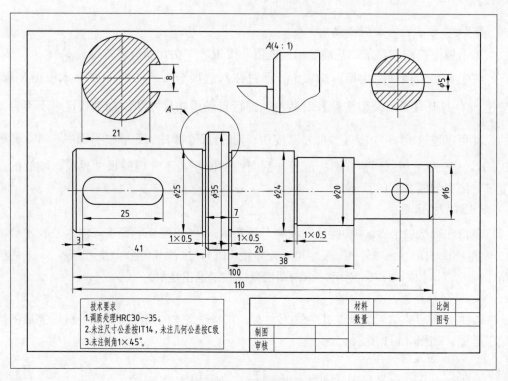

图 3-8-16　添加技术要求

10. 将工程图文件输出为 AutoCAD 图形文件 DWG 格式

选择主菜单"文件"→"另存为（A）"→"保存副本（A）"，在弹出的【保存副本】对话框中"新名称"栏中输入"zhou"，在"类型"栏中选择"DWG（*.dwg)"格式，然后单击【保存副本】对话框中的按钮 确定 ，在接下来弹出的【DWG 的导出环境】对话框中单击按钮 确定 。这时可在 AutoCAD 软件环境中打开"zhou.dwg"，继续进行编辑。

四、考核评价

（1）根据图 3-8-17 绘制轴零件的三维模型。

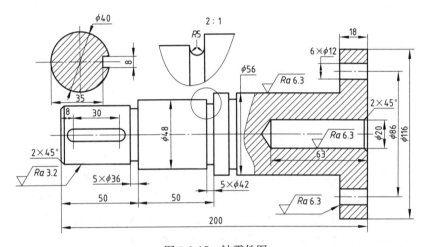

图 3-8-17　轴零件图

（2）根据创建的三维模型，生成零件的工程图纸，作移出断面图和局部放大图。

（3）尺寸标注齐全，并有标题栏、图框。

> 知识拓展 ------>

零件的视图可以有多种表达方法，如普通视图、剖视图、斜视图、向视图、断面图、局部放大图等，能够在众多方法中选出最优方案，是需要长期的学习和不断的积累才能够做到。工程技术人员要传承注重细节、一丝不苟、精益求精的工匠精神。

竞 赛 试 题

　　"高教杯"全国大学生先进成图技术与产品信息建模创新大赛是由中国图学学会制图技术专业委员会、产品信息建模专业委员会和教育部高等学校工程图学课程教学指导委员会联合举办的技能竞赛，包括尺规绘图和产品信息建模及工程图绘制两部分，旨在适应信息处理技术的发展，提高"机械制图和计算机绘图"课程的教学质量，培养高水平的应用型创新型人才。

　　全国 ITAT 教育工程就业技能大赛是由教育部教育管理信息中心举办的技能比赛，旨在适应我国信息技术及相关产业的高速发展，实用型 IT 人才的需求的持续增长，改善很多毕业生因缺乏实际动手能力，无法胜任工作岗位的要求而面临就业窘境，所以 ITAT 教育工程的宗旨是提高学生信息素养、培养学生动手能力、提高学生就业竞争力。

　　三维建模及应用课程是智能制造专业群的核心能力课，是理实一体化课程。为深化教学改革，促进学生技能水平提升，该课程以技能大赛为抓手，以赛促教、以赛促学，充分发挥竞赛的"动力机制"，调动学生学习积极性和主动性。课赛融合，让技能大赛深深扎根于课程之中。将大赛项目融入人才培养方案、赛项设计融入课程实训项目、赛项评价融入课程考核。改革教学模式，构建符合职业岗位要求的教学体系。

　　三维建模及应用技术是建设大国工程、构造大国重器的基础性和支柱性工作，让图学承担起认识世界、传承文明、服务社会、创新文化的神圣职责，为国家培养高水平的产品信息建模创新人才。教师可结合二维码中的竞赛真题，有机融入教学、考核评价或赛前集训之中。

考 证 试 题

全国 CAD 技能等级证书是由中国图学学会和国际几何与图学学会联合颁发，该证书证明持有人具备一定计算机辅助设计（CAD）技能。CAD 技能等级证书分为三个等级：一级为二维计算机绘图，二级为三维几何建模，三级为几何建模与处理能力。每级分为两种类型，工业产品类和土木建筑类。CAD 技能一级相当于计算机绘图师的水平；二级相当于三维数字建模师的水平；三级相当于高级三维数字建模师水平。

制图员是人力资源和社会保障部公布的持职业资格证书就业的工种（职业）之一。职业资格证书教育是提高人才素质，提高职业技能素质的重要途径。培养合格的制图从业人员，提高制图员职业技能水平，对推进技能人才队伍建设，满足社会需求具有重要意义。

课证融合可以提高学生的学习动力，就业竞争力，实践能力和创新能力。以"CAD技能等级考评标准"和"制图员职业技能鉴定标准"为导向，进行三维建模及应用课程标准定制，使学生的职业技能和专业理论知识均能达到标准，顺利通过职业技能鉴定，取得与职业岗位相对应的中高级职业资格证书，力求使学生做到"毕业就能顶岗，顶岗就能实操"。以"职业技能鉴定标准"作为课程考核的评价控制点，使其既适应职业技能鉴定考核，又符合高等职业教育教学评价的要求，做到考核目标明确、便于实施。

在教学、考核评价或考证培训过程中，教师可结合二维码中的相关真题，引导学生举一反三、触类旁通，熟练掌握三维建模及应用技术。

参 考 文 献

［1］詹友刚 . Creo 6.0 机械设计教程 . 北京：机械工业出版社，2020.

［2］颜兵兵，郭士清，殷宝麟 . Creo 5.0 基础与实例教程 . 北京：机械工业出版社，2019.

［3］何秋梅 . Creo Parametric 5.0 项目教程 . 北京：人民邮电出版社，2021.

［4］余强 . Pro/E 机械设计与工程应用精选 50 例 . 北京：清华大学出版社，2007.

［5］周四新 . Pro/ENGINEER Wildfire 实用设计百例 . 北京：清华大学出版社，2006.

［6］牛宝林 . Pro/ENGINEER Wildfire 4.0 应用与实例教程 . 北京：人民邮电出版社，2009.

［7］吴勤宝 . Pro/Engineer2001 实训教程 . 北京：清华大学出版社，2006.